U0047271

關於

next

這個系列，希望提醒兩點：

1. 當我們埋首一角，汲汲於清理過去的包袱之際，
不要忽略世界正在如何變形，如何遠離我們而去。
2. 當我們自行其是，卻慌亂於前所未見的難題和變動
之際，不要忘記別人已經發展出的規則與答案。

我們希望這個系列有助於面對未來。
我們也希望這個系列有助於整理過去。

THE FUTURE OF THE MIND

THE SCIENTIFIC QUEST TO UNDERSTAND, ENHANCE, AND EMPOWER THE MIND

2050 科幻大成真

MICHIO KAKU

加來道雄 著

鄧子衿 譯

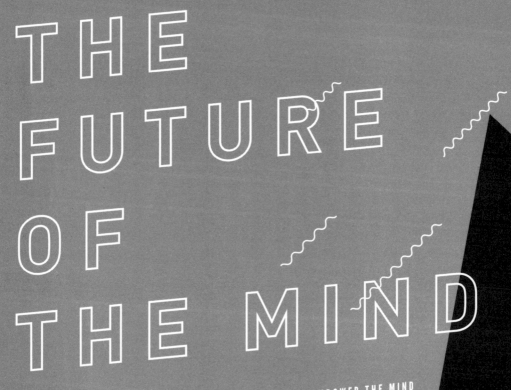

【佳評如潮】

※「這本書能激發年輕一代，投入腦科學與新科技，開創新時代。」——謝仁俊，陽明大學腦科學研究所教授

※「本書讓人愛不釋手……加來道雄的思考遼闊遠大，他描繪出的遠景值得我們深思。」——《紐約時報書評》

※「加來道雄才氣洋溢……風采迷人……他談到智能替身和智慧機器人，但是這些人造物都無法勝過加來道雄的魅力。」——《獨立報》

※「最新的科學成果一覽無遺……本書內容讓人驚嘆不已，讓人印象深刻，也讓人有些恐懼。」——《環球郵報》

※「行文流暢又讓人深思……會讓你驚嘆不久的將來，心智的力量會以我們幾乎想不到的方式改變生活……加來道雄對於腦生物學、腦部掃描與測量工具的描述清晰、富教育性，又充滿想像力。」——《華盛頓獨立書評》

※「腦的可能性研究常讓人摸不著頭緒……但這本書清晰易讀，讓你知道在瞬息萬變的時代中正在發生的事情。」——《電訊報》

※「讀來令人驚奇不斷，這些可能性讓人大開眼界。」——《大誌》雜誌

※「引人入勝……不凡的發現。」——《自然》雜誌

※「科幻迷讀這本書時可能會透不過氣，因爲那些事情正在發生，眞的正在發生了！一般讀者可能從來沒想過腦是如此複雜並且充滿潛能，讀本書會讓心智大開。」——《書單》期刊

※「廣泛而清晰的心智閱讀之旅……書中所述的心智新發現讓人目不轉睛。」——《出版人週刊》

※「《不可能的物理學》和《二一〇〇科技大未來》的作者加來道雄……把注意力轉移到人類心智，結果一樣令人滿意。」——《科克斯書評》

獻給我親愛的妻子靜枝
以及我的女兒蜜雪兒與艾莉森

CONTENTS

目錄

2050科幻大成真

第三篇　意識的變貌

導讀

掌握人腦科技，就掌握未來科技與經濟命脈

謝仁俊

The cosmos is within us. We are made of star-stuff. We are a way for the universe to know itself.

——Carl Sagen

透過哈伯望遠鏡所估計的可見宇宙星系的數量，與透過高能顯微鏡所估算的人腦中的神經元的數量，都是約一千億左右的數目，這樣的巧合，在令人讚嘆之下，又隱喻了什麼樣的思維與概念呢？人腦中無盡複雜的小宇宙，與天空中窮無邊際的大宇宙，在無垠空間與無限時間的界域裡，心與物質世界本是一而二，二而一？古老哲學的心物一元或心物二元論證，轉換了一個現代面貌，以心腦一元或心腦二元的神經哲學（neurophilosophy）的內涵，繼續蕩漾。

當物理學家以量子力學的物理法則，進行了將近一世紀理論上弔詭的心意識與物質之間互動的量子意識學（quantum consciousness）的論辯時，另一批物理學家與各種領域的科學與科技專家則於上一世紀末，一起打造了一系列重要的微觀的神經元與巨觀的腦部功能與結構的神經造影儀（neuroimaging scanner），讓我們可以在研究單一神經元的同時，也能探討人類的心智運作在神經網路（neural network）層次的全腦各種電生化神經資訊傳遞的神經機轉。同時發展了神經調節（neuromodulation）的技術，來增進認知功能與治療神經精神性疾病。這些從基因以迄行爲研究，及臨床醫療的全方位神

經科學，及腦與心智科學及相關科技的大躍進，預示了生命科學與神經科學窮究人腦奧秘，及強化並以非自然的方式進化人類自己的腦機能與心智功能的此終極目標，已不再是遙不可及。

作者加來道雄（Michio Kaku）教授，以其一貫物理學家與未來學家的熱力，實際採訪多位國際大師，寫下這本網羅當今腦與神經科學相關的，跨領域所有學門的各項重要里程碑的突破性科研發現的科普著作，並以驚人的證據導向（evidence-based）的廣度與深度兼具的知識，結合未來學的充滿創意與想像力的視野，呈現了劇力萬鈞的不可思議但又完全符合物理律的人類未來腦與心智科技（brain and mind technology）的心智圖（mind map）與路標（roadmap）。

從心智（mind）的操作型定義（operational definition）與現代腦與心智科學的內涵開始，作者別出心裁引領讀者先跳開哲學與神經科學中困難的意識觀點，而以物理的模式與數理邏輯結合生物心理社會功能（biopsychosocial functions），將意識以功能特質的方式來階層化及資訊化。階層一的意識是有資訊的流動，階層二的意識則在社會中定位出自己，階層三的意識則是建立世界的模型以模擬未來。在這個數理模型的「意識的時空理論」框架下，每樣物理與心理的特質與功能，包括物理上的時間與人類記憶特有的過去現在未來的時段，都變成一個參數。而意識是一個模型產生的過程，目的在模擬內外的世界，其中使用及建構了多重回饋迴路來學習及調整，以做出決定並達成特定行爲目標。這個概念與目前腦科學對具備完整意識的「self」（自我），必須包含健全的episodic memory（事件記憶），navigation（空間導航），theory of mind（心智理論）及prospection（展望及處理未來）的四個要素與能力之操作型定義的理論非常吻合。作者並將此模型對應到現代腦科學的知識框架下，呈現了腦部演化的神經學基礎（neurological bases）。接下來則迅速進入人類心智的未來學。

有別於一般大眾所認知的超自然能力，對於精神感應（telepathy）與精神念動力（telekinetics）的議題，作者所預告的是透過腦機介面（brain-computer interface）或腦腦介面（brain-brain interface），與腦編碼與解碼（brain encoding/decoding）的現代科技，將心念所引動的腦部神經訊號，透過非侵入式的儀器（如腦波儀，功能性磁振造影儀）或侵入式奈米感應器，轉爲電腦可詮釋的數位指令，來控制科技產品；或者直接植入晶片或微機電儀器於腦袋，將各種感官知覺的經驗直接以編碼過的電訊號方式直接植入腦袋，形成主觀經驗。更甚者，加上可程式化的材料（programmable matter），經由這些介面，以思維意念啓動不同變化的組態，打造及變化物體型態與功用。而如果未來社會大量使用這些科技，就可形成腦際網路（brain net），直接以心念對心念來溝通及傳遞帶有感覺與感情內容的神經訊息。

這種心腦科技實體介面未來應用之一，就是學習與記憶的反向植入人腦，及創新對腦部神經網路連結斷掉（disconnection）所引起的神經精神疾病的新醫療技術。除了增強記憶，創造人造的皮質新迴路，植入一個經驗與學習的知識之外，也可用來刪除創傷性的記憶。當然極其科幻的部分，就是能否上傳與下載每個人的部分或全部記憶的問題，當然這個前提是人類的經驗與記憶，其中電生化機轉與涉及的基因與蛋白質訊息內容，能否全部資訊化與數位化的基本問題。

而如何增進人類自身的智能（intelligence），進化人類自身的心智能力及腦部自癒或自我進化的能力，這個是腦與神經科技（brain technology 及neurotechnology）終極境界的一部分。當然這部分就離不開對控制心智的科技與能力，及對腦神經系統的全方位的洞悉。同時，我們能否透過新時代的電腦科技（如量子電腦，分子電腦等）與人工智慧演算法，創造出來一個生物機電的科技腦，或者透過生物科技複製或創造一個生物腦，結合前述的概念上可行而會成爲未來極力發展的神經資訊轉載科技，人類能否透過替身載體（如阿凡達）繼續存活甚至永生，或者轉換爲純能量的資訊意識心智（俗語稱爲靈魂），與星際旅行及平行宇宙的問題，作者在最後有很精闢的科學與宗教及倫理的總結討論。

在書中，作者想傳達的重要的精神及強調的中心思想是，本書所呈現的一切未來可能的心智與意識的科技與型態，都沒有違背古典物理與量子物理理論的規範，而且雛形技術都已發生在現在。

目前引領國際人腦科學的美國BRAIN（Brain Research Through Advancing Innovative Neurotechnologies）及歐洲的 Human Brain Project 的兩大火車頭計畫，其探討人腦的方式與規劃各有不

同，但目標與理想則相似，也就是透過對腦的以全方位的嚴謹科學的研究來了解、增強，甚至賦予人類心智一個全新面貌，也同時革命性的帶動所有人類科技醫療與文明。環視亞洲諸國，台灣至今未能有國家級的腦科學研究中心與大型國家級的腦與神經科學計畫，台灣未來的競爭力委實令我們擔心。期待這本書能夠激發我們年輕的一代，來投入腦科學與新科技，開創新時代，因爲掌握人腦科技的國家，也就掌握了未來世界的科技與經濟命脈。

本文作者：謝仁俊
國立陽明大學特聘教授
國立陽明大學腦科學研究所專任教授
台北榮民總醫院醫學研究部整合性腦功能研究小組主持人
寫於中華民國一〇四年五月二十五日

前言
我們需要開放、堅決和好奇心

大自然中有兩個最大的謎團，就是心智（mind）和宇宙。人類擁有眾多的科技，能拍攝數十億光年外的星系、操控生命的基因、探測原子內部的隱密殿堂，但是心智和宇宙依然難倒我們，也引誘我們。這兩者是科學中最神祕也最迷人的領域。

如果你想要親身體會宇宙的壯麗，可以在晚上眺望無垠的蒼穹，上面有無數星星閃閃發光。人類祖先因為壯麗的星空而嘆息，自此我們就被這些永恆的問題迷惑：宇宙從哪裡來？宇宙的意義究竟是什麼？

如果想要見證人類心智的神祕之處，只要看著鏡中的自己，然後思量：我們的眼睛後面隱藏什麼？這也會讓我們想起一些縈繞心頭的問題，例如：人類有靈魂嗎？人死後會如何？「我」到底是誰？最重要的，是讓我們想到一個終極問題：在宇宙巨大的架構中，人類的位置在哪裡？一如英國維多利亞時代偉大生物學家赫胥黎（Thomas Huxley）所說：「對人類而言，最重要的疑問、問題背後的終極問題、最有趣的問題，就是人類在自然中的定位，以及人類與宇宙的關係。」

在銀河系（Milky Way Galaxy）中約有一千億個恆星，和人類腦中神經元的數量差不多。你得穿越二十四兆公里才能抵達距離太陽系最近的恆星，在那裡尋找和我們腦袋一樣複雜的事物。[1]心智和宇宙都是科學上最大的挑戰，但是這兩者之間的關連十分有趣。心智問題和宇宙問題根本南轅北轍，宇宙關注的是外在巨大的空間，我們在那裡會遇到黑洞、爆炸的恆星，和相撞的星系等奇特現象；心智問題則注內在，在那裡我們可以找到最私密、最個人的希望和欲念。心智雖然和我們的思維緊緊相繫，但是要清楚說明與解釋心智時，我們卻又經常一無所知。

雖然心智和宇宙在這方面可能彼此相反，但是它們也有相同的歷史與故事。遠古以來，心智和宇宙的歷史就蒙上迷信和神祕外衣。占星學家宣稱找到了黃道上每個星座的意義，而顱相學家也宣稱找到了頭上每個隆起的意義。在此同時，多年來讀心者有時受到稱讚，有時遭到毀謗。

宇宙與心智以多種不同的方式持續交會，在科幻小說中，我們常見到讓人大開眼界的想法。我年幼時閱讀這些書後常夢想自己能成爲「史蘭族」（Slan）的一員。這是科幻小說家凡沃果（A. E. van Vogt）創造的種族，他們能進行心靈感應。艾西莫夫（Isaac Asimov）筆下《基地三部曲》（*Foundation Trilogy*）的變種人「騾」（the Mule），心靈感應的力量大到可以控制銀河帝國（Galactic Empire），這讓我驚奇不已。在《禁忌的星球》（*Forbidden Planet*）這部電影中，一個比人類進步數百萬年的文明，可以用運用巨大的念力（telekinetic power），把眞實的物體照著自己的想法改變形狀，這也讓我非常好奇。

我十歲的時候，魔術師「神奇的丹寧格」（The Amazing Dunninger）開始在電視上表演，他用神奇的魔術技法讓觀眾目眩神迷。他的格言是：「對於相信的人，不需要解釋。對於不信的人，解釋也沒有用。」有天，他宣稱能把自己的念頭傳給全國百千萬人。他閉起眼睛，集中注意力，說他把一位美國總統的名字發射出去了。他要求人們把腦中出現的總統名字寫在明信片背後寄給他。一個星期後，他得意洋洋的宣稱，有數千張明信片湧來，背後寫的名字都是「羅斯福」，就剛好是他「發射」到整個美國的總統名字。

我不覺得有什麼了不起，對於經歷經濟大蕭條和第二次世界大戰的人來說，羅斯福的遺澤深深的留在他們心中，因此這個結果毫不意外。我認爲，如果他想的是菲爾摩爾（Millard Fillmore）總統，才會眞的讓我吃驚。

不過這個事件依然刺激了我的想像力，我忍不住開始實驗心靈感應，集中注意力想要知道別人的念頭。我閉上眼睛集中意識，試著想要「聆聽」其他人心中的想法，或是以念力移動房間中的物體。但我沒成功。

或許地球上有其他心靈感應者，但我不是。在這個過程中我開始了解，開發神奇的心靈感應力量或許是不可能的，至少在沒有外力的協助之下是如此。不過在接下來的日子，我慢慢了解：如果想要探知宇宙最深奧的祕密，並不需要心靈感應或超能力，而是需要一個開放、堅決和好奇的心。如果你想了解科幻小說中神奇的機器是否可能成眞，你必須埋首於高等物理學。要了解讓可能變成不可能的關鍵點，你必須領會與了解物理定律。

這些年來，有兩件事點燃我想像力的熱情。一是了解基本物理定律，另外是看看科學會如何改變我們未來的生活。爲了描寫與分享我在追求終極物理定律時所發現的刺激事物，我寫了《穿梭超時空》（***Hyperspace***）、《超越愛因斯坦》（***Beyond Einstein***）和《平行宇宙》（***Parallel Worlds***）。爲了表達我對於未來的幻想，我寫了《遠景》（***Visions***）、《不可能的物理學》（***Physics of the Impossible***）和《二一〇〇科技大未來》（***Physics of the Future***）。爲了寫這些書所作的研究過程中我一直提醒自己，人類的心智依然是世界上最大與最神祕的力量之一。

事實上，人類歷史中的大部分時間，我們都無法了解心智是什麼，以及心智運作的方式。古代的埃及人在藝術與科學上都有光輝燦爛的成就，他們相信腦是一個無用的器官，因此在爲法老王防腐的時候，會把腦丟棄。亞里斯多德相信靈魂位於心臟，而非腦。腦的功用只是幫助新血管系統散熱。笛卡兒與其他人則相信，靈魂是經由腦中小小的松果腺（**pineal gland**）進入身體，但是由於缺乏明確的證據，這些理論都沒有獲得證實。

這樣的「黑暗年代」會持續數千年，其來有自。腦不到一公斤半重，卻是太陽系中最複雜的物體。腦的重量只占身體約二%，但是食欲旺盛，會消耗全身二〇%能量（在新生兒中，腦部消耗的能量高達六五%）。人類的基因中有八〇%與腦部的運作相關。在我們的頭顱內，估計有一千億個神經元，而神經連結和神經路徑的數量更是神經元的數千倍以上。

在一九七七年，天文學家薩根（Carl Sagan）出版獲得普立茲獎的著作《伊甸園的龍》（*The Dragons of Eden*），在書中他整理當時關於腦的知識。這本書文筆優美，企圖描繪頂尖的神經科學。當時這個領域的知識主要有三個來源，首先是比較人類和其他物種的腦。這項工作繁瑣而且困難，因爲要仔細研究數千隻動物的腦。第二種方法要分析中風者和病患者的腦部，這些人往往因爲生病而展現異乎尋常的行爲。只有在他們死亡之後加以解剖，才能知道他們腦中有哪些部位損壞。第三種方法是科學家把電極插入腦中，緩慢而且痛苦的拼湊腦中哪些部位會影響哪些行爲。

但是這些神經科學的基本工具卻無法有系統的分析腦部，你當然不可能訂購腦部受損的中風病人來研究。腦是一個活生生、不斷變動的系統，驗屍通常無法揭露最有趣的問題，例如腦的不同部位之間是如何交互作用，更別說這些部位是如何產生各種想法，例如：愛、恨、嫉妒與好奇。

雙重革命

約四百年前發明望遠鏡，幾乎一夕之間，這種神奇的新儀器就被用來探究天上的星體。望遠鏡是史上最具革命性（與煽動力）的儀器之一。就這麼突然，我們用自己的雙眼發現，以往的迷思與教條有如晨霧般消散了。天體並非神聖智慧的最佳示範，月球上有凹凸不平的坑洞、太陽表面有黑子、木星有衛星、金星有盈虧、土星有環。望遠鏡發明的十五年之間，所得到的宇宙知識超過人類之前歷史的總和。

如同望遠鏡，在一九九〇年代中期到二〇〇〇年代，磁振造影（MRI）和其他多種先進的腦造影技術出現了，徹頭徹尾改變了神經科學。在十五年之間所得到的腦知識，也超過人類之前歷史的總和。以往認爲遙不可及的心智，現在終於登上舞台中央。

德國馬克斯普朗克科學促進協會（Max Planck Institute）諾貝爾獎得主肯戴爾（Eric R. Kandel）寫

道：「在這段期間，對於人類心智最重要的見解，並非來自傳統上與心智有關的學科，例如：生理學、心理學或心理分析，而是這幾個學科和腦生物學結合的新領域。」

物理學家在此工作中扮演關鍵角色，他們提供許多新工具，這些儀器常以字母縮寫表示，譬如：MRI、EEG（腦電圖）、PET（正子斷層掃描）、CAT（電腦軸面斷層掃描）、TCM、TES（經顱電磁掃描）和BDS（深部腦刺激術），這些儀器大幅改變研究大腦的發展。藉助這些儀器，科學家可以觀察活生生正在思考的腦。正如美國加州大學聖地牙哥分校的神經學家拉瑪錢德朗（V. S. Ramachandran）所說：「這些問題，哲學家已經研究數千年了，現在我們科學家的研究工作是藉由腦部掃描、研究病人和提出正確的問題。」

現在回頭看，一些我在物理世界最先嘗試研究的內容，有些牽涉讓心智科學得以開展的重要技術。例如我在高中的時候知道有一種新型態的物質，稱爲「反物質」（antimatter），於是決定就這個題目展開一項科學計畫。由於反物質是地球上最怪異的物質之一，我得向原子能委員會（Atomic Energy Commission）申請才能得到一點鈉22，這種物質能發射正電子（就是反電子，也稱爲正子）。有這一小塊樣本之後我打造一間雲霧室（cloud chamber），並且在其中施加強大磁場，我就可以拍下反物質在通過雲霧室時留下的軌跡。當時我並不知道，鈉22很快就成爲新科技「正子斷層掃描」的一部分，這項科技讓我們對於思考中的腦部有令人震撼的新見解。

我在高中實驗過的另一項科技是磁共振（magnetic resonance）。當時我讀過美國史丹佛大學布洛赫（Felix Bloch）所寫的一篇文章，他和普賽爾（Edward Purcell）因爲發現核磁共振（nuclear magnetic resonance），兩人在一九五二年共同獲得諾貝爾物理獎。布洛赫博士對我們高中生解釋，如果你有一個夠強的磁場，原子就能像指南針一樣縱向排列。如果你發出一道精確共振頻率的無線電衝擊波，這些原子的方向就會翻轉，當這些原子翻轉成原來狀態時，就會發射另一道無線電波，就好像回聲一般，這樣的「回聲」可以讓你確定這些原子的特性。（後來我用磁共振原理，在我母親的車庫打造一台具有二・

三百萬電子伏特能量的粒子加速器。）

幾年後，我成爲哈佛大學的新鮮人，有幸受教於普賽爾博士的電動力學（electrodynamics）。大約在同時，我有機會在暑期打工時和恩斯特（Richard Ernst）博士一起工作，他當時正在嘗試把布洛赫和普賽爾關於磁共振的研究推廣到其他領域。後來他大獲成功，爲磁振造影機器奠定了基礎，在一九九一年獲得諾貝爾化學獎。磁振造影機器所拍攝活生生腦部的細緻影像，要比正子斷層掃描影像有更多細節。

後來我成爲理論物理學教授，但是對於心智依然著迷不已。最近十年，物理學的進步使心智研究獲得一些成就，讓我激動不已，這些事情在我還是小孩時就很興奮。現在科學家利用磁振造影掃描，可以解讀腦中運行的思維。科學家也可以把晶片植入痲痺病人腦中，把晶片與電腦連接，病人用思考就能上網、看電子郵件、玩電動、控制自己的輪椅、操作家庭設備與機械手臂。一般人利用電腦完成的事情，這些人一樣可以完成。

現在科學家甚至進一步，將腦和穿戴在痲痺肢體上的機械外骨骼連接在一起。癱瘓的患者將來有一天可能過著接近一般人的生活。這樣的外骨骼也能賦予人類更強大的力量，處理可能致死的緊急事件。將來，太空人甚至可以舒服的坐在自家客廳，用心智控制機器人在其他行星探險。

就如同電影《駭客任務》（*The Matrix*），我們有天或許可以用電腦下載記憶和技術。在動物研究中，科學家已經能把記憶插入腦中。我們把人造記憶插入我們的腦中，藉此來學習新學科、到新的地方度假，或是精通新的嗜好，這些都可能實現，只是時間長短而已。若是工人和科學家可以把科技技術下載到自己腦中，就會影響世界經濟。我們甚至可以分享彼此的記憶，有一天科學家或許能打造「心智網路」（Internet of the mind）或是「腦網路」（brain-net），藉此讓思維與情緒以電訊號的方式傳送到全世界。甚至連夢都可以拍攝下來，藉由網際網路傳遞。

科技的力量也能增進我們的智慧。學者症候群（savant syndrome）患者的心智、藝術與數學的能力眞的讓人驚訝不已，我們現在開始要了解這些超乎常人的能力。此外，讓人類與猿類不同的基因也已經定序出來，我們能用前所未有的方式，一窺腦的演化起源。能增加動物記憶能力與心智表現的基因，現在也已經找到了。

這些讓人大開眼界的進展，帶來許多刺激的事物和動人的願景，連政治家都注意到了。事實上，腦科學現在已是大西洋兩岸最強經濟體之間競爭的項目。二〇一三年一月，美國總統歐巴馬和歐盟各自宣布，要展開一個最後可能要花費數十億美元的計畫，以逆向工程（reverse engineer）的方式研究腦。以往人們認爲，要以現代科學技術來解析腦中錯綜複雜的神經迴路，希望渺茫，但現在卻有兩個彼此競爭的計畫（如人類基因組計畫），將會改變科學與醫學的樣貌。這些計畫不但讓我們對於心智的了解達到前所未有的境界，也會產生新的產業、刺激經濟活動，爲神經科學描繪新遠景。

一旦腦中神經連接的路徑解析出來，我們就可以了解心智疾病的確切原因，找出治癒這類古老疾病的方法。解析的結果還可能讓我們拷貝一個腦，不過這會引起哲學和倫理問題。如果我們的意識能上傳到一台電腦，那麼「我」究竟是「誰」？我們也可能會玩弄永生的概念。我們的身體終究會死亡，但是我們的意識能永恆嗎？

此外，有一些科學家推測遙遠的未來，我們的心智可能會從身體束縛中掙脫出來，在星際間漫遊。我們可以想像數百年後，可以把我們整個神經藍圖以雷射方式發射到遙遠的太空，這可能是讓我們的意識遨遊星際最方便的做法。

一個光輝燦爛的科學新遠景，將會重塑人類的命運，這個遠景現在確實展開了，我們正在進入神經科學的黃金時代。

我在設想這些預測時，曾經得到許多科學家無價的幫助，他們慷慨允諾接受我的訪問，將他們的想法經由全國性電台播送出去，甚至讓電視工作團隊到他們的實驗室拍攝。這些科學家爲心智的未來奠定基礎。他們的概念都融入本書，我只有兩個要求：

（一）他們的預測必須嚴格遵守物理定律。

（二）這些深遠的概念必須能證明其理論的原型存在。

精神疾病的影響

我曾經寫過愛因斯坦的傳記，書名叫做《愛因斯坦的宇宙》（*Einstein's Cosmos*），因此當時必須鑽研愛因斯坦私生活的種種細節。我知道愛因斯坦最小的兒子罹患精神分裂症，但是當時不了解此事對這位偉大科學家的生活帶來多少悲傷。精神疾病還以另一種方式影響愛因斯坦。物理學家艾倫費斯特（Paul Ehrenfest）是愛因斯坦最密切的研究夥伴，他幫助愛因斯坦發展廣義相對論。但是艾倫費斯特在遭受一次又一次憂鬱症發作之後，他殺了自己有唐氏症的兒子，然後自殺。許多年來，我發現我的許多同事與朋友，都曾爲了具有精神疾病的親人而奮鬥掙扎。

精神疾病也曾經深深影響我自己的生活。許多年前，我的母親與阿茲海默症（Alzheimer's disease）對抗多年之後去世了。眼見她漸漸失去對於所愛之人的記憶，注視著她的雙眼就可以了解她已經不認識我了，這種種都讓人心碎。我看見人性的光芒慢慢熄滅。她一生努力照顧家庭，無法享受最後的黃金歲月，她對於所愛之人的所有記憶都喪失了。

我出生於戰後嬰兒潮，許多人和我都經歷過的這種悲傷事件，將在世界各地重複上演。我希望神經科學的快速進展，有天能減輕精神疾病患者與痴呆症者的痛苦。

腦科學演進的推手

現在研究人員正在解析從腦造影而來的大量資料，進展之速讓人震驚。一年之中總有幾個全新的突破占據媒體頭條。望遠鏡發明三百五十年之後，人類才進入太空時代，但是在MRI和其他先進的腦部掃描方式發明十五年之後，我們已能從外面世界連接到活動中的腦部。為什麼進展如此快速？將來的發現會有多少呢？

這項快速進展的原因之一是現在的物理學家很了解電磁學，人類神經元快速傳遞電訊息，遵守的就是電磁學原理。馬克士威（James Clerk Maxwell）的數學方程式能用來計算天線、雷達、收音機、微波發射塔的物理結果，也是MRI技術的基石。人們花了數百年才完全解開電磁學的奧祕，但是神經科學享用這項偉大成就的果實。在第一篇，我將大致描述腦的歷史，同時解釋來自物理實驗室的儀器，是如何描繪思考機器多采多姿的樣貌。在所有關於心智的討論中，「意識」（consciousness）一直占有核心地位，所以我也以物理學家的身分給予定義，這個定義可以用於整個動物界。事實上，我提出的是意識的等級。我認為，意識可以分成許多不同種類的形式。

對於科技進步的程度，我們要完全回答這個問題可以參考摩爾定律（Moore's law），根據這項定律，每十八個月電腦的計算能力就可以倍增。有個簡單的事實：現在人們使用的智慧型手機，其電腦運算能力強過美國航太總署（NASA）在一九六九年送兩位太空人登陸月球時所有電腦的總和。這讓人驚訝。現在的電腦強大到能記錄腦部發出的電訊號，並且把其中一部分解讀成為普通的數位語言。這種能力使得腦能和電腦直接連繫，以控制與電腦連接的物體。這個進展迅速的領域稱之為「腦機介面」（brain-machine interface, BMI），其中主要的科技是電腦。在第二篇，我將一探腦機介面，這個新技術能讓記錄記憶、讀取心智、錄影睡夢和念力移動（telekinesis）這些事情成真。

在第三篇，我將深入探討意識的各種不同變化，從夢、藥物和精神疾病開始，到機器人，甚至外太空的異形生物。這一篇也會介紹控制與操縱腦部的可能方式，以對抗憂鬱症、帕金森氏症、阿茲海默症，以及其他多種疾病。我也會詳細說明由美國總統歐巴馬宣布推動的「推進創新神經技術腦部研究」（Brain Research Through Advancing Innovative Neurotechnologies, BRAIN），以及歐盟的「人腦計畫」

（Human Brain Project），這兩個計畫可能會獲得數十億美元經費去解析腦中的路線，精細到神經層次。毫無疑問，這兩項同時出現的計畫將會打開全新的研究領域，讓我們找到新方法治療精神疾病，同時揭開意識最深的祕密。

我們已對意識下了定義，所以我們也可以用這個定義來探討非人類的意識（例如機器人的意識）。機器人能進步到什麼程度？機器人會有情感嗎？它們會造成威脅嗎？我們也可以探究外星人的意識，他們可能和人類有完全不同的目標。

在附錄，我會討論可能是科學中最怪異的想法：來自量子物理學的概念，可能是現實世界中意識最根本的基礎。

在這個爆炸性成長的領域，從來不缺各種想法，只有時間才能揭露哪些是來自科幻小說家，從極度想像中衍生的白日夢，哪些才是能通往未來科學研究的康莊大道。神經科學已經取得非常大的進展，在許多方面的關鍵是現代物理學，其中運用了電磁學與核子力的強大能力，探索埋藏在心智中的重大祕密。

我要特別指出，我並非神經科學家，而是一直對心智有興趣的理論物理學家。我希望以物理學家所處的優勢，能使我們的知識更爲豐富，同時爲人類心智，這個我們最熟悉又最陌生的東西提出全新見解。不過，由於這個領域基礎的新見解正在發展，速度之快讓人頭暈眼花，因此我們最好對於腦的組織架構先要確實了解。

所以我們會先討論現代神經科學的起源，有些歷史學家認爲那是從鐵棒穿過蓋吉（Phineas Gage）的腦開始。這個重大的事件引發一連串反應，使得人們對於大腦開始進行嚴肅的科學研究。雖然這個事件對於蓋吉先生而言頗爲不幸，但卻爲現代科學鋪下坦途。

第一篇

心智與意識

人類的意識是一種形式特別的意識，能創造一個世界的模型，還能經由評估過去，而使得這個模型能模擬未來。

第一章

解析心智

我對於腦的基本假設是，腦的運作（有時候我們稱為「心智」）是由腦構造和生理作用造成的，除此別無他物。

——薩根（Carl Sagan），科學家

一八四八年，美國佛蒙特州的鐵路工頭蓋吉因炸藥意外爆炸受傷，一根約一公尺長的鐵棒直接射進他的臉，從顱頂穿出來，掉到兩公尺多外的地方。他的同事看到他的腦有些地方爆開了，震驚之餘馬上叫醫生。這些工人（還有醫生）都很驚訝，蓋吉居然沒有當場死亡。

他意識不清的情況持續好幾個星期，但最後似乎是康復了。（在二〇〇九年一張罕見的蓋吉照片出現了，照片中的他英俊自信，頭和左眼有傷痕，手上握著鐵棒。）不過這起意外之後，蓋吉的同事發現他好像整個人都變了。蓋吉以前總是心情愉快、樂於助人，但現在變得好罵人、充滿敵意而且自私。女士們都受到警告要遠離他。治療他的哈洛（John Harlow）醫生觀察蓋吉「善變而寡斷，對於想要做的事情有許多計畫，但是這些計畫才安排就馬上改變成其他看起來更可行的計畫。他的智力和表現有如兒童，但是確有著成年男性的動物本能。」哈洛醫生認爲他「完全改變了」，而他的同事說他「不是以前那個蓋吉了」。蓋吉在一八六〇年去世，哈洛醫生保留他的頭骨和那根穿過頭顱的鐵棒。用X光精細掃描頭顱後確認，那根鐵棒造成左腦和右腦位於額頭後稱爲「額葉」（frontal lobe）的部位受到嚴重損傷。

這個難以置信的事件不但改變蓋吉的生活，也改變科學的進展。以前的人大多認爲腦與靈魂是彼此分開的兩個實體，哲學稱爲「二元論」（dualism），但是我們越來越明白，是蓋吉的額葉受傷才讓他的人格丕變。這個事件導致科學思考的「典範轉移」（paradigm shift）：可能是腦中特定部位和某些行爲有關。

布羅卡的腦

就在蓋吉去世後一年的一八六一年，這種看法又因爲布羅卡（Pierre Paul Broca）的研究成果而更

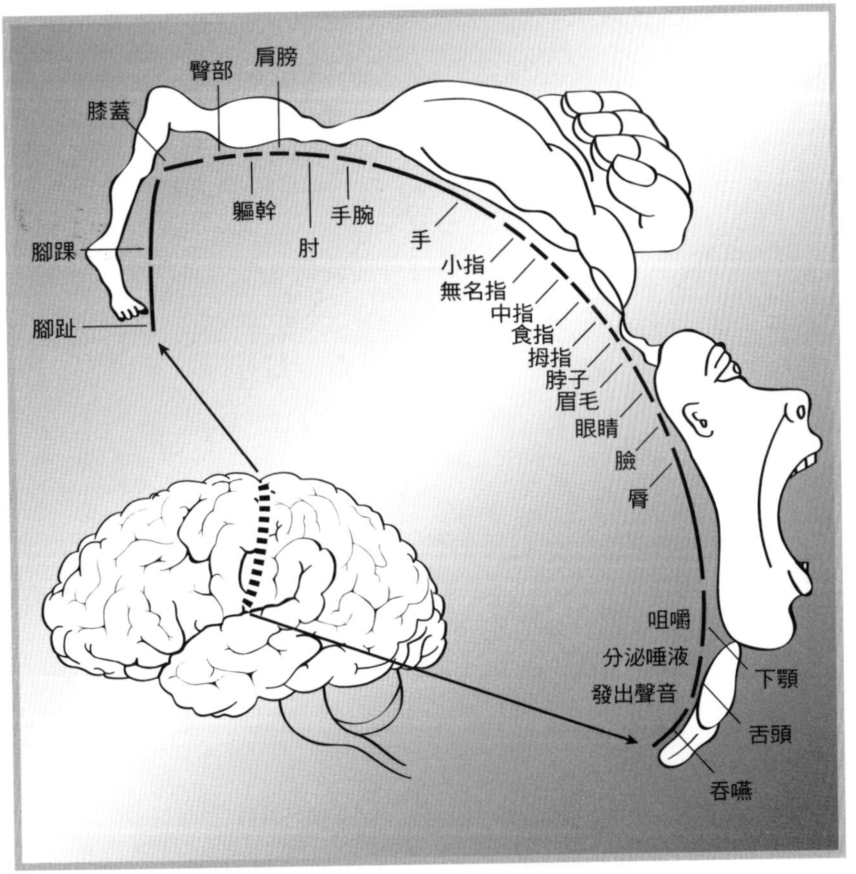

圖一：潘菲德博士繪製的運動皮質圖譜，描繪控制身體各部位的腦區。（Jeffrey L. Ward提供）

爲穩固。布羅卡是法國巴黎的醫生，他有一位病人雖然外表看起來正常，卻有嚴重的語言障礙。病人能清楚了解別人說的話，可是自己只能說出「tan」的音。這名病人去世後，布羅卡解剖遺體，發現他的左顳葉（left temporal lobe，靠近左耳位置）有一處損傷。布羅卡後來確認在十二位類似病人的腦上，這個特殊區域都有損傷。現在如果有人在這個區域受損，我們會稱病人得到布氏失語症（Broca's aphasia）。病人通常能了解他人說的話，但是自己說不出來，或是說話時漏掉非常多字。

不久之後，德國的醫生維尼克（Carl Wernicke）描述狀況恰好相反的病人。這些病人說話清晰，卻看不懂文字也聽不懂他人的話。這些病人通常說話流暢，文法和句法都正確無誤，但是卻充滿無意義的字彙或是行話。更慘的是，這些病人通常不知道自己說的是胡言亂語。維尼克在這些病人去世後檢查遺體，在左顳葉稍微

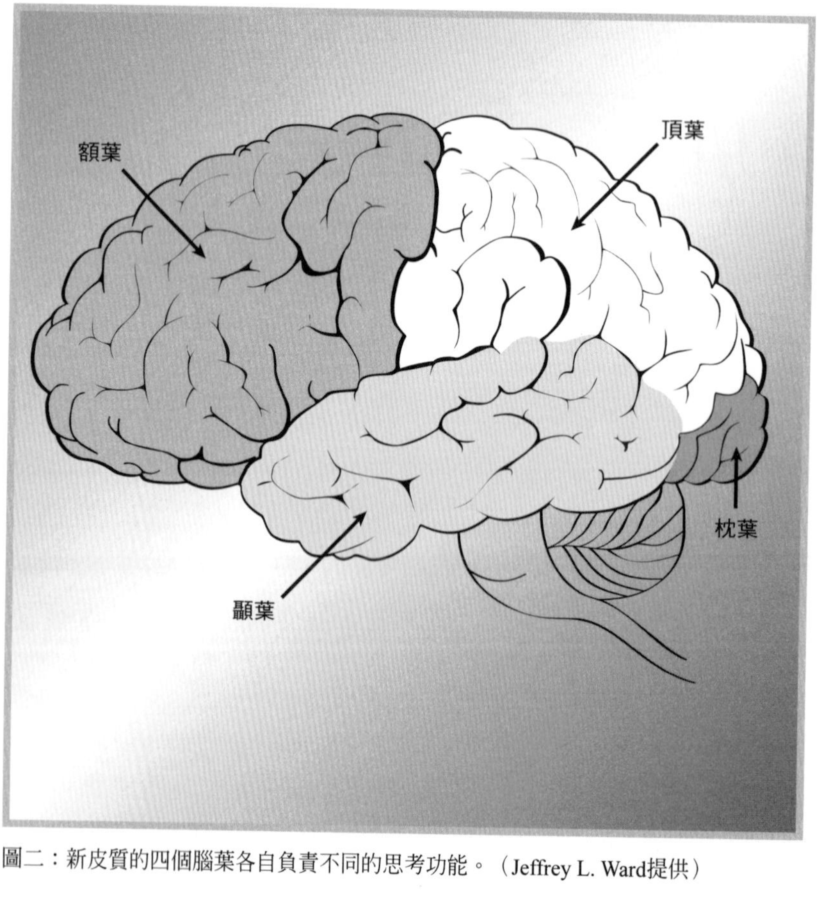

圖二：新皮質的四個腦葉各自負責不同的思考功能。（Jeffrey L. Ward提供）

不同的地方發現了損傷。

布羅卡和維尼克的研究工作是神經科學的里程碑，讓說話和語言這類行爲與腦部特定部位的損傷建立明確的關連。

另一項突破是在戰爭時發生。歷史上有許多宗教禁忌是不准解剖人類身體，這嚴重阻礙醫學進步。在戰爭中，成千上萬流血的士兵在戰場上奄奄一息，這種狀況迫使醫師發展出有用的醫療措施。在一八六四年的普丹戰爭（Prusso- Danish war），德國醫生費里希（Gustav Fritsch）治療許多頭顱開洞的傷兵，他發現當觸碰某個大腦半球，身體另一側通常會出現抽動。後來費里希進行全面性研究，用電刺激腦，發現左半球控制身體的右側、右半球控制左側。這是一項驚奇發現，指出腦在本質上是以電來控制，腦中的一個特殊部位控制身體的另一側。（奇妙的是，約兩千年前就首次出現用電研究腦的紀錄，當時的羅馬皇帝克勞狄〔Emperor Claudius〕的御醫使用能放電的電鰩在一位嚴重頭痛的病患頭上。）

到了一九三〇年代，潘菲德（Wilder Penfield）醫師開始研究癲癇病，這些病人會出現可能致死的抽搐，多次發作導致身體漸漸衰弱。對於這些病人來說，施行腦部手術是最後的療法，這個手術需要切開部分頭顱，讓腦暴露出來。由於腦沒有痛覺受器，在整個手術過程中病人可以維持清醒，因此潘菲德醫師在動手術時只需要局部麻醉。

潘菲德醫師注意到，當他用電極刺激大腦皮質的某個部位，身體某個部位就會有反應。他突然想到，自己可以爲皮質各區域和身體各部位畫出幾乎是一對一的對應關係圖。他後來繪製的圖非常正確，到現在都還在使用，只有少許修改。這些圖馬上對科學家和大眾造成巨大衝擊，譬如你可以在其中一張圖看見腦部的哪個區域控制身體哪個功能，以及每個功能的重要程度。例如，雙手和嘴對於生存非常重要，因此腦力中有相當部分用來控制雙手和嘴，身體背部的受器就幾乎沒有占多少。

潘菲德也發覺，如果刺激病人的顳葉，病人會突然想起遺忘許久的記憶，內容栩栩如生。他在手術過程中被病人突然說出的話嚇到了：「現在就像是我站在高中的走廊上……我聽到母親在打電話，叫我的阿姨來過夜。」潘菲德了解自己觸及埋藏在腦中深處的記憶。他在一九五一年發表這項結果，使得人們對於大腦的認識再次改變。

大腦地圖

到了一九五〇年代和一九六〇年代，我們已經繪製出大腦約略的圖譜，其中包含腦部的各個區域，以及其中一些區域的功能。

在圖二可以看到新皮質（neocortex），這是腦的最外層，可以區分四個「葉」（lobe）。人類的新皮質非常發達，腦中的四個「葉」是用來處理感覺訊息，例如位於額頭後面的額葉。大部分的理性思考都在額葉中最前面的前額葉皮質（prefrontal cortex）中進行。你現在讀到的資訊就正在你的前額葉皮質中處理。如果這個部位受傷了，你對於計畫與盤算未來的能力會受損，就如同蓋吉的狀況。在這個區域，我們的感官資訊會受到評估，而未來的行動也在這裡執行。

頂葉（parietal lobe）位於腦的頂端，右半球負責控制感覺、注意力和身體意象（body image），左半球控制需要技巧的動作和語言。這個區域受損會引起許多問題，例如難以確定自己肢體的位置。枕葉（occipital lobe）位於腦的最後方，負責處理來自眼睛的視覺訊息。這個部位受損會造成目盲和視覺受損。顳葉（temporal lobe）負責臉部視覺認知和情緒感覺，左側的顳葉還負責語言。顳葉受損會讓人失去語言能力，或是無法認出熟識的臉。

演化中的大腦

當你觀察身體中的其他器官，例如肌肉、骨骼和肺臟，這些器官的構造與功能的關連往往一目了然，但腦部的結構卻像是胡亂放在一起，滿是混沌。事實上，以往常把繪製腦圖譜稱為「呆子的繪圖」。

一九六七年，為了理清腦部看起來混亂的結構，美國國家衛生院（National Institute of Mental Health, NIMH）的麥克連（Paul MacLean）醫師把達爾文的演化理論應用到腦部。他把腦分成三個部分（自此之後，其他的研究使得這個模型越來越仔細，但我們依然只用這個概略的組織原理解釋腦部的整個結構）：首先，他注意到人類大腦後面和中間部位，包括腦幹、小腦和基底核（basal ganglia），幾乎和爬行動物相同，稱為「爬行動物腦」（reptilian brain），這些部位是腦中最古老的結構，負

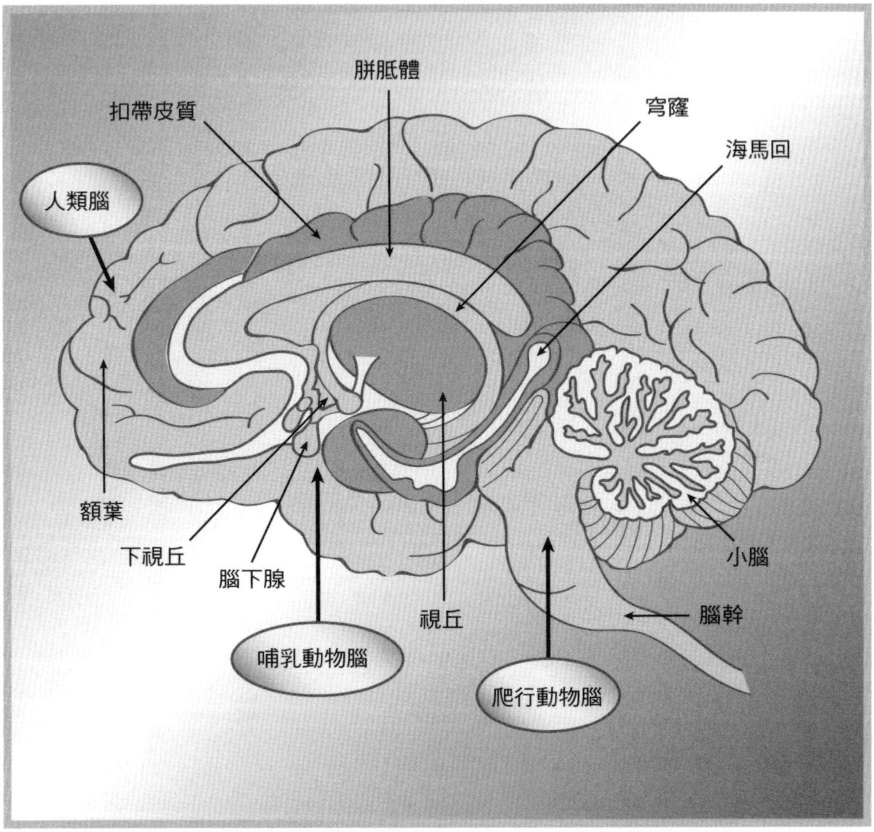

圖三：腦的演化歷史，其中有爬行動物腦、邊緣系統（哺乳動物腦），以及新皮質（人類腦）。有人指出，人類腦的演化是從爬行動物腦開始，經由哺乳動物腦，然後是人類腦。（Jeffrey L. Ward提供）

責控制動物的基本功能，例如平衡、呼吸、消化、心跳和血壓，同時也控制搏鬥、狩獵、交配和領域性相關的行爲，這些行爲都與生存與生殖有關。爬行動物腦的起源約在五億年前（見圖三）。

但是當人類從爬行動物演化而來的時候，腦部也變得越來越複雜，在外面產生全新的結構，稱爲「哺乳動物腦」（mammalian brain），也叫做邊緣系統（limbic system），包圍著爬行動物腦，位於腦部中央周圍。在社會化群居的動物中，邊緣系統特別明顯，猿類就是如此。邊緣系統中有些結構也和情緒有關，因爲在社會群體中的動態變化非常複雜，邊緣系統要區分敵人、夥伴或對手是不可或缺。

邊緣系統各部位，控制社會性動物很重要的行爲包括：

（一）海馬回（hippocampus）：這是記憶的入口，短期記憶在這裡處理之後成爲長期記憶。會有「海馬」之名是因爲它的形狀奇特，像海馬。海馬回受損會使得產生長期記憶的能力被摧毀，你將會被囚禁在「現在」之中。

（二）杏仁體（amygdala）：這是情緒活動的中心，特別是恐懼情緒。情緒是在杏仁體中出現與產生的。

（三）視丘（thalamus）：視丘像轉運站，來自腦幹的感覺訊息會在這裡集合，然後傳送到其他各個皮質，原來的意思是「內部的房間」。

（四）下視丘（hypothalamus）：控制體溫、晝夜節律（circadian rhythm）、飢餓、口渴、生殖與快樂感覺。下視丘位於視丘之下，因此得名。

最後，人類擁有哺乳動物最近才得到的腦部位：大腦皮質，位於腦部的最外層。大腦皮質中最新演化出來的結構就是新皮質，這個部位處理高階的認知行爲，在人類認知中最發達：人腦中八〇%屬於新皮質，不過厚度有如餐巾。大鼠的新皮質是平滑的，但是人類的有皺褶，好讓大的表面積能塞進頭顱中。

就某方面來說，人類的大腦有如博物館，把數億年來我們演化的各階段都納入其中：越往外，部位就越大，功能也越複雜。（相同的過程也在嬰兒發育過程中重現。嬰兒的腦發育時往外、往前擴大，可能模擬人類演化的各階段。）

雖然新皮質看起來樸實無華，不過外表會騙人。如果你用顯微鏡觀察，會大爲讚嘆腦部的細緻結構。腦部的灰質（gray matter）由數十億個稱爲神經元（neuron）的腦細胞組成，它們彼此相連，有如巨大的電話網路。神經元的一端會長出樹突（dendrite），能接收其他神經元發出的訊息，另一端則長出纖維狀、長長的軸突（axon），軸突經由和樹突的接觸，能與

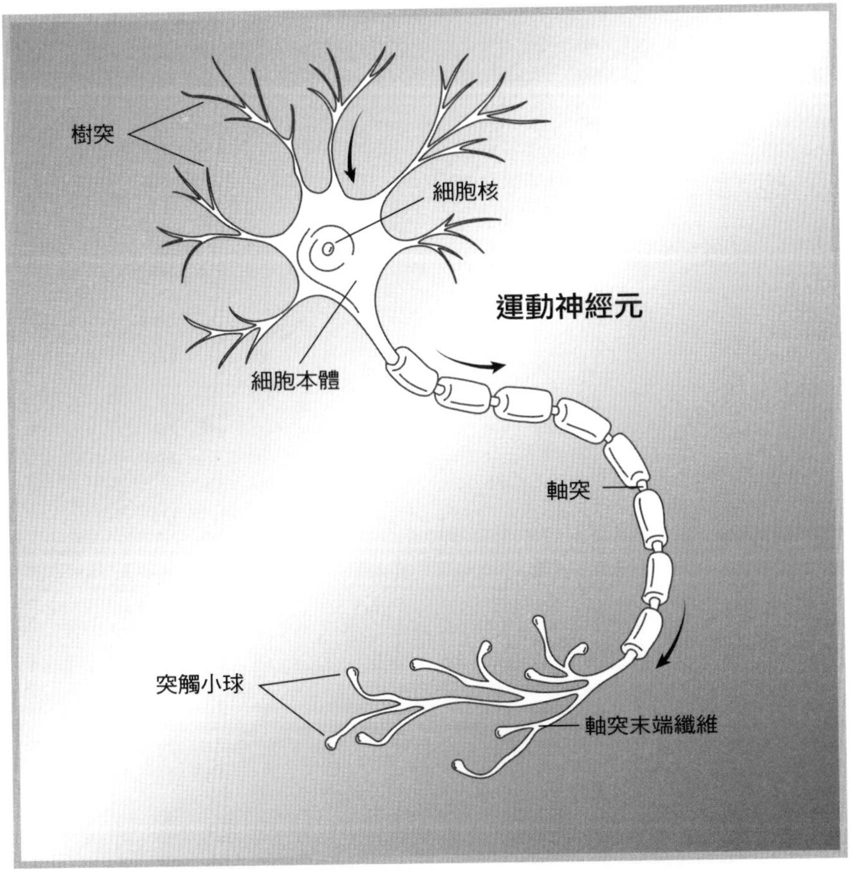

圖四：神經元構造圖。電訊號會沿著神經元的軸突傳遞到突觸，神經傳導物質會調節通過突觸的電訊號。（Jeffrey L. Ward提供）

數萬個神經元建立連繫。兩者之間的細微縫隙稱為突觸（synapse），這些突觸有如閘門，能控制腦中資訊的流動。有一類特殊的化學物質，稱為神經傳導物質（neurotransmitter），能進入突觸改變訊息的流動。由於多巴胺（dopamine）、血清素（serotonin）和正腎上腺素（noradrenaline）等神經傳導物質能控制腦中眾多迴路之間訊息的運動，因此對於我們的心情、情緒、思想和心智狀態有強大影響力（見圖四）。

這些關於腦部的敘述，代表一九八〇年代我們對於腦的知識。在一九九〇年代，藉由物理領域發展出的新科技，我們可以更深入了解思考機制，之後的科學發現也如雨後春筍。在這場革命中，強大的推手之一是磁振造影（MRI）。

磁振造影：看透大腦

要了解這種新的基本科技如何解析思考中的大腦，我們要回頭看一些基本的物理原理。

無線電波是一種電磁輻射，能穿越身體組織而不會造成傷害，MRI機器利用這一點讓電磁波能自由的穿越頭顱。藉由這個方式，這項技術能產生以往認為無法得到的精彩照片，顯示腦內部在體驗感覺與情緒時的活動。看著MRI螢幕上光的變化，我們可以勾勒出思想在腦中活動的過程，就如同鐘的指針在運行時看到鐘的內部運動。

當你看到MRI機器，首先會注意有一個巨大的管狀磁線圈，這個線圈產生的磁場強度，是地表磁場的二十到六十萬倍。其中用到的磁鐵非常巨大，這是MRI往往會重達一公噸、要一個房間才放得下，而且要價數百萬美元的主要原因。MRI不會產生有害的離子，因此要比X光機安全。電腦斷層掃描也能產生立體的圖像，但會讓身體受到一般X光照射許多倍的能量，因此使用的時候要小心調控。相較之下，MRI只要適當的使用，則是安全的。不過有一個問題是，如果操作人員沒有留意，在錯誤的時間打開機器，磁場可以強大到把工具高速射出，有些人因此受傷，甚至死亡。

ＭＲＩ機器是這樣運作的：病人躺平然後送到含有兩個大線圈的管子中，這兩個線圈會產生磁場。當磁場產生之後，身體中的原子核就會如同指南針一般，以和磁場方向平行的方式排列。然後機器會放出一道小小的電磁波，其中的能量會使得身體中一些原子核的方向顛倒，但是原子核之後會再轉回來，這時原子核會發出第二道電磁波。ＭＲＩ機器會分析這些有如「回聲」般的電磁波，重建這些原子核在體內的位置與性質。這有點像是蝙蝠利用回聲來探知飛行路徑上物體的位置，ＭＲＩ機器產生的「回聲」讓科學家重建腦內部的清晰影像。電腦會重建這些原子的位置，然後給我們漂亮的立體圖形。

ＭＲＩ一開始拿來用的時候，能呈現腦部和其中各部位的靜態結構。不過到了一九九〇年代中期發明新型的ＭＲＩ，稱爲「功能性磁振造影」（functional MRI, fMRI），能偵測腦中血液的氧含量在不同類型的ＭＲＩ機器中，科學家會在ＭＲＩ這三個字母前加上一個小寫的字母，以代表類型，不過在本書我們只用ＭＲＩ代表所有類型的ＭＲＩ。ＭＲＩ無法直接掃描出在神經元之間流動的電訊號，但是對於神經元而言，氧氣對於能量的供給非常重要，富含氧氣的血液可以間接指出電能量的流動，顯示腦中各部位是如何彼此交互作用。

這些ＭＲＩ掃描的結果，證實思考並非集中在腦中的某個單一中心，我們可以看到，思考時腦部的電能量在不同部位之間流動。ＭＲＩ能追蹤我們思考時腦中使用到的路徑，讓我們更了解阿茲海默症、帕金森氏症、精神分裂症和其他許多精神疾病。

ＭＲＩ的強項是能精細定位腦部細微部位的位置，能細微到毫米。ＭＲＩ掃描不只能產生二維的掃描結果〔那是由「像素」（pixel）構成〕，也能產生構成三維影像的「立體像素」（voxel），數萬個發亮立體像素集合在一起，能組合出腦部的立體影像。

由於不同的化學元素對不同頻率的無線電波起反應，因此你可以改變無線電波的頻率，找出體內不同的化學元素。就如同之前提過，ｆＭＲＩ集中觀察血液中的氧原子，以便計算血液的流動，但是ＭＲＩ也可以調整去找出其他原子。近十年，有一種稱爲「擴散張量造影」（diffusion tensor imaging,

DTI）的ＭＲＩ出現了，能偵測出腦中水的流動。由於水在腦中是在神經線路中流動的，因此產生的美麗影像有如花園中的藤蔓。現在科學家可以即時觀察腦部某些部位，與其他部位的連接方式。

不過ＭＲＩ技術也有缺點。雖然ＭＲＩ提供無可匹敵的空間解析度，每個立體像素在三度空間中的精細位置可以像針尖那麼小，但是在細微的時間解析度上卻不在行，拍攝一張腦部血液流動的影像需要一秒鐘，聽起來好像不長，但是請注意，電訊號在腦中幾乎是即時傳遞的，因此ＭＲＩ無法捕捉到思考模式中一些微妙的細節。

另一個使用障礙是價格，ＭＲＩ機器需要數百萬美元，醫生通常得共用機器。不過大部分的科技都一樣，透過研發應該會讓價格下降。

同時，昂貴的成本並無法阻止人們尋找ＭＲＩ的商業應用，其中一個概念是把ＭＲＩ當成測謊機，有些研究結果顯示，正確指出謊言的成功率高達九五%。成功率雖然還有爭議，但是這個應用的基本概念是，當人說謊時也同時知道事實，這樣才能捏造謊言，同時能快速分析謊言與自己知道事實之間的關連。現在有些公司宣稱，ＭＲＩ科技能指出有些人說謊的時候，前額葉和頂葉會有活動。更精確的說，是「眼窩額葉皮質」（orbitofrontal cortex）變得活躍，這個部位的功能之一是「檢查事實」，當有事情出錯時會提出警告。眼窩額葉皮質位於眼眶的後面而得名。有理論指出，由於眼窩額葉皮質能了解事實與謊言之間差異，因此在說謊的時候會加速運作。說謊時，腦中其他部位也會變得活躍，例如上內側前額葉皮質（superior medial prefrontal cortex）和下側前額葉皮質（inferolateral prefrontal cortex），這兩個部位與認知有關。

已經有多家商業公司提供ＭＲＩ機器作爲測謊之用，而使用這些機器的案件也已經進入司法程序。不過需要說明的是，ＭＲＩ掃描只能指出腦中某些部位的活動增加了，而ＤＮＡ證據有時誤差在百億分之一以下，甚至更少，這點ＭＲＩ就做不到，這是由於捏造謊言的行爲牽涉腦中許多區域，而其中有些區域則和其他種類的思考有關。

腦電圖掃描

另一個偵測腦部深處活動的好工具是腦電圖（electroencephalogram, EEG）。

腦電圖其實在一九二四年就已經出現，但是直到最近才能利用電腦處理從每個電極湧出的資料，以解讀其中意義。

使用腦電圖儀時，患者要戴上一個好像未來機器的頭盔，頭盔表面有許多電極（比較新式的機器類似髮網，上面有許多小的電極）。這些電極能偵測在腦中流動的電訊號。

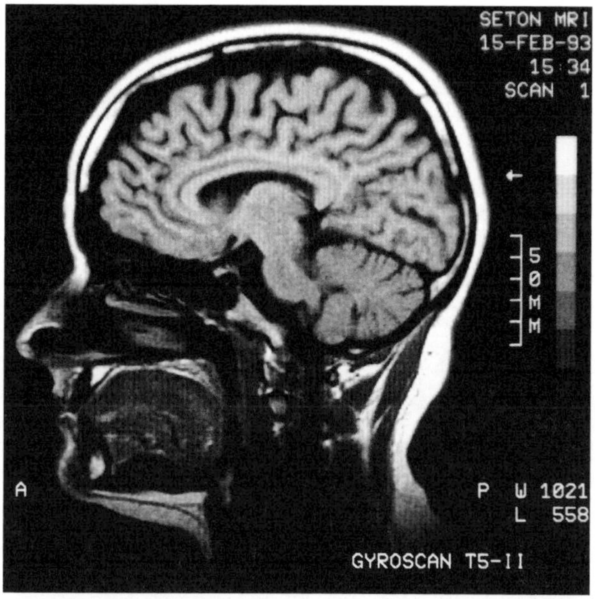

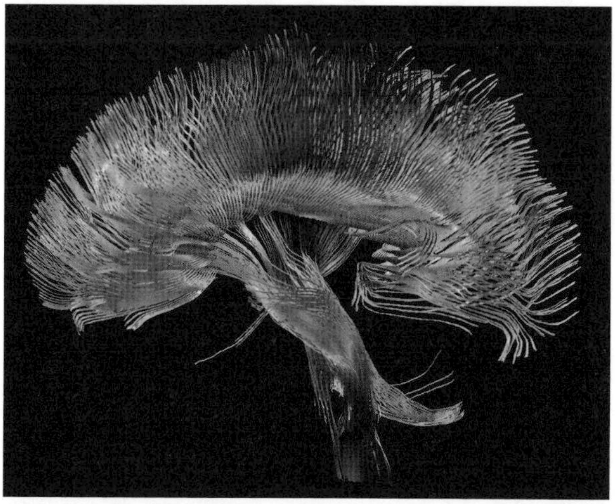

圖五：上圖是功能性磁振造影（fMRI）的影像，顯示心智活動旺盛的區域（AP Photo / David Duprey提供）；下圖是擴散張量造影（DTI）的影像，那些線條是腦中的神經線路和連結的模式（Tom Barrick, Chris Clark / Science Source提供）。

EEG和MRI有一些重要的不同之處。MRI掃描會發出無線電脈衝到腦中，然後分析傳來的「回音」，這意味著你可以改變無線電脈衝，然後選擇想要分析的原子種類，因此可以有多種變化。但是EEG就相當被動了，因爲它只能分析腦部自然發出的微小電磁訊號。EEG勝出之處在於能記錄流過整個腦部的各式各樣電磁訊號，讓科學家能測量患者在睡眠、集中注意力、放鬆和作夢時腦部的整體活動。在不同的意識狀態下，腦的電訊號活動頻率也會不同，例如在深度睡眠時，腦中會有「δ」（delta）波，每秒震動〇．一到四次。在意識清醒狀態下（例如解決問題時），產生的是「β」（beta）波，每秒震動十二到三十次。這些震動能讓腦中各個部位，即使在腦中相距遙遠，彼此還是能分享資訊與溝通。MRI掃描測量的血液流動，每秒鐘可以拍攝數張，而EEG可以測量即時的電訊號。

EEG的最大優點是方便而且便宜，即使高中生都可以在客廳戴上EEG偵測器進行實驗。

EEG雖然已經開發幾十年了，但是對於空間的解析度依然相當貧弱。EEG偵測到的電訊號，是已經穿過頭顱而且擴散開來的，你所看到的EEG訊號往往糾結成一團，幾乎無法確定是從腦中那個部位傳出來。此外，就算是移動一根手指頭這樣的小動作，都會影響訊號，甚至讓EEG無用武之地。

正子斷層掃描

另一個來自物理界的有用工具是正子斷層掃描（PET），它能偵測出葡萄糖的位置（一種糖分子，腦中細胞的能量來源），計算腦中能量的流動。就像是我在高中時代製作的雲霧室，PET掃描使用葡萄糖中鈉22所發射出來的次原子粒子。在PET掃描前，會把帶有些微放射性糖的特殊溶液注射到病人體內，糖分子中的鈉原子被取代爲含有放射性的鈉22。當鈉原子衰變時，會放出一個正電子（也稱爲「正子」），感測器很容易就可以偵測到這些正子。我們追蹤糖分子的放射性鈉原子，就可以得知活生生的腦中能量是如何流動。

PET掃描有許多和MRI相同的優點，但是空間的解析度不如MRI掃描出來的照片。不過PET掃描不是計算血液的流動，而是直接偵測體內能量的消耗，後者和神經活動的關係更密切。

PET掃描另一個缺點就是有一些放射性，因此病人無法持續使用，但MRI和EEG就不會這樣。雖然放射性造成的危險微不足道，不過通常一個人一年只能接受PET掃描一次。

腦中的磁力

最近十年，許多高科技儀器已成爲神經科學家常用的工具，包括經顱電磁掃描器（transcranial electromagnetic scanner, TES）、腦磁圖儀（magnetoencephalography, MEG）、近紅外光光譜儀（near-infrared spectroscopy, NIRS）和光基因學（optogenetics）。

可以使用磁力讓腦中某些特殊部位的運作全部停止，不需要把腦切開來。這些新工具背後的原理是，當電場快速變化時會產生磁場，磁場快速變化時會產生電場。MEG能測量腦部電場變化時所造成的磁場變化，這些磁場非常微弱，只有地表磁場的十億分之一。MEG和EEG一樣，對於時間的解析度可以小到千分之一，但是空間解析度只有一立方公分。

TES不像MEG是被動測量，而是能產生強大的電流脈衝，藉此產生一股巨大的磁能量。當TES放在腦旁邊時，這些磁場能穿過頭顱，在腦中產生另一道電流脈衝，這道電流脈衝強大到足以讓選定的腦中部位暫時停止活動。

在歷史上，科學家只能依靠中風或腫瘤讓腦中的某些部位停止運作，以此斷定那些部位的功能。但是有了TES，我們就可以任意關閉或阻礙一個人腦中部位的活動，而不會造成傷害。我們只要看一個人的行爲改變成什麼樣，就可以知道關閉部位的功能。例如把磁脈衝射到左顳葉，就會對我們的說話能力造成不利影響。

TES有一個潛在缺點，就是這些磁場無法穿透到腦中深處（因爲磁場減弱的程度，要比一般電力距離平方的反比還要快）。TES對於暫時關閉腦中靠近頭顱的部位相當有用，但是磁場無法抵達腦中深處的重要中樞，例如邊緣系統。但是未來世代的TES儀器或許能增加磁場的強度與精確度，以克服這個技術上的問題。

深部腦刺激術

另一種已經證明對神經科學家而言很重要的工具是深部腦刺激術（deep brain stimulation, DBS）。當初潘菲德使用的探測儀器相當粗糙，現在這些電極細如髮絲，可以伸入腦中深處，抵達特定的部位。這個方法不但能讓科學家找出腦中不同部位的功能，也能用來治療精神疾病。DBS已經證明有助於帕金森氏症的醫療，這種疾

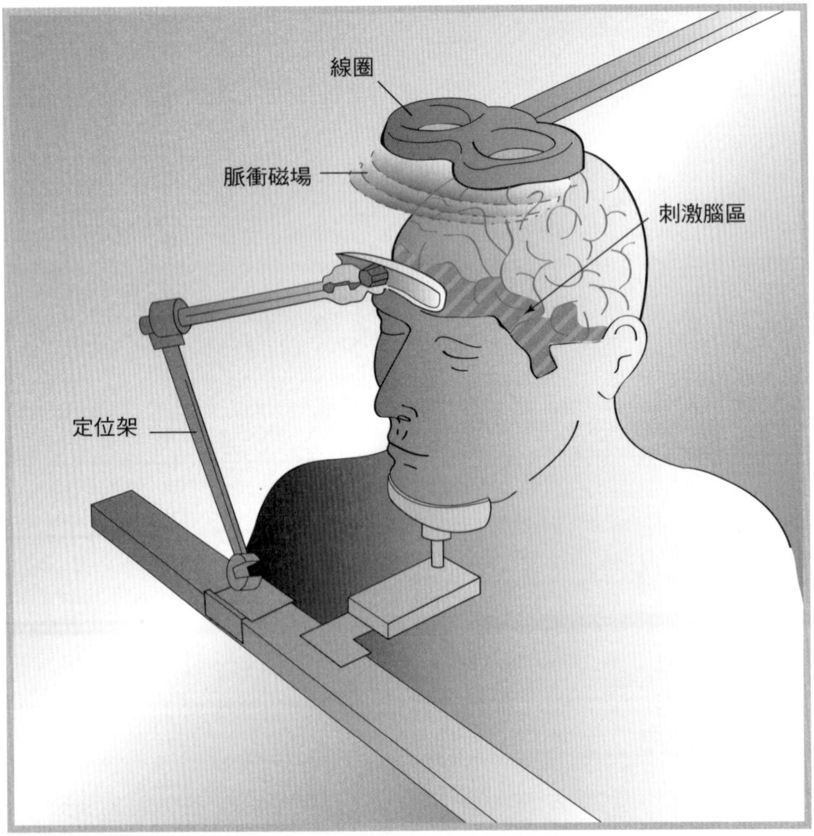

圖六：經顱電磁掃描器（TES）和腦磁圖儀（MEG）會讓磁場（非無線電波）穿過顱骨，以找出腦中思考的本質。磁場能讓腦中的部位暫時停止活動，因此科學家不需要藉由中風患者找出這些區域的功能。（Jeffrey L. Ward提供）

病的患者腦中有些部位過於活躍，通常會造成手部失控顫動。

最近這些電極的新目標是腦的一個區域，稱爲「柏羅德曼二十五區」（Brodmann's area number 25），憂鬱症患者的這個腦區通常過度活躍，因而對於心理治療或藥物不起反應。多年來受折磨與痛苦的病人，幾乎都能受惠於ＤＢＳ的神奇功效。

每年人們都會發現ＤＢＳ的新用途，幾乎所有的腦部病變治療，現在都藉由ＤＢＳ以及其他新的腦部掃描技術重新做檢驗。這些工作將來會成爲刺激的新領域，爲精神疾病找出診斷甚至治療的方式。

照亮大腦：光基因學

不過神經科學家常用工具中最新也是最刺激的可能是光基因學，這項工具曾被認爲是科學幻想。光基因學就像一根魔杖，你把一道光照射入腦中，就能啓動控制行爲的某個神經路徑。

這個技術不可思議的地方是，可以將對光敏感而能啓動細胞的基因經由手術，精確而且直接植入一個神經元中。然後只要照一道光，這個神經元就會變得活躍。更重要的是，科學家只要扳動開關就能藉由光激發這些路徑，進而開啓或是封鎖某些行爲。

雖然光基因學只有十年歷史，但是已成功證明能控制某些動物的行爲。只要打開燈就能讓果蠅突然飛起來、蟲子停止扭動、小鼠瘋了似的繞圈子跑。目前正在猴子身上進行試驗，人類的試驗也在討論中。這種科技很有希望能用於帕金森氏症和憂鬱症。

透明的腦

有另一項新發展的技術，就如同光基因學一樣能讓腦變得完全透明，用肉眼就可以看到神經線路。

二〇一三年，美國史丹佛大學的科學家宣布他們成功的把整個腦都變透明，也可以讓部分的人腦變透明。這項成果很驚人，成為《紐約時報》的頭條新聞，標題是：「腦部變得如果凍般透明，有利科學家研究。」

在細胞層級，每個細胞都是透明的，因此都能看到其中的顯微結構。不過，當百億個細胞集合成腦這樣的器官之後，其他外加的脂質（脂肪、油、臘和其他不容於水的化學物質）讓腦變得不透明。這項新科技的重點是在保持神經元完整的情況下，把這些脂質移除。史丹佛大學的科學家把腦放入水膠（hydrogel）中，這種膠狀物質的主要成分是水，能與腦中脂質之外的所有分子結合。把腦放到含有肥皀的溶液中再外加電場，溶液就會沖洗整個腦部，把脂質帶走留下透明的腦。加入染劑則可以使神經線路現形。

讓組織變透明並不是新鮮事，但是調整各種狀況讓整個腦變成透明則需要許多智謀與巧技。領導這項研究的科學家之一千廣勳（Kwanghun Chung）博士坦承：「我燒掉和融掉一百多個腦。」這種技術稱為「Clarity」（清晰），能用在其他器官。（在福馬林這類化學物質中浸泡多年的器官也可以。）他已經製造出透明的肝臟、肺臟和心臟，這項新科技在整個醫學界都有驚人的應用。

四種基本力

這些第一代的腦部造影技術成就非凡。在這些技術出現之前，科學家能確定的腦區只有三十多個，現在單單靠著MRI，就已經確定兩三百個腦區，為腦科學打開全新領域。最近十五年，有那麼多新的掃描技術從物理界衍生出來，有人可能會想：還會有更多嗎？答案是肯定的，但是新的技術只會就技術的變化與改進而已，而不會有全新的技術。這是因為規範宇宙只有四種力：重力、電磁力、弱核力和強核力。（物理學家嘗試尋找第五種力，但是到目前為止都徒勞無功。）

電磁力照亮人類的城市，代表電力和磁力的能量，幾乎是所有新掃描科技的源頭，但PET的源頭爲弱核力，是例外。科學家處理電磁力的經驗已經超過一百五十年，因此要創造新的電場和磁場，並沒有什麼好神祕的，任何新的腦部掃描科技，比較像是從頭改造已有技術，而非全新的技術。在大部分的科技中，儀器的大小和價格會下降，使得這些精細的儀器使用的範圍大幅增廣。現在物理學家已經開始進行必要的基本計算，好讓MRI機器可以裝入手機中。在此同時，這些腦部掃描技術需要面對的基本挑戰是空間與時間的解析度。MRI掃描的空間解析度需要增加磁場的強度，同時電子設備也要更靈敏。目前爲止，MRI掃描所看到的點（也稱爲立體像素）可以小到毫米以下，但是其中依然包括數十萬個神經元，新的掃描技術應該降低每個點的大小，最終目標是像MRI這樣的機器，可以定出每個神經元以及其連接點。

由於MRI機器分析的是腦中的含氧血液，因此在時間上的解析度有限。機器本身在時間上的解析度其實不錯，但是看的是血液流動，所以很慢。

在未來，MRI機器應該可以定位其他與神經活動更直接相關的物質，以便即時分析心智活動。不論過去十五年這些技術有多麼成功，從未來看應該都是小菜一碟。

新的腦模型

歷史上每當有新的科學發現，就會有新的腦模型出現。其中最早的模型之一是「雛形人」（homunculus），那是住在腦中、作出所有決定的小人。這種說法其實沒什麼用，因爲無法解釋在雛形人中的腦裡發生什麼事，可能有另一個雛形人藏在雛形人的腦中。

簡單的機械設計概念出現之後，另一個腦模型也被提出：腦就和時鐘一樣，由輪子和齒輪組成。這種類比的概念對於科學家和發明家很有用，達文西就設計一個機械人。

十九世紀晚期，蒸氣機建立新的帝國，另一種類比又出現了，這次的類比是蒸汽引擎，其中不同的能量流彼此競爭。歷史學家推測，這種水力模型影響佛洛伊德對於腦的見解：腦中有三種不同的力量，彼此持續競爭。這三種力分別是「自我」（ego），代表自己和理性思考；「本我」（id），代表受到壓抑的欲望；「超我」（superego），代表我們的善惡觀念。在這個模型中，如果三個「我」彼此衝突，造成的壓力太大就會使整個系統退化或是全面崩潰。這個模型雖然巧妙，但是佛洛伊德也承認需要仔細研究腦中的神經元階層才能證實，這樣的研究要到下個世紀才會實現。

上個世紀早期電話興起，因此另一種模擬出現了：巨大的電話交換機，腦像是電話線般的線路交織而成的巨大網絡，意識就像一長排坐著的接線生，面對巨大的交換機連接與拔除線路。不幸的，這個模型並沒有指出這些訊息是如何連接在一起而形成腦。

電晶體出現之後，另一種模型開始流行起來：電腦。就是電話交換機台被含有數千萬個電晶體的微晶片取代。心智可能只是在「濕體」（wetware，腦組織而非電晶體）中運作的軟體程式。這個模型滿長壽的，但是到現在依然有其限制。電晶體模型無法解釋爲何要有紐約市那麼大的電腦，才能展現人腦般的運算能力。而且人腦中沒有程式，不需要視窗作業系統或是奔騰（Pentium）晶片。（順便一提，搭配奔騰晶片的個人電腦運作速度很快，但是也有瓶頸，所有的計算都必須經由單一處理器來進行。腦則完全不同，每個神經元活動相較之下很慢，但是有千億個神經元同時處理資料，因此速度慢的平行處理器能勝過速度快的單一處理器。）

最新的模擬是網際網路。網際網路將數十億台電腦連接在一起。在這個模型中，意識是一種「突顯」（emergent）出來的現象，數千億個神經元連接在一起之後就神奇出現了。（這個說法根本沒有解釋這樣的奇蹟是如何出現，它把腦中所有的複雜性都掃到名爲混沌理論的毯子底下，當作沒看見。）

這些模型毫無疑問都觸及某些事實，但是沒有一個能真正捕捉腦的複雜性。不過我發現有一個類比的方式雖然不完美，但是還滿有用的：大型企業。在這個模擬中，有一個巨大的官僚體系和多個權力機構，大量的資訊在不同的辦公室之間流動，但是重要的資訊最後會彙整到執行長所在的命令中心，最後的決定在這裡完成。

如果把腦比喻成大公司是可行的，這個模擬應該可以解釋腦的特性：

（一）大部分資訊都屬於「下意識」（subconscious）：因此執行長不必理會機構中持續流動的龐大複雜資訊。實際上，只有一小部分資訊最後會送到執行長的桌上，也就是腦中的前額葉皮質。執行長只需要知道哪些重要資訊需要注意，不然排山倒海而來的訊息會使他動彈不得。這種安排方式可能是演化的結果，因爲我們的祖先面對危機時，腦中如果湧現多餘且位於下意識的資訊會癱瘓掉，能不注意腦中這些上兆次的計算才是幸運。如果在森林中遇見老虎，我們不需要操心胃、腳指和頭髮的狀況，只要知道怎樣拔腿狂奔就行了。

（二）「情緒」是在較下層組織中，獨立且快速做成的決定：由於理性思考需要花較多時間，這意味著危機出現時，理性思考無法作出合理反應，因此比較低階的腦區域需要快速接管、作出決定，因此情緒是不需要上層批准就能出現。

因此，諸如恐懼、憤怒、厭惡等情緒是由腦中比較低階的部分即時舉起的紅旗，警告命令中心可能發生危險或嚴重狀況。這個方法是由演化產生，我們的意識幾乎無法控制情緒，例如不論我們練習多久，要在許多聽眾前演講依然會緊張。

《大腦的祕密檔案》作者卡特（Rita Carter）寫道：「情緒不只是感覺而已，而是根植於身體中的保命機制，是演化來讓我們遠離危險、驅動我們接近可能有利的事物。」

（三）會有各種聲音吸引執行長注意：下決定的不是雛形人、中央處理單元或是奔騰晶片，決策中心裡有各種不同的次中心，彼此持續競爭以得到執行長注意。因此思想並非平順、穩定、流暢，其中有許多回饋系統的聲音彼此競爭。有一個「我」（單一且統合的整體）持續作出決定，不過這是我們下意識心智製造的幻覺。

我們在精神上覺得自己的心智是一個單獨的實體，持續且流暢的處理資訊，負責作出所有決定。不過從腦部掃描所得到的情況，卻和我們感覺的心智不同。麻省理工學院的明斯基（Marvin Minsky）是人工智慧的奠基者之一，他告訴我，心智更像是「心智的社會」，其中有不同的「次模組」（submodule）彼此競爭。

我訪問哈佛大學的心理學家平克（Steven Pinker）時，問他心智是如何從一團混亂中浮現出來？他說，意識像是從腦中湧現的風暴。他在文章中寫得更清楚：「我們直覺認為有一個負責管理的『我』，坐在腦中的控制室中，掃視著顯示各種感覺的螢幕，按下推動肌肉的按鈕。其實這是幻象。有許多事件都彼此競爭，希望能得到注意，同時某個程序想要壓過其他程序。腦把結果合理化，假造單一自我完全獨自負責的印象。」

（四）最後是由命令中心執行長決定：整個機構幾乎都是為了執行長用來累積與收集資訊，執行長只會和各部門主管見面。執行長會試著協調湧入命令中心彼此衝突的資訊，爭議在此平息，執行長要作出最後決定。動物幾乎所有決定是靠直覺，人類在進行比較高階的決定時，會先詳細審查來自感官的不同資訊，最後的決定是由腦中位於前額葉皮質的執行長下達。

（五）資訊是分階層的：由於大量的資訊要往上匯流到執行長辦公室，或是往下傳給支援團隊，所以資訊必須在一系列複雜的嵌套般網絡（還有許多分支）中加以整理。想像一棵松樹，命令中心位於頂端，下面有許多分支集合成金字塔般的形狀，每個分支都通往次中心。

當然，思考的結構和機構的結構彼此有許多差異。首先，所有的機構都依循這項法則：「擴張到填滿被賦予的空間為止」，但是腦不會浪費能量，人腦的耗能功率約二十瓦，相當一個小電燈泡，這已經是身體在正常運作下所能提供的最大能量。如果大腦產生的熱太多，會使組織受損，所以大腦都使用捷徑來節約能源。我們將會在本書看到，演化是如何在我們不知道的情況下，打造如此聰明且巧妙的裝置，以便盡量省事。

「真實」是真的嗎？

每個人都知道「眼見爲憑」，不過我們看到的許多事物是幻象，例如我們面對平常的風景時，看起來像是電影畫面般平順無暇。不過我們的視野是有洞的，那個洞的位置就是視網膜上視神經所在的位置。我們「看」的時候，視野中應該有一個醜陋的大黑點，但是我們的腦事先已經知道有這個黑點，因此會把收集到的資訊平均化，把黑點塡補起來。這意味著我們的視覺中有部分是假造的，是由下意識製造出來欺瞞我們。

此外，我們只能清楚看到視野的中央，這個位置稱爲中央窩（fovea）。爲了節省能源，其他周圍區域都只有模糊影像。不過中央窩非常小，爲了用這個微小的中央窩取得夠多資訊，眼睛一直持續且快速看不同的方向，這種眼睛快速跳動的運動稱爲跳視（saccade），完全由下意識控制，使得我們有錯誤印象，以爲視野是清楚且集中。

我小時候第一次看到整個完整的電磁波頻譜便受到震撼。我之前不知道人類是看不到電磁波頻譜的大部分（例如：紅外線、紫外線、X光、γ射線）。我開始了解，用雙眼看到的只是現實的一小部分，是粗略的近似物。（有句老話說：如果本質與外觀是一樣的東西，那麼就不需要科學了。）我們在視網膜中的感覺器只能偵測到紅光、綠光和藍光，這意味著我們從來沒有眞正見過黃色、棕色、橘色，和其他許多顏色。這些顏色確實存在，但是我們的腦只是利用不同份量的紅色、綠色和藍色模擬出這些顏色。如果你非常靠近看舊式的彩色電視，你會看到許多紅點、綠點和藍點，彩色電視製造出的就是幻象。

眼睛也愚弄我們，讓我們以爲看到景深，事實上視網膜是二維的，但使我們兩眼間有十多公分距離，左腦和右腦把兩眼的影像合併起來，讓我們產生感覺到第三維的錯覺。對於比較遠的物體，我們可以藉由頭部移動時該物體的移動方式來判斷距離，這種方式稱爲「視差」（parallax）。

小朋友有時會抱怨：月亮一直跟著我。這可以用視差來解釋，因爲像月亮那樣遠的物體，腦部無法用視差來判斷，因此小朋友認爲月亮一直跟在「身後」固定的距離，其實這只是腦部抄捷徑所造成的幻覺。

左右腦的矛盾

把腦形容爲公司結構的說法，有一個與實際腦結構不同的地方，這個有趣的特點可以在腦左右邊被切開來的病人中觀察到：這個不尋常的特徵是腦分成兩個幾乎一樣的左右兩半，稱爲「大腦半腦」（hemisphere），科學家一直想知道爲何大腦要有這樣沒必要的多餘區分，因爲就算切除大腦某個半球依然能運作，沒有一家正常的公司會有這種奇怪特徵。此外，如果每個半球都有自己的意識，就意味著頭顱裡有兩個分開的意識中心嗎？

加州理工學院教授斯佩里（Roger W. Sperry）在一九八一年獲得諾貝爾獎，他指出左右半腦並非完全相同的拷貝，且具有不同的職務。這個結果在神經學界造成轟動，也刺激許多膚淺的書籍，宣稱可以把左腦、右腦兩者的不同應用到生活。

斯佩里博士一直在治療癲癇患者，他們有時候會有嚴重的惡性發作，這種發作通常是因爲兩個大腦半球之間的回饋迴路失去控制所造成的。這就像是麥克風因爲回饋迴路而造成刺耳的聲音，這些癲癇發作可能會致命。斯佩里博士於是把連接左右大腦半球的胼胝體（corpus callosum）切開，這樣病人左邊的身體和右邊的身體就不會再溝通與互換訊息，通常能停止回饋迴路和癲癇發作。

這些大腦被切分的病人一開始似乎完全正常，他們機警靈活，能從事正常的對話，好像什麼事都沒有發生過。但是如果仔細分析他們，會發現有些事情已經不同了。

當思路在兩個大腦半球之間流動的時候，兩者彼此會互補。左腦通常比較長於分析與邏輯，負責語言技術；右腦比較注重整體，有如藝術家，不過左腦居於主導地位，並且作出最後決定。左腦的指令會經由胼胝體傳到右腦，但是當連接被切斷，意味著右腦現在脫離左腦的專政。右腦可能會有自己的意志，這個意志可能和位於主宰地位的左腦相衝突。

簡單說，就是一個頭顱裡有兩個意志在活動，有時候會競爭身體的控制權。這會產生奇怪狀況：左手（由右腦控制）開始不聽你的指揮而動作，好像是異形的附肢。

有個病歷記載，某個男子想用一隻手抱自己的妻子，但是卻發現另一隻手有不同的舉動：朝她的臉揮出右鉤拳。另一個女子說她的一隻手要拿起一件洋裝，卻看到另一隻手拿起完全不一樣的套裝。還有一位男子夜裡無法成眠，因爲他一直想著自己那隻背叛的手可能會掐死自己。

腦部左右被切開的人時常覺得自己好想活在卡通中，一隻手想控制另外一隻手。有時候醫生稱這種現象爲「奇愛博士症候群」（Dr. Strangelove syndrome），因爲在這部電影中有一幕，一隻手和另一隻手對打。

斯佩里博士仔細研究這些腦部左右被切開的病人，最後提出結論：可能有兩種不同的心智在單一個大腦中運作。他寫道，每個大腦半球「的確有由自己控制的意識系統，能感知、思考、記憶、推理、具有意志，並且能表現情感，全都有一般人類的水準。而且……左腦半球和右腦半球可能同時意識到不同、甚至相衝突的心智經驗，這些經驗是平行進行的。」

我訪問過加州大學聖芭芭拉分校的葛詹尼加（Michael Gazzaniga），他是腦部左右切開者權威。我問他，這個理論要用什麼實驗測試。有許多方法可以在不讓另一個大腦半球知道的情況下，與某個大腦半球溝通。例如我們可以讓受試者戴上特殊眼鏡，讓呈現在兩眼的問題是不同的，這樣就能輕易對不同大腦半球提出問題。不過困難處在於要從大腦半球中得到答案，因爲右腦不會說話（語言中心位於左腦），因此我們難以得知右腦的想法。葛詹尼加博士告訴我，爲了了解右腦的想法，他發明一種實驗，讓（安靜）的右腦能利用塗鴉文字「說話」。

一開始他詢問病人的左腦，畢業之後要從事什麼行業，病人回答說要當製圖師。但是當問（安靜的）右腦相同問題時，有趣的事情來了：右腦拼出的字是「賽車選手」。右腦私底下對於未來有完全不同的計畫，但是負責主宰的左腦完全不知道。右腦眞的有自己的心智。

卡特寫道：「這個結果的意涵讓人難以置信。在我們的頭顱中，可能有一個不出聲的囚犯，他有自己的人格、野心、自我意識，和我們每天相信的自我實體完全不同。」

或許，「在他的內心身處有另一個人渴望自由」這個我們經常聽到的說法是眞的，這意味著兩個大腦半球可能有不同信仰。例如，神經科學家拉瑪錢德朗（V. S. Ramanchandran）描述他曾經問一個左右腦切分的病人是否相信有神，他說自己是無神論者，但是他的右腦卻相信有神。很明顯的，在同一個腦中可能有兩種對立的宗教信念。拉瑪錢德朗繼續說：「如果這位病人去世，會發生什麼事呢？一個大腦半球上天堂、另一個下地獄。我不知道這個問題的答案。」

我們可以想像，有個左右腦切分的人可能同時是共和黨員和民主黨員。如果你問他要選誰，他會回答左腦支持的候選人，因為右腦無法說話。但是你可以想像他在投票區中要用哪一隻手拉拉桿時的混亂情況。

誰在主掌

美國貝勒醫學院的神經科學家伊葛門（David Eagleman）教授花許多時間從事研究，希望了解下意識心智的問題。我訪問他時提到：如果我們心智程序大部分都是在下意識中進行，我們為何沒有注意到這麼重要的事實？他比喻說，有一個年輕的國王剛剛繼承王位，認為整個王國都是自己打理的，但是他完全不知道要維持王位，需要有成千上萬的臣子、士兵和農民。

對於政治家、婚姻伴侶、朋友和未來的工作，我們都受到完全無法意識到的事物所影響。他舉出一個很奇怪的結果，名叫丹尼斯（Denise, Dennis）的人，後來成爲牙醫（dentist）的比例特別高；叫羅拉（Laura）或勞倫斯（Lawrence）的人，比較可能成爲律師（lawyer）；叫做喬治（George）或是喬吉娜（Georgina）的人容易成爲地理學家（geologist）。這意味著，我們認爲的「眞實」只是腦爲了塡補空隙所作出的「近似眞實」。我們每人所見的眞實都有些許不同，他指出：「大約有一五%的女性擁有基因突變，使得她們具有額外第四種色彩感受器，和一般只有三種色彩感受器的大部分人相比，她們能區分這些人認爲相同的顏色。」

很明顯的，我們越了解思考的機制，產生的問題就更多。心智中的命令中心在面對一個會叛亂的影子命令中心時，會發生什麼事情呢？如果意識可以切成兩半，我們對於「意識」該如何定義？意識（consciousness）與「自我」（self）以及「自我意識」（self- awareness）的關係又是什麼？

如果我們能回答這些艱難的問題，就可能爲了解非人類意識鋪下坦途。機器人和外星人的意識應該和人類完全不同。

所以現在讓我們對於「何謂意識」這樣撲朔迷離的複雜問題，提出一個明確的答案。

第二章

物理學家的意識觀點

人類的心智能做任何事……因為過去與未來的每件事都在心智中。

——康拉德（Joseph Conrad），小說家

意識問題能讓最嚴苛的思想家，變成胡言亂語又毫無條理的人。

——麥金（Colin McGinn），哲學家

多年來，哲學家對意識問題一直深感興趣，但是卻無法得出簡單的定義，到現在依然如此。哲學家查爾姆斯（David Chalmers）曾經把兩千四百多篇關於意識的論文分門別類，在科學界沒有其他題目有那麼多人貢獻心力，卻幾乎沒有得到共識。十七世紀思想家萊布尼茲（Gottfried Leibniz）曾寫道：「就算你能把腦部放大成磨坊那麼大，然後你在裡面走動，依然無法找到意識。」

有些哲學家甚至懷疑意識的理論是否能成眞。他們宣稱，因爲一個主體永遠無法了解自己，因此意識無法解釋，我們無須浪費心智的力量去解釋這個費解的問題。哈佛大學心理學家平克寫道：「我們看不到紫外線，我們心中無法想像四次元中的物體是如何轉動。我們可能無法解決自由意志和知覺能力這樣的難題。」

事實上，主宰二十世紀心理學理論的行爲主義，不認爲意識有什麼重要。行爲主義的基礎概念是，值得研究的只有動物和人類的客觀行爲，心智的主觀、內在狀態則否。

其他人放棄定義意識，轉而嘗試描述意識。精神病學家托諾尼（Giulio Tononi）曾說：「每個人都知道意識是什麼，你每天晚上墜入無夢的睡眠時，就把意識拋棄掉了。當你醒來，意識又回來了。」

雖然許多年來人們爲了意識的問題爭論不休，但是鮮少提出結論。有鑒於物理學家作出許多讓大腦科學取得爆發性進展的發明，那麼藉由物理學來重新檢視這個古老問題，或許有幫助。

物理學家了解宇宙的方式

當一個物理學家想要了解某件事情，最先是收集資料，然後建立「模型」，這是研究對象的簡化版本，但是具有該對象的主要特徵。在物理學中，模型是經由一連串的參數（例如溫度、能量、時間）來描述的。然後物理學家運用模型來模擬對象的運動，預測對象未來的變化。事實上，世界上有些最大的超級電腦就是用來模擬模型的變化，這些模型用來描述質子、核子爆炸、天氣模式、大霹靂和黑洞的中心。接著，你會得到比較好的模型、使用更精細的參數，然後再次模擬。

例如當年牛頓覺得月亮的運動很奇妙，他便創造一個簡單模型，改變了人類歷史進行的方向：他想像把一個蘋果往天空丟去，如果丟出的速度越快，蘋果便飛得越遠；如果你丟得夠快，蘋果就會繞地球一圈，可能會回到原來投出的地點。牛頓宣稱這樣的模型可以代表月亮的運行路徑，而引導蘋果環繞地球的力量和月球環繞地球的力量是相同的。

模型本身沒有用處，重要的突破點在於牛頓能利用他的新理論模擬未來，計算運動中物體未來的位置。這是一個很困難的問題，難到牛頓得發明一個全新的數學分支，稱爲微積分。牛頓利用這個新數學，不只能預測月球的運行軌道，還包含哈雷慧星和其他行星。從此之後，科學家利用牛頓定律模擬各種運動中的物體，包括炮彈、機械、汽車、火箭、小行星、流星，甚至恆星和星系。

模型的成敗取決於能多正確重現模擬對象的基本數值。在牛頓這個案例中，基本參數是蘋果與月球在空間與時間中的位置。讓這些參數變化（例如讓時間前進），牛頓在歷史上首次解放運動中的物體，這是科學中最重要的發現之一。

模型很有用，不過會被具有更好參數所描述的，更正確的模型所取代。牛頓認爲是有力作用在蘋果和月球上，但是愛因斯坦的模型有新的參數：空間與時間的曲率，後者取代前者。蘋果會移動並不是地球在蘋果上施力，而是地球扭曲空間與時間，所以蘋果只是在彎曲的時空上面運動而已。愛因斯坦藉由這個模型，能模擬整個宇宙的未來。現在我們在電腦上用這個模型來模擬未來，並且製造出黑洞相撞的華麗景象。

讓我們利用這種基本的策略來發展新意識理論。

意識的定義

我參考以往神經學界和生物學界對於意識的描述，把意識定義如下：

> 意識是一種產生模型的過程，所模擬的是世界。在這個過程中會使用多個回饋迴路，其中有不同的參數，例如溫度、空間、時間，與其他個體的關係，以達成某個目標，例如找尋配偶、食物與棲所。

我稱此爲「意識的時空理論」，因爲這個定義強調一個觀念：動物產生一個世界的模型，這個模型主要是和空間以及其他個體有關。在人類，這個模型更進一步，也與時間的過去與未來有關。

舉例來說，最低階的意識是等級「0」，具有這樣意識的生物無法移動或移動能力有限，因此用來創造自己所屬空間的模型只用到幾個參數（例如溫度）。用例子來說明的話，最簡單階層的意識就是個恆溫器。在不需要外力的協助下，恆溫器能自動打開冷氣或暖氣，以調節房間溫度。其中的關鍵是在溫度太高或太低時能打開開關的回饋迴路。例如溫度升高時金屬會膨脹，當恆溫器中的金屬片膨脹超過某個點之後，就能打開開關。

每個回饋迴路標示著「一個意識單位」，恆溫器有一個階層爲「0」的單位，因此它的階層寫爲「0：1」。

以這種方式，用來建造世界模型中回饋迴路的數量與複雜程度，可以用數字來表示，這樣我們可以爲意識排序。這時意識就不再是一些無法定義、兜著圈子轉的概念集合體，而是有階層的系統，能依照數字排列。例如，細菌和花有更多的回饋迴路，因此它們比階層「0」的意識更高階。有「10」個回饋迴路（用來測量溫度、濕度、陽光、重力）的花，具有「0：10」階層的意識。

能移動、具有中樞神經系統的生物，則有階層「1」的意識，其中包括一組新的參數，用以描述自己位置的改變。舉例來說，爬行動物就具有階層「1」的意識，由於牠們具有非常多的回饋迴路，因此發展了中樞神經系統，以掌握這些迴路。爬行動物的腦可能具有一百或更多個回饋迴路（負責控制嗅覺、平衡、觸覺、聽覺、視覺、血壓，其中每個又都含有更多回饋迴路）。例如視覺就具有許多回饋迴路，因爲眼睛能辨識顏色、動作、形狀、光的強度與陰影。爬行動物還具有聽覺和味覺等其他感覺，這些也都和視覺類似，都有額外的回饋迴路。這些回饋迴路總加起來，產生了心智圖樣，用以描繪爬行動物在這個世界所在的位置，以及其他動物（例如掠食者）所在的位置。階層「1」的意識主要由爬行動物的腦控制，位於頭部中央與後面。

接下來是階層「2」的意識，有這種意識的生物所產生的空間模型中，不只有自己的位置，也有其他個體的位置（例如有情緒的社會性動物）。在階層「2」的意識中，回饋迴路數量大增，因此對於這一型的意識，納入新的數字排行會很有用。有許多行爲需要較大的腦，例如形成同盟、偵察敵人、服侍雄性首領，因此具有階層「２」意識的動物的腦剛好都具有新結構，稱爲邊緣系統。如同之前所說，邊緣系統包括海馬回（負責記憶）、杏仁核（負責情感）和視丘（負責感覺資訊），這些構造爲了建立與其他個體關係的模型，而增添新的參數。回饋迴路的數量和類型因此也改變了。

在階層「２」的意識中，需要有用於和團體中其他成員從事社會互動的回饋迴路，我們可以用這些不同迴路的總數量來爲階層「２」意識分級。但是很不幸，對於動物意識的研究少得可憐，對於動物彼此之間社會溝通方式所做的分類研究也很少。不過我們可以做一個粗略的方式，就是計算某個動物所在的群體中有多少個體，並且把這種動物彼此之間情緒上互動的所有方式列表出來，以此估計階層「２」意識。這些情緒互動的方式包括辨認敵人和朋友，與其他個體形成連結，彼此幫助、建立聯盟，了解自己的地位以及其他人的社會排序，尊重上位者的地位，對下位者展現權力，計畫如何提高自己的社會排序。（我們把昆蟲排除在階層「２」之外，因爲雖然昆蟲在巢中或是群體中，與其他成員有社會關係，但是就目前所知，牠們並沒有情緒。）

對於動物的行爲，我們雖然缺少科學實驗的研究，但是我們可以從動物所展現的各種情緒與社會行爲的種類、數量，大致給予階層「２」意識粗略的數字排列。例如，如果狼群中有十匹狼，每頭狼和其他所有的狼都有互動，其中有十五種不同的情緒與表示方式，那麼狼在階層「２」意識中大致的分級就是這兩個數字的乘積，也就是一百五十，可以寫成階層「２：１５０」意識。要納入考慮的數字包括互動個體的數量，以及個體之間溝通方式的數量。這個數量只是接近動物所展現的所有社會互動數量，而且當我們對於動物的行爲研究更深入，這個數字當然也會改變。

當然，由於演化從未清晰也不精準，因此我們必須有更多解釋，像是獨自狩獵的社會性動物的意識階層。我們會在註釋中說明。

階層「3」意識：模擬未來

經由上述的意識架構，我們可以發現人類並不特別，各種意識包含在一個接連不斷的集合中。就如同達爾文（Charles Darwin）所下的評論：「人類和其他高等動物之間確有差別，這個差別雖然很大，也只是一種程度上的差距，並非獨一無二。」但是什麼區分人類的意識和動物的意識呢？在動物界，只有人類了解「明天」的概念。人類與其他動物不同，會持續問自己未來數星期、數個月，甚至數年之後「會怎樣？」所以我認爲階層「3」的意識能產生一個模型，知道自己在世界中的位置，同時經由粗略預測以模擬意識的未來。我們可以總結如下：

> 人類的意識是一種形式特別的意識，能創造一個世界的模型，還能經由評估過去，而使得這個模型能模擬未來。要完成這件事，必須協調並且評定許多回饋迴路，以便作出決定、達成目標。

當我們達到階層「3」的意識時，回饋迴路已經太多了，因此我們需要一位執行長仔細研究這些迴路，好去模擬未來、作出決定。因此，人類的腦和其他動物的腦大不相同，特別是具有很大的前額葉皮質，剛好就位於額頭後面，讓我們能「看見」未來。

美國哈佛大學的心理學家吉伯特（Daniel Gilbert）曾寫道：「人類頭腦最偉大的成就，是能想像在現實範圍中不存在物體與情節。就是這種能力讓我們能思考未來。就如同某位哲學家所說，人類的腦是一個『預測機器』，而『創造未來』是腦的工作中最重要的。」

利用腦部掃描，我們甚至可以精確找出腦部負責模擬未來的部位。神經科學家葛詹尼加指出，在人類左前額葉皮質的第「10」區（內顆粒層IV），比猿類大了兩倍。第「10」區牽涉記憶與計畫、認知彈性、抽象思考、啓動適當行爲、抑制不當行爲、學習規則，並且能從感官得到的資料中取得相關內容。

（在本書，我們將會再次提到這個區域以及背側前額葉皮質，主要討論的是「下決定」，不過會與其他腦區域重疊。）

雖然動物可能非常明確的理解自己在空間中所處的地點，並且在某些程度上知道有其他生物存在，但是現在還不清楚牠們是否對於未來有全面性的計畫，並且了解「明天」是什麼意思。絕大部分的動物，包括邊緣系統發達的社會性動物，遇到狀況時（例如出現掠食者或是可能的交配對象）都是依靠直覺，很少對於未來有全面性的計畫。

例如哺乳動物沒有準備冬眠的計畫，而是當溫度下降，就會依照直覺進行。牠們有一個回饋迴路來調節冬眠，牠們的意識主要由感官的訊息主宰。沒有證據指出牠們準備冬眠時，能有系統的梳理各種不同計畫與方案。掠食者以狡詐與偽裝偷偷靠近沒有察覺危險的獵物時，的確會預料未來，但是這樣的計畫只是出於本能，而且只在狩獵的時候出現。靈長類長於設計短期計畫（例如尋找食物），但是沒有跡象顯示牠們預先計畫的時間能超過數小時。

但是人類不同。雖然我們在許多場合的確依靠本能與情緒，但是我們也會持續分析與評估來自許多回饋迴路的資訊。我們會持續模擬，有時模擬的年月超過我們的壽限，甚至數千年後的未來。這樣模擬的重點是爲了評估各種可能性，以便作出最佳決定、達成目標。這些模擬發生在前額葉皮質中，前額葉皮質讓我們能模擬未來，評估各種可能性，以設計最佳行動方針。

有數個原因讓我們演化出這種能力。首先，探知未來的能力能帶來巨大的演化利益，例如避開掠食者，以及找尋食物與交配對象。第二，讓我們能從數個不同的結果中選擇，以找出最佳的答案。

第三，我們從階層「0」前進到階層「1」、階層「2」時，回饋迴路的數量成指數增加，因此我們需要有「執行長」來評估所有彼此衝突、競爭的訊息。這時候直覺能力已經不夠用了，得要有一個中心體來評估每一個回饋迴路。這使得人類的意識和動物的意識有所不同。這些回饋迴路會受到評估，方法是模擬這些迴路在未來的狀況，以得到最佳結果。

有一個簡單的實驗可以說明那種混亂狀況。伊葛門曾經描述，讓一隻雌棘魚闖入雄棘魚的領域，雄棘魚會變得困惑，因爲牠想要和雌魚交配，但是又想要保衛領土而對抗。結果是雄棘魚會在攻擊雌棘魚的同時，展開求偶行爲。就這樣，雄棘魚被逼入抓狂狀態，同時想要追求和殺死雌棘魚。

這個實驗在小鼠身上也有相同結果。把一個電極放在乳酪前面，如果小鼠靠得太近，就會被電擊。有一個回饋迴路告訴小鼠要吃乳酪，但是另一個迴路告訴小鼠要走開以免遭受電擊。經由調整電極的位置，你可以讓小鼠來來回回跑動，讓牠無法在兩個衝突的回饋迴路之間作出決定。人類的腦中有一個執行長，能評估這個狀況的正反兩面，而小鼠則受控於兩個彼此衝突的回饋迴路，只好來回跑動。這就像是俗語說的：驢子放在兩捆一樣大的乾草之間，最後會餓死。

那麼人腦究竟是怎樣模擬未來呢？人腦中大量的感官與情緒資料如洪水般湧來，不過重點是經由因果關連，將不同的事件連繫起來，好模擬未來。舉例來說，如果A事件發生了，接著就會發生B事件；如果B事件發生，可能的結果是C事件和D事件。這樣引發的連鎖反應事件，最後產生具有許多分支的未來可能性樹狀圖。在前額葉皮質的執行長會評估這因果樹上的各個結果，作出最後決定。

我們這樣假設好了，如果你要搶銀行，你會作出多少和這個事件有關的實際模擬呢？在模擬的時候，要想到各種不同的因果連結，其中牽涉警察、旁觀者、警報系統、與犯罪夥伴的關係、交通狀況、地方檢察官辦公室。如果要成功模擬搶銀行，你得評估數百個因果連結。

要用數字來測量這一階層的意識，是有可能的。假設有個人處於上面所說的那一系列狀況中，並且被要求模擬每個狀況的未來。這個人對所有情況作出的所有因果關係連結，可以畫成表格來呈現。這裡有一個複雜之處：一個人對於各種可以想到的狀況，所產生的因果連結之多，沒有限量。我們可以從一個大型的對照組中得到因果連結的平均數，然後把某人的連接數除以這個平均數，就能處理複雜的程度。就像是智商測驗，將某人得到的分數乘以一百。所以某個人的意識階層，可能會是階層「3：100」，這個意思是說，這個人模擬未來的能力和普通人相當。

我們現在用下面這個表格總結意識的階層：

階層	物種	參數	腦部結構
0	植物	溫度、陽光	無
1	爬行動物	空間	腦幹
2	哺乳動物	社會關係	邊緣系統
3	人類	時間（特別是「未來」）	前額葉皮質

請注意這個分類方式大至對應我們在自然界發現的演化階層，例如：爬行動物、哺乳動物和人類。不過這當然有灰色地帶，例如有些動物可能具有不同階層意識的少許特點，動物的確有些基本的計畫能力，或是單細胞也能與其他細胞溝通。這個表格只是提供大範圍、全面的概念，說明在動物界中意識的組織方式。

幽默是什麼？我們為何有情緒？

所有的理論必須能證明是否錯誤。意識的時空理論面對的挑戰，是要在理論框架中解釋人類意識的所有面向。如果有一些思考的模式無法融入這個理論，那麼這個理論就是錯誤的。有人可能會批評說，人類的幽默感荒誕又短暫，這個理論無法解釋。我們花很多時間和朋友一起談笑，或是因喜劇演員的表演而大笑，人類的幽默感似乎和模擬未來沒有任何關連。不過我們得想一想，大部分的幽默故事，例如笑話，都需要畫龍點睛的一個笑點。

我們聽到一則笑話時，會不由自主在心中模擬這個故事的發展並且自己完成這個故事（甚至是在我們不知不覺中進行）。我們很了解這個物理世界與社會狀況，因此我們會推想出結尾，但是重要的那一句話總是造成完全出乎意料之外的結局，於是引起大笑。幽默的重點就在於我們所模擬的未來，突然以讓人驚奇的方式打斷。這是人類在演化的歷史中能成功的要素之一。在叢林中的生活充滿意料之外的事件，能預見非預期結果的人，生存機會就比較高。因此幽默感的確是階層「3」意識與智力的指標，因爲幽默感屬於預測未來的能力。

有人曾經問費爾茲（W. C. Fields）關於年輕人社會活動的問題，這個問題是：「你相信爲年輕人開辦的俱樂部（clubs）嗎？」他回答：「當仁慈不再的時候才會。」

這個笑話能戳到笑點，是因爲我們內心所模擬的未來是孩子們參加社會中的「俱樂部」，但是費爾茲模擬的未來則是把「club」想作是當成武器的棍棒（club也是棍棒的意思）。當然，如果笑話被破梗就不好笑了，因爲我們在內心已經模擬各種可能的未來。

這也能說明爲何每位喜劇演員都知道，要幽默，最重要的就是掌握時間。如果笑點出得太快，腦部還來不及模擬未來，就察覺不到意料之外的結果。如果笑點給得太慢，腦部已經有時間模擬各種可能的未來，驚訝的效果就消失了。笑，當然還有其他作用，例如增進部落其他人之間的連繫。實際上，我們把幽默感當成評估其他人特質的方法。這很重要，因爲可以藉此決定我們在社會的地位。因此，笑有助於讓我們在社會的位置更明確，這屬於階層「2」意識。

我們為何要閒聊玩耍？

即使是談論沒營養的閒話以及和朋友胡鬧，這樣看起來不重要的活動，都應該要能在這個理論框架中找到位置。如果有個火星人到超級市場的結帳走道，看到一大堆八卦雜誌，他可能會認爲談八卦是人類的主要活動。其實這個觀察結果與事實也相去不遠。

閒聊對於生存也很重要，因爲社會互動的機制很複雜，而且會持續變動，因此我們必須了解這個持續變動的社會狀態。這是階層「2」意識運作的結果。不過當我們聽到一則八卦，會馬上模擬這則八卦對我們在社群地位的影響，這時階層「3」的意識會接手。其實在數千年前，閒聊是獲得部落中重要資訊的唯一方式。我們通常因爲知道最新的八卦而保住性命。

像是「玩耍」這樣不重要的事情，其實也是意識的重要特徵。如果你問小朋友爲何喜歡玩耍，他們會說：「因爲好玩啊！」這個答案會引出下一個問題：「什麼是樂趣？」事實上，當小朋友玩耍的時候，他們通常在嘗試把複雜的社會互動重建成簡化的形式。人類的社會極爲精細繁複，對於幼兒正在發育的頭腦來說，太複雜了，所以小朋友會模擬簡化的成人社會，會玩扮演醫生、警察、強盜和學校的遊戲。每一種遊戲都像是一個模型，讓小朋友體驗成人行爲的一小部分，然後藉此模擬未來。成年人玩遊戲也有類似情況，例如玩撲克牌時，腦對於各個玩家手中握有的牌，會持續建立模型，然後利用這個模型推測未來，並且會運用這些人的個性以及虛張聲勢的能力。西洋棋、牌戲和賭博這類遊戲的重點就是在模擬未來的能力。動物大部分都生活在當下，因此玩遊戲就不在行，特別是需要計畫能力的遊戲。哺乳動物小時候的確會從事某些形式的遊戲，但是這些遊戲主要是用來鍛鍊身體、彼此測試、練習未來的打鬥，以及建立未來的排序，而不是要模擬未來。

我的意識時空理論可能還可以解釋另一個充滿爭議的議題：智力。雖然智力測驗宣稱能測量「智力」，但是智力測驗事實上根本沒有對「智力」作出定義。犬儒的人可能會宣稱，智商測量到的是「你在智力測驗中得到的成績」，而這樣就變成循環論證了。這種說法多少有些道理。此外，智力測驗也被批評其中包含太多社會偏見。這個新的架構中，可以把智力看成我們模擬未來的複雜活動。因此，一個犯罪大師可能被退學、不識字，在智力測驗中得分相當悽慘，但是能力可能遠遠超過警察。能智取警方，可能只是所模擬的未來更爲複雜精細而已。

階層「1」：意識流

在這個星球上，可能只有人類才能操作所有階層的意識。利用磁振造影可以解析出牽涉到每一階層意識的腦部結構。

對人類而言，階層「1」的意識流主要是前額葉皮質和視丘之間的互動結果。在公園輕鬆散步時，我們會聞到植物的氣味，感覺微風吹拂，以及來自陽光的視覺刺激。這些感覺的訊號經由脊髓傳到腦幹，然後抵達視丘。視丘就像是中繼站，能把這些刺激分門別類，送往腦中各個皮質。例如公園的景象會送到腦部後側的枕葉皮質，風造成的觸覺

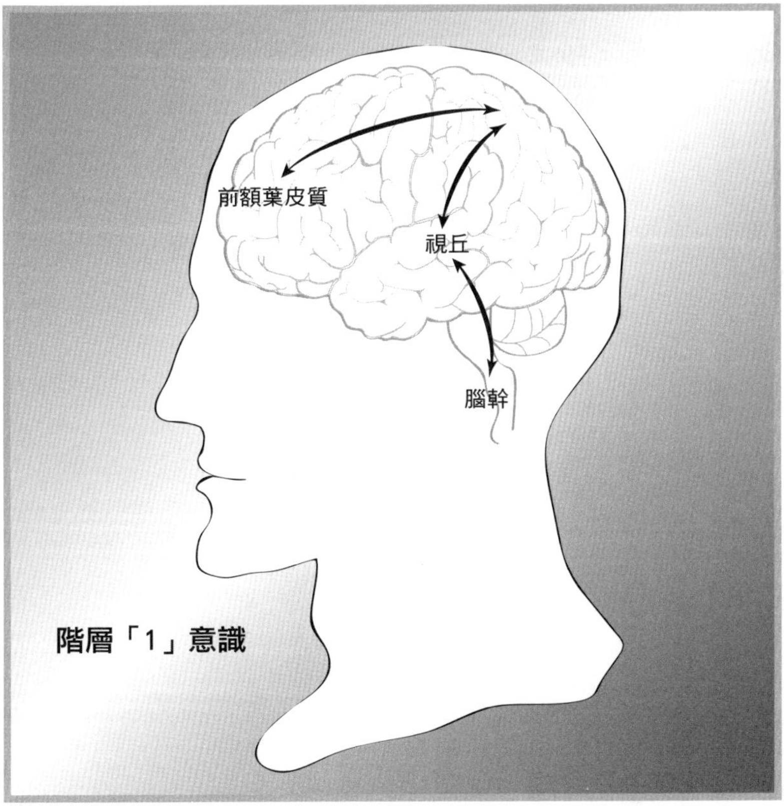

圖七：在階層「1」意識中，感覺訊息會通過腦部、傳往視丘，到達腦中各皮質，最後抵達前額葉皮質。這個階層「1」意識流，是由資訊從視丘流動到前額葉皮質產生出來。（Jeffrey L. Ward提供）

就會送到頂葉皮質。這些訊息在皮質中處理之後會送到前額葉皮質，我們就能意識這些感覺。這個過程由圖七表示。

階層「2」：尋找自己在社會中的位置

階層「1」意識利用感官，建立我們在空間中物理位置的模型，而階層「2」意識則創造我們在社會中位置的模型。舉例來說，我們要參加重要的雞尾酒會，對我們工作很重要的人物也會出席。我們掃視整個房間，想要找出從我們辦公室來的人，這時負責處理記憶的海馬回和負責處理情緒的杏仁核，還有負責綜合這些資訊的前額葉皮質，彼此會產生密集的交互作用。

我們看到的每個影像，腦部會自動連接一種情緒，例如快樂、恐懼、生氣或嫉妒，在杏仁核中處理情緒。如果你瞄到主要競爭對手，你懷疑他就是在背後捅你一刀的人，你的杏仁核就會處理恐懼的情緒，然後對前額葉皮質發出緊急訊息，警告可能會發生危險。在此同時，訊息也傳遞到內分泌系統，讓腎上腺素和其他激素分泌到血液中，因此你的心跳會加速，準備可能要對抗或逃跑。參閱圖八。

我們的腦不只能辨認其他人，還具有神奇能力，能猜測別人在想什麼。這個能力稱爲「心智理論」（Theory of Mind），首先是由美國賓州大學普雷馬克（David Premack）提出，也就是能推論他人的想法。在複雜的社會中，如果一個人有能力正確猜測其他人的意圖、動機與計畫，那麼所得到的生存優勢就能超過其他人。心智理論能讓一個人與他人建立同盟、孤立敵人，並且使友誼堅固，這些都能使自己的力量大幅提升，生存與找到交配對象的機會也會增加。有些人類學家甚至相信，能精通心智理論對於人類腦部的演化非常重要。

心智理論是如何建立的？其中一個線索來自一九九六年由里佐拉蒂（Giacomo Rizzolatti）、佛格西（Leonardo Fogassi）和迦列賽（Vittorio Gallese）發現的「鏡像神經元」（mirror neuron）。你在從事一項作業時，鏡像神經元會變得活躍；當你看到其他人從事相同作業時，鏡像神經元也會活躍。除了身體的活動之外，情緒也會讓鏡像神經元活躍。如果你感覺某種情緒，而且認爲其他人也有同樣情緒，這時鏡像神經元就會活躍起來。

鏡像神經元對於模擬和產生同理心而言，極爲重要，這使得我們不只能重複另一個人作出的複雜作業，也能體驗這個人應該有的感覺。因此，鏡像神經元對於我們能演化成人類來說極爲要緊，因爲合作對於讓部落緊密結合而言是不可或缺的。

鏡像神經元最早是在

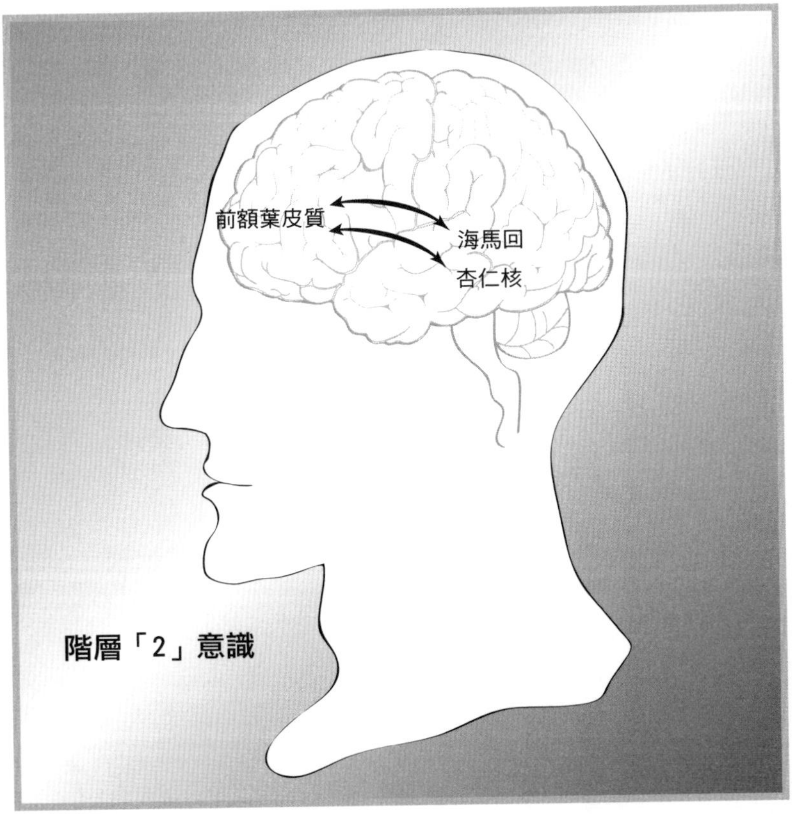

圖八：情緒由邊緣系統產生並且處理。在階層「2」意識中，我們持續受到感覺資訊的轟炸，但是情緒由邊緣系統發出的一連串對於緊急事件的反應，不需要前額葉皮質的批准。海馬回對於記憶的處理非常重要，因此階層「2」意識的核心牽涉到杏仁核、海馬回和前額葉皮質的反應。（Jeffrey L. Ward提供）

猴子腦部的運動前區（premotor area）發現的，後來科學家在人類的前額葉皮質也找到鏡像神經元。拉瑪錢德朗博士相信，人類具有自我意識，鏡像神經元扮演關鍵角色，並且說：「我預測鏡像神經元對於心理學的影像，會如同DNA對於生物學的影響：鏡像神經元能提供一個統合的架構，並且幫助解釋許多至今神祕而且無法用實驗研究的精神疾病。」不過我們在這裡要指出，所有的科學結果都必須經過測試才能確認。毫無疑問，在牽涉同理心、模仿等重要行爲，需要鏡像神經元的運作。不過對於鏡像神經元的身分還有一些爭議，例如有些評論者宣稱，許多神經元都參與這些行爲，而不是有一群特定的神經元專門負責這些行爲。

階層「3」：模擬未來

階層「3」意識是只有智人（Homo sapiens）才具有的最高階層意識，我們用這種意識建立世界的模型，並且用以模擬未來。我們分析過去有關人的記憶與事件，然後把許多因果連結組合成「因果樹」，以模擬未來。當我們在雞尾酒會中看到許多不同的面孔，會問自己一些簡單的問題：「這個人對我有幫助嗎？」、「這個房間中的流言什麼時候才會停下來？」、「有人對我不利嗎？」

舉例來說，你剛丟了工作，現在陷入愁雲慘霧之中，要找新的工作。你在這個雞尾酒會中和各種人說話時，你的心智則激烈的模擬你和談話對象的未來。你會問自己：「要如何在這個人的心中留下印象？」「要說什麼話題才能展現自己最好的一面？」「他會雇用我嗎？」

最近的腦掃描研究稍微揭露腦部是如何模擬未來的。這些模擬主要是由腦部的執行長、背側前額葉皮質利用過去的記憶所完成的。一方面，模擬未來所得的結果可能讓人滿意或高興，這時腦中的快樂中樞［依核（nucleus accumben）和下視丘］就會變得活躍。另一方面，如果這些結果可能產生負面影響，眼窩額葉皮質就會警告可能會發生危險。這時候我們腦中和未來有關的不同區域會產生理想和悲慘的未來，而產生競爭。最後背側前額葉皮質要居中協調，作出最後的決定（請見圖九）。有些神經學家指出，這樣的掙扎有些類似佛洛伊德指出的自我、本我與超我之間的互動。

自我意識的奧祕

如果意識的時空理論是正確的，我們能藉此對自我意識作出一個粗糙定義。我們作出的定義並不是模糊且循環引用，而是能測試且實際使用。我們對於自我意識的定義如下：

自我意識能創造一個世界模型，這個模型能模擬你所處的未來。

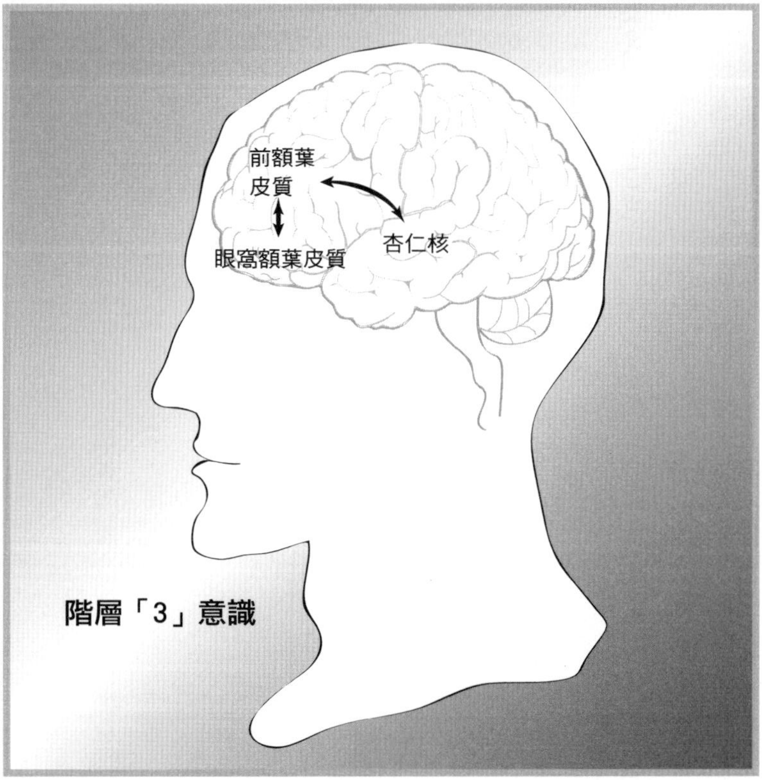

圖九：階層「3」意識的核心是模擬未來，這是由腦中的執行長、背側前額葉皮質協調進行的，快樂中樞（pleasure center）與眼窩額葉皮質（能檢查衝動）會彼此競爭，有些類似佛洛伊德所認爲「我們會在良心與欲望之間掙扎」。模擬未來的實際過程，便是前額葉皮質連接過往的記憶以便估計未來的事件。（Jeffrey L. Ward提供）

因此，動物多少也有些自我意識，因爲牠們如果要生存與交配，就必須知道自己所處的位置，但是這個自我意識由本能產生，因此受到許多限制。

大部分的動物在鏡子前面時，通常會忽略鏡中的影像或加以攻擊，卻無法了解那就是牠自己（稱爲「鏡子測試」，最早可以追溯到達爾文）。不過大象、猿類、瓶鼻海豚、虎鯨和喜鵲看到鏡中的影像時，知道那代表自己。不過人類踏出巨大的一步，能持續模擬未來，自己就是未來的主角。我們持續想像自己會面對的各種狀況：約會、應徵工作、改變生涯規劃，這些都不是由直覺決定的。要讓你的腦停止模擬未來極爲困難，有些精細的方法（例如冥想）就是設計來辦成這件事。

例如我們爲了達成某個目標而設想各種可能的未來中，白日夢占了大部分。不過人類能知道自己的極限和力量，因此可以輕易把自己納入模型中，然後直接按下「啓動」開關，我們便能在架設中的劇本裡扮演角色，就如同虛擬戲劇中的演員。

「我」在哪裡？

在腦中可能有一個特殊部位，負責統合兩個大腦半球的訊息，以產生一個天衣無縫的自己。美國達特茅斯大學的心理學家黑勒頓（Todd Heatherton）相信，這個區域位於前額葉皮質中，稱之爲內側前額葉皮質（medial prefrontal cortex）。生物學家齊默（Carl Zimmer）博士寫道：「內側前額葉皮質扮演的角色，可能就如同海馬回對記憶扮演的角色一樣……它可能會持續編織出『我們自己是誰』的感覺。」換句話說，它可能是「我」這個概念的門戶，是腦中融合揑造出一個統合自我說法的核心區域。這並不是說，內側前額葉皮質就是在腦中控制所有事情的雛形人。

如果這個理論是正確的，那麼當我們懶洋洋的作有關朋友或自己的白日夢時，這個休息中的腦其實要比平常還要忙碌，就算腦中與感覺有關的區域安靜下來時也是如此。事實上，腦部掃描已經證明這一點。黑勒頓提出結論：「我們作白日夢時，會想到發生在自己或其他人身上的事情。其實這些都牽涉到自我反思。」

這個時空理論指出，意識是由腦中許多次單元拼補而成，每個單元都持續彼此競爭，這樣產生出一個描述世界的模型，可是意識感覺起來平順又連續，怎麼可能變成這樣呢？我們都覺得「自己」沒被打斷而且總是主導所有事情呢？

在上一章，我們描述大腦左右切分的病人，他們有時候那隻不聽話的手就眞的像是有自己的想法似的，讓他們困擾。這看起來的確在同一個腦中有兩個意識中樞。所以，腦中那個統合又緊密的「自我」又是怎麼從這種狀況中產生出來呢？

我問了一個可能知道答案的人：葛詹尼加，他數十年來都在研究左右腦切分開病人的奇特行爲。他注意到，當這些病人面對事實，得知在同一個頭顱中有兩個分開的意識中心時，會自己想出奇特的解釋，不管這個解釋的內容有多愚蠢。葛詹尼加告訴我說，左腦在遇到顯而易見的矛盾情況時，會「虛構」出一個答案來解釋這個令人爲難的事實。他相信這個方式讓我們誤解自己是一個統合和完全的整體。他把左腦稱爲「解釋者」，能持續思考各種觀念，好遮掩我們意識中的不連續與裂痕。

舉例來說，他在一個實驗中讓病人的左腦快速看到「紅色」這個詞，而讓右腦看到「香蕉」（請注意負責主宰的左腦因此就不知道有「香蕉」），然後詢問受試者用（右腦負責控制的）左手拿起筆畫一張圖，通常受試者會畫出香蕉。請記得，右腦會畫香蕉是因爲看到「香蕉」這個字彙，但是左腦卻完全不知道「香蕉」在右腦前快速閃過。

他問受試者爲什麼要畫香蕉，由於說話完全由左腦負責，但左腦完全不知道有「香蕉」閃過，這時病人應該要說「我不知道。」但是他眞正說的是：「因爲這是最容易畫出來的東西，左手能很輕鬆的畫出這樣的線條。」葛詹尼加指出，這時左腦想要對這個令人爲難的事實找藉口，即使他完全不知道爲何左手要畫香蕉。葛詹尼加的結論是：「人類有在混沌中尋找秩序的傾向，左腦負責這項工作，試著爲所有事情找出來龍去脈，建立各種關連。即使面對的證據其實並沒有形成任何模式，也會想要假設建立這個世界的結構。」

人類統合的「自我」就是這樣產生的。雖然意識是拼湊而成，而且各部位往往彼此競爭、互有矛盾，左腦會忽略這種不一致的狀況，並且遮掩那些縫隙，好讓我們有「我」是完整無縫的感覺。換句話說，左腦會持續找理由，好讓這個世界看起來是合理的，不論這些理由有多輕率與荒謬。左腦會持續問「爲何會這樣」，然後憑空想出理由，對於沒有答案的問題也是如此。

人類會有這樣分裂的腦，可能有演化上的理由。一個明理的執行長通常會鼓勵下屬對某個議題提出相反的意見，以促進完整而且周詳的盤算。許多時候，在各種錯誤的概念密集交錯之下，正確的想法會浮現出來。左右大腦彼此互補的情況也很類似，能對於同一個念頭提出悲觀/樂觀，或是拆分/整體的分析。大腦的左右兩邊會比賽。我們將會看到，當左右大腦之間的互動遭受扭曲之後，可能會產生某些形式的精神疾病。

現在我們有了可以運作的意識理論，就可以用以推論神經科學未來會如何演變。神經科學界現在正在進行許多大規模的非凡實驗，會從根本改變整個科學景觀。科學家利用電磁學的力量，現在可能偵測人類的思想，用精神感應傳遞訊息，以精神動力（telekinetic）移動周遭的物體、記錄記憶，甚至有可能增進智力。這門新科技中可能最快有實際應用的，是以往認爲幾乎不可能實現的事情：精神感應。

第二篇 心智與物質

如果有一天可以把人造的記憶植入腦中，會怎麼樣？如果只要下載檔案到腦中，就能精通某個領域，又會如何？如果有天我們無法區別真實的記憶和假造的記憶，那麼「自己」到底是誰呢？

第三章

來點精神感應吧！

不管你喜不喜歡，腦是一種機器。科學家會提出這樣的結論，並不是因為他們是讓人掃興的機械論者，而是他們收集到的證據指出，意識的每個層面都與腦息息相關。

——平克（Steven Pinker），心理學家

有些歷史學家認為，胡迪尼（Harry Houdini）是有史以來最偉大的魔術師。他能從上鎖的密室或是逼死人的困境中漂亮逃脫，讓觀眾目瞪口呆。他也能讓人消失，然後在意想不到的地方讓那個人出現。他也能讀心，至少看起來是如此。

胡迪尼費了許多心力解釋，他所做的所有事情都只是幻象，由許多巧妙的手法集合而成。他也提醒人們讀心是不可能的。有些缺乏職業道德的魔術師會用廉價的街頭把戲和降神會，騙取富有資助者的錢，這讓他大為憤怒。他甚至走遍美國，保證自己也能作出這些吹牛者的讀心把戲，好揭穿騙局。他甚至提供《科學美國人》（*Scientific American*）雜誌豐富的獎金，給任何能證明自己有超自然力量的人（至今無人領獎）。

胡迪尼認為精神感應（telepathy）是不可能的，但是科學證明他錯了。

現在世界各地許多大學都在密集研究精神感應，科學家能運用先進的感測器，讀出一個人腦中浮現的字詞、影像和想法。有些人因為中風和意外，身體無法動彈，心智被鎖在身體裡，除了眨眼之外，別無傳遞想法的方式。這個技術能改變我們與這些病人溝通的方式，不過現在才剛起步而已。精神感應也可能徹底改變我們與電腦以及外在世界互動的方式。

在IBM最近的「未來五年五大預測」中，預期接下來五年會有五種革命性發展。該公司的科學家能用精神與電腦溝通，這有可能取代滑鼠和聲控。這意味著，我們能以心智的力量打電話、付信用卡帳單、開車、約會、創作美妙的交響曲和藝術品，各種可能性都有，而且從電腦巨擘、教育專家、電玩公司、音樂工房和五角大廈，似乎所有人都聚集在這項科技。

在科幻小說和奇幻小說中那種眞正的精神感應，如果沒有外在的協助，是無法達成的。我們知道腦部運作和電有關，通常只要電子加速就會發出電磁輻射，在腦中震盪的電子也一樣能發出電磁波。不過這些訊號太微弱了，其他人無法偵測到，就算是我們眞的能接收電磁波，也無法理解這些電磁波。演化並沒有賦予我們解讀這群混亂電磁波的能力。科學家能使用腦電圖（EEG）掃描，約略知道一個人在想什麼。受試者會戴上一個裝著EEG偵測器頭盔，把注意力集中在某些圖片，例如一輛車子的圖片，然後EEG的訊號會被記錄下來，把每個圖片的訊號做成思想內容的字典，其中每個念頭都和某個EEG影像對應起來。當受試者眼前出現另一輛車子的圖片時，電腦就能認出這個EEG的模式指的是一輛車子。

先進的EEG感應器不需插入身體，反應敏銳。你只要戴上裝了許多電極的頭盔，讓電極接觸到頭部表面，EEG能快速指認出每毫秒中訊號的改變。不過EEG感測器面臨一個問題，之前已經提過了，那就是電磁波穿過頭顱的時候會減弱，同時也不容易定位出發射電磁波的精確位置。這個方法能分辨你在想著一輛車或是一間房子，但是無法重現車子的影像，這就需要葛朗特（**Jack Gallant**）博士的研究來發揮了。

心智影像

這方面的研究主要集中在美國加州大學柏克萊分校，多年前我在該校取得理論物理博士學位。我很高興能參訪葛朗特博士的實驗室，他的研究團隊完成一件以往被認爲不可能的傑出成就：將人的想法錄影下來。葛朗特說：「這是重建內心影像的一大步。我們開了一扇窗，能看到內心放映的電影。」

我到這個實驗室時，首先注意到的是這團隊都是年輕人，熱情的博士後研究員和研究生擠在電腦螢幕前，專注看著由某人腦部掃描所重建出來的影像。與葛朗特團隊成員談話，你會覺得正在目睹科學的歷史正在成形。

葛朗特解釋，受試者會平躺在橫架上，慢慢從頭開始送近一台最先進、造價三百萬美元的巨大磁振造影（MRI）機器中。受試者會看幾部短片（例如在網路上可以看到的電影預告片）。爲了累積足夠的資料，你得動也不動的看這些影片幾小時，這確實是苦差事。我問一位博士後研究員西本伸志，哪裡可以找到願意這樣躺著幾小時不動，只能靠看幾段短片殺時間的志願者。他說實驗室裡的研究生和博士後研究員，都願意爲了自己的實驗來當白老鼠。

當受試者在看影片時，MRI機器會把他們腦中血液流動製作成3D影像，這個影像看起來像是由三萬個點（立體像素）構成的集合，每個點代表神經能量的某個精確位置，而點的顏色則代表訊號和血液流量的強度。紅點代表大量的神經活動，藍點則代表較不活躍。最後影像看起來會像是由數千個耶誕裝飾燈所組成的腦部形狀。緊接著你會看到受試者在看影片的時候，腦部的神精能量會集中位於腦部後面的視覺皮質。

葛朗特的MRI機器功能強大，能辨認腦部約兩百到三百個腦區，平均來說，照片中每個腦區中有一百個點。下個世代MRI科技的目標是讓每個腦區由更多個點組成，以提高解析度。

一開始，空間中這些有各種顏色的小點看起來雜亂無章，但是經過研究多年之後，葛朗特博士和他的同事已經發展一種數學方程式，能找出這些ＭＲＩ上立體像素與圖片中特徵（例如邊緣、質地、強度）之間的關連。例如，如果你看著一條分界線，你會注意到區分成明亮和暗沉的的區域，因此這個邊緣會產生某種由立體像素組成的模式。讓受試者看了大量的短片之後，數學方程式會變得更精準，使得電腦能分析所有影像是如何轉變成ＭＲＩ的立體像素。到後來，科學家能確定某些ＭＲＩ中立體像素模式和每張照片之間的直接關連。

實驗進行到這個時候，受試者可以看另外一部電影廣告，電腦現在能分析受試者看廣告時產生的立體像素，然後再現原來大致的影像。（電腦會從一百部電影短片中選出最接近受試者剛才看過的，然後把影像合併起來產生一段類似的短片。）利用這種方式，電腦可以把你心中流過的視覺影像，產生一段模糊的影片。葛朗特博士的數學方程式多才多藝，能把一群ＭＲＩ的立體像素轉換成圖片，反過來也成，能把圖片轉換成ＭＲＩ立體像素。

我有機會看到一段葛朗特團隊拍攝的影片，讓人印象深刻，感覺像是透過一片燻黑的玻璃在看一部有人臉、動物、街景和建築物的電影，雖然你無法看清楚每張臉或是動物的細節，但是你能非常確定的指出，看到的東西是什麼。

這個程式不但能解析你正在看的影像，也能解析你在腦中想像的影像。舉例來說，如果你被問到要想著蒙娜麗莎這幅畫，雖然你沒有用眼睛看著這幅畫，但是我們可以經由ＭＲＩ掃描知道視覺皮質很活躍。你在想著「蒙娜麗莎」這幅畫時，葛朗特博士的程式會掃描你的腦部，然後很快的在自己的圖片庫中搜索，找出最相近的圖片。在我看到的一個實驗中，電腦選了莎瑪．海耶克（Salma Hayek）的照片，當作最接近蒙娜麗莎的影像。當然，一般人能輕易認出數百張臉，但是電腦分析的是一個人腦中的影像，然後從自己配置的數百萬張隨機的照片中挑選影像，這夠驚人了。

這個計畫的目標是製作一個能快速、精確比對出腦部ＭＲＩ模式，和眞實世界物體影像的字典。通常，精確的比對非常困難，而且會花費數年，但是有些範疇是很容易讀取的，而且只要搜尋一些照片就可以得到吻合的結果。巴黎法蘭西學院（College de France）的狄昂（Stanislas Dehaene）研究了頂葉的MRI掃描，數字是由頂葉辨認的。有次他的一位博士後研究員偶然說道，他快速掃一眼MRI的影像模式，就能知道病人正在看的數字。事實上，有些數字會在MRI掃描上呈現截然不同的模式。他指出：「如果你在這個區域中掃描出兩百個立體像素，然後看看它們哪些是活動的？哪些是沒有活動的？就能打造出一台學習機器，能解析處於記憶中的數字。」

但這些實驗引發一個還沒有解決的問題：我們可能把思想的內容轉變成圖片品質般的影像嗎？很不幸的，當一個人把一張圖片轉換成腦中的影像時，許多資訊流失了。腦部掃描已經確認這一點。當你比較眞正看著一朵花時的MRI影像，以及想像一朵花時的MRI影像，你馬上就會看出後者的點點數量比前者少多了。因此雖然這個技術在往後會有重大進展，但卻無法完美。

我曾經讀過一個小故事，說是有個人遇到一個天才，這個天才能把人腦中想的任何事物都創造出來。那個人馬上要了一輛豪華轎車、噴射機和一百萬元。剛開始時那個人高興透了，但是當他仔細看創造出來的東西，卻發現車子和飛機都沒有引擎，鈔票的影像都是模糊的，所有的東西都不能用。這是因爲我們的記憶只是近似於實際的東西。

不過有鑒於科學家正在快速解析腦部MRI影像，我們將很快就能讀出在心中流過的文字嗎？

讀心術

事實上，在葛朗特實驗室相鄰的建築中，帕斯里（Brian Pasley）博士和他的同事眞的在讀思想內容，至少原則上如此。其中一位博士後研究員沙潘斯基（Sara Szczepanski）博士向我解釋，如何才能確認你心中的文字。

這些科學家利用腦皮質電圖（electrocorticogram, ECOG）。EEG掃描會得到許多混亂的訊號，

ＥＣＧＯ則能大幅改進這個缺點。ＥＣＯＧ由於沒有透過頭顱，而是直接讀取腦部的訊號，因此正確性和解析度都是空前的，但另一面是要把頭骨切一小塊下來，把一片網狀物直接貼在暴露出來的腦上。網狀物上面有六十四個電極，以橫八縱八的方式排列著。

他們很幸運的得到批准，能在癲癇病人身上進行這個ＥＣＯＧ實驗，這些病人苦於讓人衰弱的癲癇發作。在為他們進行開腦手術時，可以把網狀物放上腦部，這些手術是由美國加州大學舊金山分校附近的醫生執行。

當病人聽到各種字的時候，腦發出的訊息可以通過電極然後記錄起來，最後就可以製作成一套字典，把字和電極從腦中得到的訊號配對起來。當一個字出現時，我們可以看到同樣的電訊號模式。這種一致的情況意味著當某個人想著某個字的時候，電腦能讀取特定的訊號，然後確認那個字。

利用這種科技，就可能完全利用精神感應對話了。因為中風且完全無法動彈的病人，也可能透過可以認出腦中單字模式的聲音合成器，來進行「對話」。

腦機介面（BMI）現在是熱門領域，美國各地都有研究團隊正在作出重大突破。美國猶他大學的科學家在二〇一一年也得到類似的成果。他們把兩個各含有十六個電極的網格，放到顏面動作皮質（facial motor cortex）以及維尼克區（Wernicke's area），後者負責處理關於語言的資訊。然後研究人員要受試者說十個普通的字彙，例如「是」、「否」、「熱」、「冷」、「餓」、「渴」、「哈囉」、「再見」、「比較多」和「比較少」。

在說這些字彙的時候，電腦會記錄腦部的訊號。這樣研究人員就可以作出這些字彙與腦部訊息一對一的粗略對照表。稍後當病人說出這些字的時候，研究人員可以認出每個字，準確度在七六到九〇％之間。下一步要用一百二十一個電極的網格，以提高準確度。

在未來，中風或身患痲痺性疾病（例如：路格里克氏症，亦稱：運動神經元疾病）的人，可能利用這樣連接腦與電腦的技術來說話。

動念打字

在美國明尼蘇達州的梅約醫院，習（Jerry Shih）博士把ＥＣＯＧ感測器接在癲癇病人的頭上，讓他們學習如何運用念頭打字。這種方式的比較對應很簡單，病人先看一連串字母，並且被告知心裡要專注在每個字母上，然後電腦會在腦部看到每個字母時，把腦部發出的訊號記錄下來。就如同其他的實驗，也會作出一套一對一的字典。接下來就簡單了，只要心裡面想著連串的字母，字母就會出現在電腦螢幕上，只需用到心智力量。

席博士是這個計畫的領導人，他說他的機器精確度將近百分之百。席博士相信接下來他打造的機器能記錄病人心中的影像，而非只是文字，這項技術可以給藝術家和建築師使用。但就如同之前說過的，ＥＣＯＧ有個大問題，就是得打開人的頭顱。

經由ＥＥＧ打字是沒有侵入性的，因此現在已經開始進入市場了。雖然不如以ＥＣＯＧ打字那麼精準無誤，但是優點在於它能放在櫃台上販售。奧地利的古格科技公司（Guger Technologies）最近在展售會上示範ＥＥＧ打字機。根據他們的說法，只要花十分鐘就能學會如何使用這台機器，接下來使用者每分鐘可以打五到十個字。

精神感應聽寫與演奏

接下來就是要傳送整段對話，這可以讓精神感應傳送的內容大幅提升。不過其中還有問題，就是需要製作數千字，與ＥＥＧ、ＭＲＩ或ＥＣＯＧ訊號之間一對一的關係表。如果有人能爲數百個挑選出來的字，找出腦部對應這些字的訊號，就有可能快速傳遞普通對話中所要傳遞的字。這意味著人們可以想對話中的句子和段落文字，然後讓電腦把這些字印出來。

對於記者、作者、小說家和詩人來說，這個方法非常有用，他們心中想的文字，電腦會記錄起來。電腦也可以成爲心智的祕書，你可以在心裡對這個機器人祕書下達午餐、機票或度假的命令，然後電腦會把預約的細節辦得妥當。

不只是聽寫，連音樂也可以用這種方式轉換出來。音樂家可以在腦中哼一段旋律，然後電腦就會把旋律轉換成音符印出來。要辦成這件事，你可以讓某個人在心中哼一些音符，這時每個音符都會產生不同的電訊號，這樣就能作出音符字典，當你想到一個音符，電腦就會印出一個音符。

科幻小說裡的精神感應通常能跨語言溝通，因爲有些人認爲思想是普遍相通。不過事實可能並非如此。情緒和情感可能不需言語、普遍相通，因此可以用精神感應的方式傳給某人，但是理性思考和語言之間緊緊相繫，因此複雜的思想不太可能跨過語言的障礙傳送出去，而是用原來語言中的字彙傳遞。

精神感應頭盔

在科幻小說中，我們經常會看到精神感應用的頭盔，戴上他，咻！你馬上就能讀心了。美國陸軍對這個科技就很感興趣。在交火的時候，爆炸聲隆隆，子彈在頭上咻咻飛過，精神感應頭盔可以讓人保住性命，因爲戰場上你會想高聲發出命令，但是激烈火砲聲和狂爆會壓過你的聲音。（我個人嘗試過這種狀況。多年前的越戰期間，我在亞特蘭大喬治亞附近班寧堡美國步兵團服役。當機關槍訓練時，戰場上手榴彈爆炸的聲音和機關槍連續發射的聲音，就近在耳邊，震耳欲聾。那聲音之大，讓我聽不到其他任何東西。後來整整三天，我都有嚴重的耳鳴。）如果用精神感應頭盔，士兵就能在爆炸與噪音中和自己的部隊用精神溝通了。

最近陸軍撥款六百三十萬美元給奧巴尼醫學院（Albany Medical College）的沙爾克（Gerwin Schalk）博士，不過我們知道功能完整的精神感應頭盔還有許多年才能完成。沙爾克博士以ＥＣＯＧ技術作實驗，我們之前已經看到，這個技術需要直接把網格上的電極放到開腦手術中癲癇病人的腦上。利用這種方法，他的電腦已經能從正在思考的腦中辨認母音和三十六個單字，有些實驗正確度可達百分之百。不過到目前爲止，都還沒有辦法達到美國陸軍的要求，因爲把頭骨切開來，要在醫院中乾淨無菌的環境中進行。此外，認出母音和一些單字，對於在戰火中要和指揮中心傳遞緊急訊息，還遠遠不足。但是這個ＥＣＯＧ實驗已經指出，在戰場上精神連繫是有可能達成的。

紐約大學的波培爾（David Poeppel）博士正在研究另一種方法。他沒有把受試者的頭顱開個洞，而是使用腦磁圖儀（MEG）技術，這不會用到電極，而是以突然發出的電磁能量來造成腦部的電性改變。ＭＥＧ除了不用侵入腦部，還能精確測量瞬間的神經活動，相較之下，ＭＲＩ掃描時間反應就沒有那麼敏銳。波培爾在實驗中，已經成功記錄人在默想一些單字時聽覺皮質的電活動。不過這種錄音方式依然有缺點，就是需要桌子那麼大的機器來產生磁脈衝。

很明顯的，我們需要的是一種非侵入性、可攜帶又精確的方法。波培爾希望ＭＥＧ技術的研究能和ＥＥＧ感測器的研究互補，但是ＭＥＧ掃描和ＥＥＧ掃描都不夠精確，因此眞正的精神感應頭盔還要多年才可能實現。

手機中的ＭＲＩ

我們都受制於這些比較粗陋的儀器，但是隨著時間演進，越來越精細的儀器將能更深入心智，下一個大突破可能是能拿在手上的ＭＲＩ儀器。

現在ＭＲＩ機器還是那麼大的原因是要有均勻的磁場，才能有好的解析度。磁鐵越大，你能得到的磁場就越均勻，最後產生的影像就越精確。不過，物理學家知道磁場的精確數學性質（這是在一八六〇年代由馬克士威作出的成果）。一九九三年，德國的布拉米克（Bernhard Blumich）博士和他的同事打造世界最小的ＭＲＩ，只有一個手提箱那麼大。這個ＭＲＩ使用的磁場微弱而且扭曲，但是超級電腦能分析這個磁場，並且把扭曲之處校正回來，因此這台ＭＲＩ可以產生逼眞的立體影像。由於電腦的能力過了約十八個月就會倍增，因此現在電腦已經有能力可以解析手提箱大小ＭＲＩ所產生的磁場，並且能校正扭曲。

二〇〇六年，布拉米克博士和同事有機會展示他們機器：掃描「冰人奧茲」（Otzi the Iceman），這是大約五千三百年最近冰期末期被凍在冰中的人。奧茲在冰中的姿勢扭曲，手也是張開的，因此難以送入一般ＭＲＩ機器的小圓筒中，但是布拉米克博士的手提式機器輕鬆的就得到ＭＲＩ照片。

這些物理學家估計，隨著電腦能力的加強，未來ＭＲＩ機器的大小可能如同手機。從手機得到的原始資料可以用無線網路送到超級電腦，電腦會把從微弱磁場得到的資料加以處理，產生立體影像（磁場的弱點可以由加強的電腦運算能力彌補），這樣可以使得研究大幅加速。布拉米克博士說道：「類似《星艦迷航記》（*Star Trek*）中三度儀（tricorder）的東西已經不會太遙遠了。」（三度儀是一種手持式掃描儀器，能馬上診斷出任何疾病。）在未來，你的電腦運算能力可能比目前現代化醫院中的還要強大。將來我們可能不需要等待醫院或是大學批准才能使用昂貴的ＭＲＩ機器，而是在自家客廳用攜帶式ＭＲＩ掃過自己的身體，然後把資料寄給實驗室分析。

在未來某個時候，ＭＲＩ的精神感應頭盔有可能成眞，而且解析度要高過ＥＥＧ掃描。這可能是接下來數十年能成功的方法。頭盔中的電磁線圈，能產生微弱的磁場和無線電脈衝，探測腦部。原始的ＭＲＩ訊號會送到裝置在腰帶的口袋型電腦，接著資料會以無線電方式傳送到遠在戰場之外的伺服器，最後的資料處理在遙遠城市中由超級電腦完成，訊息會用無線電方式再次傳遞給你在戰場上的部隊。部隊成員可能從麥克風，或是放在腦部聽覺皮質上的電極聽到訊息。

美國國防高等研究計畫署與人類增強計畫

這些研究都需要經費，因此我們得問：誰出錢？私人公司最近才對這種尖端科技有興趣，但是對許多公司而言，資助這種可能不會有結果的研究，賭注太大。反之，主要的資助者之一是美國國防高等研究計畫署（Pentagon's Defense Advanced Research Projects Agency, DARPA），它帶領二十世紀最重要的科技研究。

一九五七年，俄國人把史波尼克衛星送上軌道，震驚全球，當時的美國總統艾森豪（Dwight Eisenhower）因此設立DARPA。艾森豪知道美國在高科技上很快就會被蘇聯超越，因此他趕忙建立這個機構，讓美國能和俄國競爭。多年來，由DARPA發起的許多計畫變得十分龐大，最後成爲獨立的機構，其中最早分出來的事業就是航太總署。

DARPA的戰略計畫讀起來像是從科幻小說來的：它「唯一特許的是激進的發明」，這個機構存在唯一的理由是「加速實現未來」。DARPA的科學家持續在不超越物理限制的情況下，拓展各個領域的疆界。前DARPA官員高德布拉特（Michael Goldblatt）說，他們沒有想要違背物理定律，或「至少不是故意的，或至少不是每個計畫都如此。」

不過DARPA和科幻小說區分出來的是它以往的紀錄，那眞是驚人。他們在一九六〇年代的計畫之一是阿帕網路（Arpanet），這是一套戰時通訊網路，能讓科學家和官員在第三次世界大戰中與戰後維持電訊連繫。一九八九年蘇聯解體，美國國家科學基金會（National Science Foundation）決定不需再保密了，因此將這個極機密的軍事科技解密，也把密碼和設計圖公諸於世，阿帕網路最後變成網際網路（Internet）。

當美國空軍需要引導空中的彈道飛彈時，DARPA協助成立五七計畫，這個最高機密的計畫是在核子武器交戰時，能引導氫彈落在蘇聯堅固的飛彈發射井上。這個計畫後來成爲全球定位系統（GPS）

的基礎，只不過現在GPS不用引導飛彈，而是迷路的駕駛。

許多改變二十世紀與二十一世紀的發明中，包括手機、夜視鏡、電信和天氣衛星，DARPA也占有重要角色。我曾經有機會和DARPA的科學家和官員在數個場合中互動。其中一次我和DARPA的前主任共進午餐，那是一場有許多科學家和未來學家一起出席的宴會。我問他一個我總是想不透的問題：「爲什麼我們只能靠狗來聞出行李中是否藏著強力炸藥？」我們的感測器已經靈敏到足以偵測爆裂物的明顯特徵。他回答，DARPA曾經積極研究相同的問題，但是遇到一些嚴重的技術問題。他說，狗的嗅覺器官經過數百萬年演化，能偵測許多分子，即使最敏銳的偵測器也很難追上那樣的靈敏度。

另一個場合是在我演講未來科技，有一群DARPA物理學家和工程師出席。演講結束之後我問他們是否有關心的事情，他們說有，其中一個是他們的公眾形象。大部分的人沒有聽過DARPA，有些聽過的人把他們和黑暗、惡毒的政府陰謀聯想在一起，例如遮掩飛碟出現的事實、五十一區、羅斯威爾飛碟墜毀事件到天氣控制等所有事情。他們嘆息道，如果這些謠言是眞的，那麼他們就能藉助這些外星科技使研究大幅躍進。

DARPA現在有三十億美元經費，可以把嘆息放在腦機介面上。當談到可能的應用時，前DARPA官員高德布拉特把想像力推到極限，他說：「想像一下，士兵可以用思考通訊……想像一下，生物攻擊變得微不足道。也可以想想，一個學習如同吃東西那麼簡單的世界，換掉殘缺的身體部位就如同開車取速食那麼方便。這些願景聽起來不可能實現，或是你會想到實現得費許多功夫，而這些願景就是DAPRA下轄的國防科學研究室（Defense Sciences Office）每天的工作。」

高德布拉特相信，歷史學家將會把DAPRA能長久流傳的遺產，看成人類得到的新能力，是「我們未來的歷史力量」。他指出，想到對於增強人類能力的應用時，美國陸軍著名的口號「全力成就」（Be All You Can Be）就有了新意義。高德布拉特重視DARPA強力推動人類增強計畫，是因爲他的女兒因爲腦性麻痺，終身禁錮在輪椅上。她需要外在的協助，雖然前進的腳步減緩了，但是她從厄運中站起來。她現在就讀大學，並且夢想自己成立一間公司。高德布拉特認爲女兒是他的靈感來源。就如同《華盛頓郵報》的編輯賈盧（Joel Garreau）所說：「他正在做的事情，就是花費大把鈔票去創造人類演化可能的下一步。對他來說，這項科技有天或許可以讓他女兒不只能走路，甚至能超越肉體。」

隱私問題

聽說有讀心的機器時，一般人可能會想到隱私。想到有能讀取我們私人念頭的機器隱藏在某處，就讓人緊張不安。就如同之前強調的，人的意識持續在模擬未來，爲了讓這些模擬能逼眞，有時候我們想像的劇本會違背道德或法律，但不論我們是否要執行這些計畫，都希望能保持祕密。有時候能利用攜帶式儀器（不是用笨拙的頭盔或是要動手術打開頭顱），讀取一段距離之外的人的念頭，似乎可以讓生活比較輕鬆，但是物理定律讓這種情況極難實現。

我問葛朗特柏克萊分校實驗室中的西本伸志博士關於隱私的問題，他微笑說，無線電波訊號在腦部之外衰減得非常迅速，這些訊號既混亂、又微弱，因此對於在一兩公尺外的人來說，沒有任何意義。我們在學校學習過牛頓運動定律，以及重力減少的程度是距離平方的反比，因此如果你對一個恆星的距離拉開一倍，重力場就會減少四分之一。大部分的訊號衰減程度是距離立方或四次方的反比，所以你離MRI機器的距離拉開一倍，磁場就減弱爲原來的八分之一或更小。

此外，外界也會有許多干擾，遮蓋來自腦部的微弱訊號，這也是科學家要在實驗室嚴格狀況下從事研究的原因之一。即便在那樣的狀況，也只能在某段時間從正在思考的腦中擷取一些字母、單字和影像。我們的腦中通常同時處理許多字母、單字、片語或是感覺訊息，思考內容會大量湧出，但這項科技目前還無法應付這種狀況。因此像電影中以機器讀心，現在是不可能的，或許要等幾十年以後吧。

在可以預見的未來，依然需要在實驗室的環境才能直接掃描人類的腦部。雖然不太可能，但就算將來有人找到可以遠距讀取思想的方法，你依然有反制的方式。為了維持思想隱私，你可以用一個罩子阻礙腦波傳到不法之徒的手中。這可以用一種稱為「法拉第籠」（Faraday cage）的裝置來達成，這是由偉大的英國物理學家法拉第在一八三六年發明，不過富蘭克林（Benjamin Franklin）早就觀察到這種效應。就是通到金屬籠子上的電很快會消散，因此籠子中的電場會是零。為了示範這個效應，物理學家（就像我自己）曾經進入一個籠子中，然後讓籠子接受強烈電擊，人毫髮無損，有如奇蹟。飛機就算是被閃電擊中也沒有關係，就是因為這個原理，纜線周圍包圍著金屬線也是應用這個原理。因此，只要在腦周圍罩上金屬箔就可以阻擋精神感應。

經由腦中奈米感測器的精神感應

隱私問題和把ＥＣＯＧ感測器放入腦中的困境，可以用另一種方式解決。在未來，如果科技夠進步，能操控個別原子就可以把網狀的奈米感測器放入腦中，以捕捉思想。這些奈米感測器可能是用奈米管（nanotube）製成，這種材料能導電，其細小程度逼近原子物理的極限。這些奈米管是把碳原子排列成管狀而成，只有幾個分子粗細。許多科學家對奈米管有興趣，他們預期接下來數十年，奈米管會革新科學家探測腦的方式。

奈米管能精確的放置到腦部負責某些活動的區域。如果要傳遞語言文字，可以把奈米管放在左顳葉。如果要處理視覺，可以把奈米管放在視丘與視覺皮質，如果是表達情緒，則可以把奈米管放在杏仁核和邊緣系統。來自這些奈米管的訊息可以送往小型電腦，經過處理後以無線方式傳到伺服器，再傳到網際網路。

這樣就能解決一部分隱私問題，因為當你的思想以電線或是網際網路傳遞時，你有完全的控制權。在你身邊的任何人，如果有接收器就可以偵測無線電訊號，但是經由電線傳遞的訊息則不會被偵測。奈米管可以用顯微手術方式植入，所以也解決要打開腦把麻煩的ECOG偵測網裝好的問題。

有些科幻小說作者推想，未來嬰兒出生時就把奈米管以無痛方式植入，這樣精神感應就變成他們的日常生活。例如在《星艦迷航記》，伯格人（Borg）的小孩一出生就按規矩進行植入手術，這樣他們就能以精神感應的方式和其他人溝通。這些小孩無法想像精神感應不存在的世界，他們認爲精神感應是理所當然的事情。

由於奈米管非常微小，從外面根本看不出來，因此也不會引發歧視。雖然社會可能會排斥把偵測器永遠植入腦中的想法，但是這些科幻小說作者推測，人們將會習慣這個想法，因爲奈米管非常好用。現在的社會完全接受試管嬰兒，而剛開始也是有爭議的。

法律問題

在可以預見的未來，要關注的問題不是有沒有人能用遠距、隱藏的儀器來祕密讀取我們的思想，而是我們是否願意讓自己的思想被記錄。如果到時候有無恥之徒在沒有授權的情況下取得這些記錄，會怎麼樣呢？這會引起倫理問題，因爲我們不想要自己的思想在違背己願之下被人讀取。帕斯里博士說：「有些倫理問題和我們目前的研究無關，但是和這些研究可能發展出的內容有關。我們必須保持平衡。如果我們能即時解析人們的思想，就會有數千位嚴重殘障的人能獲得巨大利益，他們目前無法和其他人溝通。另一方面，如果把這種技術應用到不願意的人身上，就會引起嚴重問題。」

如果讀心並加以記錄能成眞，許多倫理和法律問題會隨之湧現。任何新科技問世，都會有這種情況。就歷史上來看，通常要花好幾年法律才能完全處理相關的衝擊。

例如，版權法律可能要重新修改。如果有人讀你的心而偷走你的發明，該怎麼辦？你能爲自己的思想申請專利嗎？誰眞的擁有這些點子？

如果政府涉入，可能會發生其他問題。一如詩人兼「死之華」樂團作詞者巴羅（John Perry Barlow）所說：「靠政府來保護你的隱私，就好像要求在你的百葉窗上開一個窺孔。」如果法律允許你在受偵訊時，別人可以讀你的心，那會怎樣？對於嫌犯拒絕提供ＤＮＡ當作證據，法院正在訂定相關法律。在未來，政府是否會允許在沒有你同意之下讀取你的思想呢？如果會這樣，他們需要法院的許可嗎？這些人有多可靠？同樣的，ＭＲＩ只測量增加的腦部活動，因此偵測者會受到欺瞞。我們一定要注意，想要犯案和眞的犯案是截然不同。在交互詰問時，辯方律師可能會提出理由，認爲這些想法只不過是隨機產生的念頭。

另一個灰色地帶是全身癱瘓者的人權。如果他們要起草遺囑或是法律文件，腦部掃描的結果足以成爲法律文件嗎？假設有一個完全癱瘓的人，但是心智活動依然敏銳活躍，想要簽訂合約或是處理基金，在科技還沒有臻於完美時，這些文件合法嗎？

沒有任何物理定律能解決上述的倫理問題。當這項科技成熟之後，這些問題最後將在法庭上由法官與陪審團決定。

在此同時，政府和企業也要投資，以找出預防心智間諜活動的方式。工業間諜已經成爲產值極高的「產業」，政府與企業都花了很多錢打造「安全房間」，安裝在房間裡的竊聽器會被掃描出來。在未來（假設有個方法可以遠距離竊聽腦波），安全房間可能要設計免於腦波意外跑到外面。這些房間可能要有金屬牆，這樣形成的法拉第籠可以隔絕房間內外。

每當有一種新的電磁波被研究出來，間諜就想利用來竊聽，腦波可能也不例外。最有名的例子是藏在莫斯科美國大使館國璽中的小型微波發射器。在一九四五到一九五二年，這個發射器把美國外交官握有的最高機密直接傳給蘇聯。即使在一九四八年柏林危機和韓戰期間，蘇聯便利用這個竊聽器破解美國的計畫。要不是有一位英國工程師在開放的無線電波段中聽到祕密對話，意外發現這個竊聽器，很有可能會一直洩漏機密，改變冷戰和世界歷史，同時持續到今日。美國的工程師找到這個竊聽器時大吃一驚，因爲這是被動式竊聽器，不需要電源。（蘇聯人很聰明的避開偵測，因爲這個竊聽器可以由遠距的微波源加以充電。）未來可能會作出能攔截腦波的間諜器材。

雖然精神感應相關的技術大多還相當原始，但是依然慢慢能在生活中實現。在未來，我們可能經由心智與世界溝通。不過科學家想要的並不只是讓人的心智被動受到讀取，而是要扮演主動角色：移動物體。念力移動通常被認爲是神的能力，這種神聖的力量能讓眞實的世界隨心意改變。這是我們思想和欲望的終極表現方式。

我們很快就會有這種能力了。

第四章

用念力控制物質

未來的事物可能是危險的……文明中的主要進步，是把產生這種進步的社會加以破壞的過程。

——懷海德（Alfred North Whitehead），哲學家

哈金森（Cathy Hutchinson）被困在自己身體裡了。

十四年前，由於一次嚴重的中風使她動彈不得。她就像許多四肢癱瘓的患者，失去控制肌肉與身體的能力。大部分時間，她只能無助的躺著，需要持續的照護，但是她的心智是清明的。她是被困在自己身體的囚徒。

但是在二〇一二年五月，她的命運徹底改變了。美國布朗大學的科學家把一種稱爲「腦門」（Braingate）的微晶片放到她腦部的頂端，這個晶片連接到一台電腦。她腦部的訊息會經由電腦傳送到一個機械手臂。她只要用想的，就能慢慢學習如何控制機械手臂的移動，所以她能做一些事情，例如拿一瓶飲料到嘴邊。這是她第一次能稍微控制周遭世界。

由於她癱瘓了，無法說話，只能用眼球的運動來表現她內心的激動。有一個儀器能追蹤她眼球的移動，並且翻譯成文字訊息。當被問到她當時的感覺時，這位被囚禁在稱爲身體的殼中多年的女性回答：「狂喜！」她期待有其他的肢體能經由電腦和腦部相連，她補充說道：「我會很高興有個機械腿。」

她在中風之前，喜歡烹飪和園藝。她說：「我知道有天能再次煮菜、種花。」依照電腦義肢學（cyber prosthetics）發展的速度，她的願望可能很快就能實現。

多諾格（John Donoghue）教授與布朗大學及猶他大學的同事，發明一種微小感測器，能當成無法與外界溝通者的聯絡橋樑。我訪問他時，他說：「我們作出一種感測器，只有給嬰兒的藥丸那麼小，大約四毫米，可以安置在腦部表面。晶片上有九十六個毛髮般細微的電極，能接收腦部的衝動訊息。晶片能接收你要移動手臂的訊息。我們把手臂當成研究目標，因爲手臂很重要。」

數十年來，運動皮質的圖譜已經仔細描繪出來了，因此能把晶片直接安放在控制特定肢體的神經元上面。

「腦門」晶片的核心功能是能把神經訊息翻譯成有意義的指令，以便移動現實世界的物體，起先是電腦螢幕上的游標。多諾格說，一開始他要求病人想像移動在電腦螢幕上的游標，例如把游標往右移動。電腦會花幾分鐘記錄執行這項作業時腦部的訊號。以這種方式，電腦可以辨認出這般的腦訊號，然後就可以把游標往右移動。

接下來就是實際測試了，當受試者想著要把游標往右移動時，電腦就會把游標往右移動。這樣就可以把病人所想像的動作和眞實的動作繪製成一對一的圖譜。即使第一次嘗試，病人也可以馬上控制游標的方向。

腦門晶片能讓麻痺的人靠著心想就能移動人造肢體，爲神經義肢學（neuroprosthetics）打開了新世界。此外，晶片也能讓病人直接和所愛之人溝通。這個晶片的第一個版本在二〇〇四年測試，是設計用來讓麻痺的病人能透過筆記型電腦溝通。不久之後，病人便能上網、收發電子郵件，控制自己的輪椅。

最近宇宙學家霍金（Stephen Hawking）有一個神經義肢儀器，連接到他的眼鏡。這個儀器類似腦電圖（EEG）感測器，能把他的思想連接到電腦，這樣他就能和外界保持接觸。這個儀器還相當原始，不過最後將會變得更精緻、更敏銳，通訊線路也能增加。

多諾格博士告訴我的種種事情，對於這些病人的生活將會有深遠的影響。「另一個有用的地方是你可以把這個電腦連接到任何電器，例如烤麵包機、煮咖啡機、空調系統、電燈開關、打字機。將來操作這些機器將會變得很簡單，而且成本並不高。對於無法行動的四肢痲痺者，他們將能轉換電視頻道、把燈打開，而且做這些事情的時候不需他人幫忙。」透過電腦，他們能做任何正常人都能做的事情。

修補脊髓損傷

其他團體也加入這場戰鬥。西北大學的科學家有另一項突破：他們繞過受損的脊髓，直接在猴子的腦和手臂之間建立連繫。一九九五年，在電影《超人》中擔綱男主角、能上天下海的克里斯多夫・李維（Christopher Reeve）從馬背上摔下來，脖子著地，脖子以下的脊髓因此受傷，使得身體癱瘓。如果他能活久一點，或許能親眼見到科學家用電腦取代受損的脊髓。

在美國有數十萬人遭受不同種形式的脊髓損傷。在早年，這些人在意外發生後不久可能死亡。隨著重大創傷醫療技術的進步，近年來這類傷者的存活率增加。數千名士兵在伊拉克和阿富汗戰爭中因爲路邊炸彈而受傷，他們傷殘的影像令人震撼。如果加上中風和肌萎縮性偏側硬化症而癱瘓的病人，人數將暴增到兩百萬人。

西北大學的科學家把含有一百個電極的晶片放在猴子的腦裡，在猴子抓住一個球、拿起球、放到一個管子時，把腦中的訊號都記錄下來。由於每項動作都對應到神經元特殊的活動，科學家就能解析這些訊號。

當猴子要移動手臂時，這些訊號會經過解析再送到猴子手上的神經，而非機械手臂。米勒（Lee Miller）博士說：「我們仔細聆聽腦子傳給手臂、要手臂移動的自然電訊號，然後把這些訊號直接傳遞給肌肉。」

在嘗試錯誤下，猴子學會如何調整肌肉的動作。米勒補充說：「這個運動神經元的學習過程，很類似你在學習使用新電腦、滑鼠，或網球拍。」

值得一提的是，就算是腦中的晶片只有一百個電極，猴子也能讓手臂精通許多動作。米勒博士指出，控制手臂牽涉數百萬個神經元。百個電極晶片能大致接近數百萬個神經元輸出的結果，因爲晶片連接負責輸出的神經元，而腦部已經完成所有複雜的處理過程。以這樣的方式仔細分析，一百個電極就足以應付移動手臂需要的資訊。

這是西北大學設計，繞過受損脊髓的數種儀器之一。另一種神經義肢利用肩膀的動作控制手臂。肩膀往上聳可以讓手握合，往下垂可以讓手張開。病人可以讓手指彎曲握住類似杯子的物體，或是用拇指和食指捏著並控制鑰匙。

米勒博士下了結論：「這種腦部與肌肉的連接方式，有天或許能幫助因爲脊髓受損而癱瘓的病人從事日常生活所需的動作，過更獨立的生活。」

義肢革命

驅動這些驚人進展的資金，有許多來自美國國防高等研究計畫署稱之爲「義肢革命」（Revolutionizing Prosthetics）的計畫，這個計畫始於二〇〇六年，提供一千五百萬美元資金。義肢革命背後的推手之一是退休的美國陸軍上校林恩（Geoffrey Ling），他是神經科學家，曾被派遣到伊拉克和阿富汗數次。在戰場上他親眼目睹路邊炸彈屠殺人們的慘況，受到震撼。以往的戰爭，勇敢的軍人可能戰死沙場，但是現在有直升機和延伸範圍廣闊的醫療後送設施，讓許多傷兵活下來，但是身體依然受到嚴重傷害。有一千三百多位軍人失去肢體，從中東送回美國。

林恩博士問自己，是否能以科學的方法製作四肢的替代物。在美國國防部的資助下，他要求屬下在五年內提出具體的解決方案。當他提出這項要求時受到懷疑。他回憶：「他們認爲我們瘋了。但是這些事情會發生，本來就是瘋狂的事。」

在林恩博士無限熱情的激勵下，研究團隊在實驗室創造了奇蹟。例如，義肢革命資助約翰霍普金斯大學應用物理實驗室的科學家，這些科學家打造出地球上最先進的機械手臂，幾乎能全方位作出手指、手腕和手臂的所有精細動作，而且大小、力量和靈敏程度，都和眞的手一樣。雖然這個機器手臂是以金屬打造，但是如果覆蓋皮膚顏色的塑膠，幾乎無法和眞實手臂區分出來。

這隻手臂被裝在薛曼（Jan Sherman）身上，她因爲罹患遺傳疾病，使得腦和身體之間的連接受損，頸部以下完全癱瘓。她在匹茲堡大學接受手術，把晶片直接放在腦部上方，晶片連接到電腦，電腦再與機械手臂連接。以手術連接手臂後五個月，她上了電視節目《六十分鐘》，在全美觀眾面前高興的用新手臂揮手、歡迎主持人並和她握手，她甚至和主持人碰拳頭，顯示手臂有多麼精密。

林恩博士說：「我夢想我們能把這種技術應用到所有病人，中風、腦性麻痺，還有年長者。」

生活中的念力移動

除了科學家，企業家也關注腦機介面（BMI），他們希望把這些炫目的發明永遠納入他們的生意中。ＢＭＩ已經滲入年輕人的市場，放在電視遊樂器和玩具中。這些商品中有ＥＥＧ感測器，使用者可以用心智操作虛擬實境或是眞實世界的物體。二〇〇九年，神念科技（NeuroSky）公司推出第一款玩具Mindflex，這是使用ＥＥＧ感測器讓玩家移動球，通過迷宮。玩家戴著Mindflex的ＥＥＧ感測器時，只要集中精神就能使迷宮中的風扇加速，推動球穿過通道。

以念力控制的電視遊戲也蓬勃發展，神念科技有一千七百位軟體研發人員，有許多人負責產值高達一億兩千九百萬美元的腦波耳機Mindwave Mobile。這些電視遊戲設備中有一個小型攜帶式ＥＥＧ感測器，可以包在額頭上，讓你能以心智操縱在虛擬世界中的代理人物。你可以操縱螢幕中的人物，能開火、躲避敵人、提升等級、取得分數等在一般電視遊戲中進行的事，但是都不需要用到手。

市場研究公司銳腦（SharpBrains）的費南德茲（Alvaro Fernandez）說：「對於新玩家來說，這是一個全新的生態系統。神念科技在這個新產業中，已經站穩有如英特爾的地位。」

這個ＥＥＧ頭盔除了可以讓你在虛擬世界中射擊，也能注意到你的注意力是否開始渙散。神念科技已經接到許多公司詢問，這些公司的工作人員在操作危險機械時可能會專注力渙散，或是駕駛時打瞌睡而受傷。這種科技會在工人或是駕駛注意力不集中時發出警告，或許可以讓他們保住性命。ＥＥＧ頭盔可以在配戴者打瞌睡時發出警報。在日本，類似的耳機已經在跑趴者之間掀起流行。ＥＥＧ感應器做成像是貓耳一般，可以戴在頭上。如果你的注意力集中，耳朵會豎起來，不專心時貓耳就會垂下。在派對中，只要用想的就可以表現出是否有好感，這樣你就知道有沒有引起某些人好感了。

不過這項科技最神奇的應用，是美國杜克大學的尼可列利斯（Miguel Nicolelis）博士。我訪問他時，他說可以複製許多只能在科幻小說中見到的機器。

巧手與心智融合

尼可列利斯已經示範腦機介面的訊號可以跨洲傳遞。他把晶片放到猴子的腦中，然後讓這隻猴子在踏步機上走動，晶片連上網際網路。在地球另一端的日本京都，來自這隻猴子的訊息用來控制一個機器人的腳步。猴子在美國北卡羅來納州走動，控制日本的機器人，作出完全相同的動作。尼可列利斯只用腦部感測器和一些回饋用的零食，就能訓練猴子控制相隔半個地球的「ＣＢ－１」人形機器人。

他也著手解決腦機介面的主要問題之一：缺乏感覺。現今的義肢沒有觸覺，因此感覺不像是身體的一部分。由於這些義肢無法回饋感覺，有時握手時會意外壓緊對方的手指。要機器手臂撿起一個雞蛋，幾乎是不可能的事。

尼可列利斯希望能有一個直接的「腦對腦介面」（brain-to-brain interface, BMBI）解決這個問題。從腦部的訊息傳遞到具有感測器的機械手臂，然後感測器會將訊息直接傳遞給腦，完全不經過肢體殘餘的部位。腦對腦介面或許能讓清晰、直接的回饋觸覺機制成眞。

尼可列利斯開始把恆河猴的運動皮質和機械手臂建立連繫，這些機械手臂有感測器，能把訊息傳回接觸著體感覺皮質（somatosensory cortex，負責觸覺）的電極上。每次試驗成功，猴子就會獲得報酬，牠們在四到九次學習之後就能學會使用這種設備。

爲了取得觸覺，尼可列利斯必須發明新的編碼來代表不同的表面（例如光滑或粗糙）。他告訴我：「腦的這個部位經過一個月練習就學會新的編碼，把新的人工編碼和不同的質地連繫起來。這是第一次有人示範可以建立新的感覺路徑」，能用來模擬皮膚的感覺能力。

我對他說，這個想法聽起來有些類似《星艦迷航記》的「全像甲板」（holodeck，也稱爲：生物甲板），在全像甲板中，你可以漫遊虛擬世界，但是當你碰到虛擬的物品時，卻會有感覺，就如同該物品眞的存在似的。這稱爲「膚覺科技」（haptic technology），利用數位科技模擬觸覺。尼可列利斯回答：「是的，我想這是首次有人示範類似全像甲板的技術，後者可能在不久的未來成眞。」

未來的全像甲板可能會用到兩種技術。首先，在全像甲板中的人可能要戴著連接網際網路的隱形眼鏡，這樣他們不論往那邊看，都會看到全新的虛擬世界，按個按鈕，就可以改變呈現在隱形眼鏡上的景色。如果你觸碰到某個物體，會有模擬觸覺訊號以腦對腦介面的技術傳遞到腦中。用這種方式，你經由隱形眼鏡看到的虛擬世界物體，會像是實體。

腦對腦介面不只能讓膚覺科技成眞，「心智網路」（internet of the mind）或「腦際網路」（brain-net）也可以藉由直接的腦接觸而建立起來。在二〇一三年，尼可列利斯完成像是從《星艦迷航記》走出來、兩個腦之間的「心智融合」（mind meld）。他的實驗從兩群大鼠開始，其中一群在杜克大學，另一群在巴西的納托（Natal）。第一群大鼠學會看到紅燈亮起時壓下控制桿，第二群大鼠則學會在腦部受到訊號刺激（經由植入的儀器）時壓下控制桿。牠們學習的報酬是喝水。然後，尼可列利斯經由網際網路把兩群大鼠腦部的運動皮質連接起來。

當第一群大鼠看到紅燈亮起，就有訊號經由網際網路傳遞到巴西的第二群大鼠，牠們就會按下控制感。十次中有七次，第二群大鼠對從第一群大鼠傳來的訊息作出正確反應。這是第一個顯示兩個腦之間的訊息能傳遞，並且正確解讀的實驗。

這依然距離科幻作品中的心智融合（兩個心智眞正融合在一起）有一大段距離，因爲還相當原始，而且實驗樣本很少，但是這證明腦際網路是有可能實現。尼可列利斯認爲，有一天全世界的心智都可能加入社會網路，不過並非透過鍵盤，而是直接透過心智。

連上腦際網路的人不只可以收發電子郵件，還可以精神感應的方式及時互通思想、情緒和概念。目前的電話只能傳遞對話和聲音的資訊，此外就沒有了。視訊交談好一些，因爲你可以讀到對方的身體語言。但是腦際網路可能會是終極的溝通方式，使得一個對話中的所有心智資訊，包括情緒、細微之處和保留之處，都可以完全分享。心智之間將可以分享最私密的想法和感覺。

完全娛樂

腦際網路的發展也可能會對產值數百億美元的娛樂工業造成影響。回到一九二〇年代，用膠卷記錄聲音與影像是完美的方式，這種組合使得無聲電影能「說話」，改變了娛樂工業。一個世紀以來，結合聲音和影像的方式並沒有大幅改變，但是在未來，娛樂工業可能發生大轉變，同時記錄五種感覺，包括嗅覺、味覺和觸覺，以及所有各式的情緒。精神感應的探測器或許可以處理腦中流動的所有感覺和情緒，讓觀眾完全沉浸在故事之中。看愛情電影或動作片時，我們將會有如在感官之海漫遊，就如我們置身現場，感受演員的感覺與情緒如同潮水般湧來。我們會聞到女主角的香水味，感受恐怖片中受害者體驗的驚恐，獲得擊敗壞蛋時的快感。

這種完全讓人融入的技術將會徹底改變電影的製作方式。首先，演員必須先受訓練，在與腦電圖（EEG）奈米探測器與磁振造影（MRI）感測器連接的情況下，演出自己的角色，並且把感覺和情緒記錄下來。（這可能會加重演員的負擔，他們在每一場戲中可能需要演出五種感覺。在無聲電影轉換成有聲電影時，有些演員無法適應這項轉變。新一代能演出五種感覺的演員可能會出現。）在剪輯的時候，不只要把膠片剪接起來，也要把每一幕儲存各種感覺的帶子組合起來。最後，這些電訊息會傳入坐在椅子上的觀眾腦中。這些觀眾已經不需要3D眼鏡，而是戴著某種腦感測器。電影院也得翻新，以便處理這些資訊，然後傳送給觀眾。

建立腦際網路

能傳遞這些訊息的腦際網路，必須分階段建立。第一步是要把奈米感測器植入腦中重要的部位，例如負責語言的左顳葉和負責視覺的視覺皮質，電腦會分析這些訊息並加以解碼，訊息就可能轉換成能以光纖線路傳遞的形式。

把這些訊息經由接收器處理之後，送到其他人的腦中，是比較困難的一步。到目前爲止，這方面的進展集中在海馬回，但是未來或許可以把訊息送到腦中的聽覺、視覺和觸覺相應部位。所以許多科學家正在繪製腦中與感覺相關的皮質圖譜，已經有許多成果。一旦這些皮質（例如下一章我們會討論的海馬回）圖譜完成了，就可能把文字、思想、記憶和經驗植入其他人的腦中。

尼可列利斯寫道：「人類的後代集結相關的技巧、科技和倫理，打造出能實際運作的腦際網路，並非不可置信。數十億的人經由這種媒介，在彼此的同意下，能暫時建立直接的思想連繫。這種巨大的意識集合，不論是看起來、感覺起來或是做起來，都超過目前我和其他人所能想像或表達的。」

腦際網路與文明

腦際網路可能會改變文明的進程。每當出現新的通訊系統，就無可避免的加速社會改變，把人類提升到下一個新紀元。在史前時代，數萬年來我們的祖先以部落爲單位群居游牧，那時使用肢體語言和簡單的咕嚕聲溝通。後來語言出現了，這是人類首次能彼此以符號交流，溝通複雜的想法，也促進城市的興起。數千年前，文字讓我們能跨世代累積知識與文化，使得科學、藝術和建築得以興起，帝國隨之出現。後來的電話、廣播和電視讓跨大陸溝通成眞。現在的網際網路把陸上的人類都連接在一起，使得全球一體的文明有可能實現。下一個大進步可能是全球化的腦際網路，所有的感覺、情緒、記憶和思想，都能在地球上彼此交流。

我們會是設備操作系統的一部分。

我訪問尼可列利斯博士時，他告訴我，他小時候在祖國巴西就對科學產生興趣。他記得自己和世界上其他人一樣，緊盯著阿波羅號太空人登月的實況轉播。對他而言，那是了不起的成就。現在他告訴我，他自己的「登月計畫」是用心智移動物體。

早在高中時代他就已經對腦產生興趣，那時候他偶然讀到艾西莫夫（Isaac Asimov）在一九六四年出版的書《人類之腦》（*The Human Brain*），但是他對書的結尾相當失望，因爲沒有討論腦中各結構是如此彼此互動而產生心智（因爲當時沒有人知道答案）。這是改變他一生的時刻，他了解自己的命運就是要嘗試了解腦的祕密。

他告訴我，大約在十年前，他開始認眞思考如何研究兒時的夢想。他一開始是讓小鼠控制機器。他解釋：「我們把感測器放入小鼠的身體，讀取腦部的電訊號，然後把這些訊號傳送到一個機器控制桿上，這個控制桿可以讓水流到小鼠口中。所以小鼠必須學習如何用心智控制機械，好讓自己有水喝。這是首次示範在動物與機器之間建立連繫，讓動物不用動身體就可以操作機器。」

現在他能分析猴子的腦，而且分析的神經元不是五十個，而是一千個，這麼多的神經元能控制猴子身體的不同部位，產生多種動作。一隻猴子能控制多種儀器，例如機械手臂，甚至是電腦空間中的虛擬影像。他告訴我：「我們這隻猴子在電腦中甚至有一隻替身，牠不用做任何動作，只用想的就可以控制替身。」猴子會看著螢幕中代表牠的替身，在心裡想著要控制身體的移動，然後就能讓電腦中的替身作出相對應的動作。

尼可列利斯預見不久之後，我們能用心智玩電視遊樂器，並且控制電腦和相關設備。他說：「我們會是設備操作系統的一部分。我們將會埋首其中，而使用的方法，和我所描述的實驗非常接近。」

外骨骼

尼可列利斯下一個行動是「再次行走計畫」（Walk Again Project），這個計畫的目標是以心智控制身體行動的完整外骨骼。一開始，外骨骼會讓人想到電影《鋼鐵人》。事實上，這種特殊的裝備是把整個人都包起來，然後用馬達讓手腳移動，他稱之為「穿戴式機器人」（請見圖十）。

他說，他的目標是幫助癱瘓的人「用想的走路」。他計畫使用無線科技，「這樣頭上就不會有棒子伸出來。我們大約要記錄兩萬到三萬個神經元活動，對全身式機器人裝下指令，這樣穿的人用想的，就能再次走路、移動、抓東西。」

尼可列利斯很清楚要讓外骨骼成眞之前，有許多障礙要跨越。首先，要先製造新一代的微晶片，這種晶片要能植入腦部而不會造成傷害，同時可以運作多年。第二，要製作無線感測器，這樣外骨骼才能自由移動。從腦中傳出的訊息以無線傳輸到手機大小的電腦，這個電腦可能會繫在腰間。第三，對於解析與詮釋腦部訊號，必須有一些新進展。

尼可列利斯的目標遠大：在二〇一四年世界杯足球賽時讓能運作的外骨骼亮相，一位癱瘓的巴西人會穿著它開球。他驕傲的對我說：「這是巴西的登月計畫。」

遙控替身和智能替身

電影《獵殺代理人》裡的布魯斯威利，飾演調查神祕謀殺案的美國聯邦調查局探員。那時科學家打造出來的外骨骼非常完美，能力超越人類。這些機械非常強壯，完美無瑕。事實上，由於太好用了，因此人類完全依賴這些機械，身體則活在莢艙（pod），靠著心智以無線科技控制這些英俊漂亮的智能替身。你到每個地方，都會看到「人們」忙碌工作，不過他們都是打造精良的智能替身，而它們的操縱者已經上了年紀，只能在背後操縱。

布魯斯威利發現這些謀殺案可能與首先發明智能替身的科學家有關，

圖十：這是尼可列利斯發明的外骨骼，他希望完全癱瘓的人能用心智控制外骨骼。
（The Laboratory of Dr. Miguel Nicolelis, Duke University提供）

劇情急轉直下，這個結果讓他懷疑智能替身到底是賜福還是詛咒。

另一部賣座片《阿凡達》描述二一五四年地球礦物消耗殆盡，一家採礦公司遠赴南門二星（Alpha Centauri，半人馬座 α 恆星系統），稱為潘朵拉的衛星上開採稀有的「難得素」（unobtanium）。在那個遙遠的衛星上，有稱為納美人的原始居民，他們與豐茂的環境和諧共處。為了與這些原住民溝通，受過特殊訓練的工人躺在莢艙中，學習用心智控制經過基因改造的納美人，也就是阿凡達。雖然潘朵拉星球上的大氣有毒，而且環境和地球截然不同，但是阿凡達可以在這個外星世界毫無困難的生活。不過這個不穩定的關係很快就破裂了，因為採礦公司在納美人的聖樹下發現豐富的難得素礦藏。採礦公司想要摧毀聖樹，以便能直接開採稀有金屬，但那是納美人崇拜的對象。納美人看來就要輸了，但是一個受到特殊訓練的工人倒向納美人，並且帶領他們取得勝利。

目前阿凡達和智能替身看起來都像是科幻小說裡的玩意兒，但是它們有可能真的會成為科學的重要工具。人類的身體太脆弱了，無法熬過許多危險任務，包括太空旅行。雖然在科幻小說中都是英勇無畏的太空人，前往星系最遠處開拓冒險的故事，事實上大相逕庭。外太空的輻射線很強，太空人如果沒有受到屏障，就會提早衰老、染上輻射疾病，甚至得到癌症。來自太陽的閃焰能讓太空船籠罩在致死的輻射之中。僅是搭飛機從美國跨越大西洋到歐洲，你每個小時所照射到的輻射線劑量就約一毫雷姆（millirem），約略等於照射一次牙科的X光。但是在外太空，輻射線要比這個強烈多了，特別是在有宇宙射線和太陽閃焰的情況下。（在太陽風暴劇烈的時候，美國航太總署會警告太空站的太空人，移動到能擋住較多輻射線的區域。）

此外，外太空還有許多危險的事情等著你，例如微小的隕石、長期處於失重狀態，以及要適應不同的重力環境。只要在無重力狀況下生活幾個月，身體中的鈣質和礦物質就會大幅流失，使得太空人即使每天運動，都依然非常虛弱。在外太空生活一年之後，蘇俄太空人甚至像蟲一樣用爬的，才能從太空艙出來。另外，有些人相信這些讓肌肉與骨骼流失的效應是永久的，因此太空人終身都會受到長久處於失重環境的影響。

小型隕石和強烈的輻射線也會照射到月球表面，破壞力之大，讓許多科學家認爲永久的月球基地應該蓋在地下巨大的洞穴中，這樣才能保護太空人。這些天然的洞穴是幾近休眠的火山遺留下來的融岩通道。不過建造月球基地最安全的方式是讓太空人舒服坐在客廳，藉由智能替身完成原本人類的工作，太空人就能免於可能在月球發生的危險。這樣也能讓載人登月的旅行成本大幅降低，因爲要保護人類太空人的生命是很花錢的。

當第一個星際太空船抵達遙遠的星球時，一個太空人的智能替身會踏在異星球的土地上，說道：「這是心智的一小步……」

這種方式會遭遇的問題之一是，訊息要傳到月球或是其他更遠的星球需要時間。無線電訊息從地球傳到月球，需要一秒多，因此太空人能輕易操縱月球上的智能替身。不過要控制火星上的智能替身就難多了，因爲訊息要花二十分鐘以上才能抵達紅色行星。

不過智能替身在距離我們較近的地方有實際用途。日本福島核能發電廠在二〇一一年發生意外，造成數十億美元損傷。由於電廠內部的輻射強烈，工人只能在裡面待幾分鐘，因此完成整個清理工作得花四十年。很不幸的，現在的機器人還沒有先進到能進入充滿輻射的區域，進行必要的修理工作。事實上，在福島所使用的機器人相當原始，只是頂上有錄影機、底下有輪子的一台電腦而已。能自行思考（或是由遠方操縱者控制），並且在高輻射狀況下進行修理工作的成熟機器人，還要幾十年後才能發展出來。

一九八六年蘇聯烏克蘭車諾比爾事件，也因爲缺乏工業用機器人造成嚴重問題。被送進意外發生地滅火的工人，因爲暴露在致命的輻射劑量之下，後來都悲慘死亡。最後戈巴契夫下令空軍用沙袋把反應爐蓋起來，再以直升機把五千公噸的硼砂和水泥投到反應爐上。輻射劑量之高，最後動用二十五萬名工人才處理這次意外。許多人在反應爐中只能花幾分鐘進行修理工作，雖然每個人都得到勳章，但他們都接受到終身允許吸收的最大輻射劑量。這是有史以來最巨大的公共工程計畫，目前的機器人還辦不到。

其實本田公司已經打造一個或許可以在致命輻射環境下運作的機器人，不過它還沒有準備好上工。本田公司的科學家把EEG感測器放在一名工人頭上，感測器連上電腦，以分析工人的腦波。這台電腦再連到無線電發射器，能把訊號傳給機器人艾西莫（ASIMO〔Advanced Step in Innovative Mobility，先進創新移動裝置〕）。因此工人可以經由改變腦波，僅用思考就能控制機器人。

不幸的是，這台機器人現在還沒有辦法修理福島核電廠，因爲它只能執行四種簡單的運動（頭與肩膀有關的移動），而修補分崩離析的核能電廠需要數百種動作。這個系統還沒有發展好，連轉螺絲起子或揮動錘子這樣簡單的事都辦不到。

還有其他團隊也在拓展以心智控制機器人的可能性。美國華盛頓大學的拉奧（Rajesh Rao）博士打造一個類似的機器人，人戴著EEG頭盔就可以控制它。這個外型像人的機器人大約六十公分高，叫做莫菲斯（Morpheus，這是電影《駭客任務》的角色，也是希臘神話的夢之神）。一名學生戴上EEG頭盔，作出一些手勢，例如移動一隻手，這時產生的EEG訊號會由電腦記錄起來。最後電腦就會有EEG訊號的資料，每個訊息都會對應到某個肢體的特別動作。接下來用程式控制機器人，作出與傳入訊息相應的動作。以這種方式想像移動自己的手，莫菲斯就會移動自己的手。當你第一次戴上EEG頭盔時，電腦大約要花十分鐘校正腦部的訊號，然後你會熟悉如何在心中想手勢來控制機器人。例如你可以讓機器人朝你走來，從桌上撿起一塊積木走兩公尺到另一個桌子，把積木放在那張桌子上。

歐洲的研究也進展很快。二〇一二年，瑞士洛桑聯邦理工學院（Ecole Polytechnique Federale de Lausanne）的科學家公布最新的成果，一個藉由EEG感測器遠端遙控的機器人，控制者與機器人相距十幾公里。這個機器人看起來像是許多人家裡都有的機器人吸塵器Roomba，不過事實上它是配備攝影機的高精密機器人，能自己導航，穿過擁擠的辦公室。癱瘓的病人可以看著連接機器人攝影機的電腦螢幕，經由機器人的眼睛看到十幾公里外景象。只用想的，就可以控制機器人繞過障礙物。

我們可以想像未來，可以經由人類遙控的機器人完成最危險的工作。尼可列利斯說：「我們將來可能用這種方式遙控外星使節、機器人，和各式各樣的太空船，代替我們探索宇宙的遙遠星球。」

例如在二〇一〇年，全世界都在關注外洩到墨西哥灣的五百萬桶原油。那是海外鑽油平台（Deepwater Horizon）漏油事件，堪稱史上最大的漏油災害之一，整整三個月，工程師幾乎束手無策。遙控的潛水機器人僵硬呆板，手忙腳亂了幾星期，也無法封閉海底油井。如果有智能替身潛水艇，操縱工具會更順手，或許可以在漏油的頭幾天就把油井封閉，免於數十億美元損失和法律訴訟。

智能替身潛艇的另一個可能用途是，有一天能潛入我們的身體進行細微手術。這個概念在薇芝（Raquel Welch）主演的電影《聯合縮小軍》（*Fantastic Voyage*）探討過這個議題。在電影中，潛水艇縮小到血球那麼大，注射到腦中有血塊的病人血管中。讓原子縮小違背了量子物理定律，但是將來有一天，細胞大小的微機電系統（micro-electrical-mechanical systems, MEMS）或許可以進入血液中。微機電系統是小到不可思議的機器，能輕鬆塞入針尖中，它採用矽谷的蝕刻技術，這種技術能把數千萬個電晶體放進指甲大小的晶片裡。具有齒輪、槓桿、滑輪甚至馬達的機器，可以做得比這行文字末端的句點還要小。有天人們或許能戴上遙控頭盔，以無線電控制微機電潛艇，在身體內進行手術。

應用微機電系統製作出來的顯微等級機器，如果能進入人體，將會打開一個全新的醫療領域。微機電潛艇可能把奈米大小的偵測器帶入腦中，精確的裝設在特定的神經元上，這樣奈米偵測器或許能接收到與某些特殊行為相關神經元所傳遞的訊號。把電極亂槍打鳥般插入腦中的研究方式將會結束。

未來

短程來說，在世界各地實驗室發生的這些傑出進展，能減緩癱瘓者和其他殘障人士的痛苦。運用心智的力量，這些患者能和心愛的人溝通，控制自己的輪椅和床鋪，藉由心智控制機器肢體走路、控制家電，過著比較平常的生活。

但是如果時間拉長，這些進展對於全世界的經濟會有深遠影響，也會影響日常生活。到了本世紀中期，心智直接與腦互動可能變得司空見慣。因爲電腦產業產値非常高，可以一夜之間讓年輕人致富、成立公司。腦機介面的進步，會翻轉華爾街，也會翻轉你的客廳。

我們現在與電腦溝通的方式（滑鼠、鍵盤、筆電）會慢慢消失。在未來，我們只要從心裡面下指令，想做的事情就會默默的由周遭隱藏的微晶片接收。當我們坐在辦公室、在公園散步、逛街或放鬆時，我們的心智能和許多隱藏的晶片互動，讓我們維持收支平衡、訂電影票或預定旅館房間。

藝術家也能利用這項科技。如果他們能把心中的藝術創作視覺化，這些影像能經由EEG感測器在全像螢幕上，以立體的方式呈現。由於心中的影像不會同原始物體那般精確，藝術家可以修改立體影像，想像下次表現的方式。這樣的過程經過幾次之後，藝術家最後能用3D印表機把成品打造出來。

工程師也能利用類似的方式打造橋樑、隧道和機場的縮小模型，整個過程只需要運用想像力。用想的也能很快修改藍圖。電腦中的機械零件可以很快用3D列印方式製造出來。

不過，有些人認爲這樣的心電能力有一個很大限制：缺少能量。在電影中，超能力者用想的就能移山倒海。在電影《X戰警：最後戰役》，萬磁王的手指點一下，就能移動金門大橋，但事實上人類平均只能輸出五分之一馬力，這比我們在漫畫上看到的超能力要差很多。因此，這些心電超能力者的過人力量只是空想而已。

能量的確是個問題，不過只要讓心智連接能量來源，取得高於本身數百萬倍的能量，問題就解決了，你就可能擁有接近神的力量。

在《星艦迷航記》的某一集，船員抵達一個遙遠的星球，遇見一個自稱是太陽神阿波羅的生物，這個像神一般的生物展現各種神奇力量，讓船員震撼不已。他還宣稱很久前曾經到過地球，接受地球人的崇拜。不過船員不相信有神，認爲這是騙局，後來他們發現這個「神」用心智控制一個隱藏的能量來源，用來表演所有神奇的技術。後來這個能量來源被摧毀了，這個「神」也就玩完了。

不過到了未來，我們可能用心智控制能量來源，讓我們看起來有超能力。例如建築工人可以用心電控制電源，讓巨大的機械啓動。這樣工人就可能只用心智力量建造複雜的建築與房舍。所有吃重的工作都由其他動力來完成，這時的建築工人比較像是指揮家，能協調各種巨大起重機和強力推土機，當然只用想的就可以了。

科學正在用不同的方式追上科幻小說。《星際大戰》系列故事中，文明散播到整個銀河系。這時銀河系的和平是由絕地武士維持，他們是一群經過嚴格訓練的戰士，能使用「原力」讀心並控制光劍。

然而我們並不需要殖民整個銀河系之後才考慮原力。原力的一些功用已經成眞，我們現在能利用腦皮質電圖（ECOG）電極和EEG頭盔研究其他人的思想。只要我們學會操控心智的力量來源，絕地武士的心電感應能力也有可能實現。例如絕地武士能運用原力隔空拿取光劍，但是我們運用磁力也一樣可以完成相同神技，MRI機器的磁場能把鐵鎚射過房間。如果你用心智啓動力量的來源，運用現代科技，你也可以隔空抓到房間另一端的光劍。

神的力量

心電感應通常是屬於神或超級英雄的能力。在賣座的好萊塢電影中，那些超級英雄裡最厲害的角色可能是鳳凰女（Phoenix），她能用心電感應移動物體。身爲X戰警的一員，她能舉起沉重的機械、遏止洪水，或是拉起噴射機。（但最後她被自己力量的黑暗面吞噬。她在宇宙中橫衝直撞，能毀滅整個恆星系和恆星。她的力量太大、無法控制，導致她自我毀滅。）

不過在駕馭心電感應能力上，科學之力能達到什麼程度呢？

在未來，即使有外在的力量來源能增幅你的念頭，也不太可能讓人用心電感應的力量移動鉛筆或馬克杯之類簡單的東西。就如我們之前討論過的，宇宙中只有四種基本力，除非有外在的力量來源，否則沒有一種力能移動物體。（磁力很接近了，不過磁力只能移動磁性物質。用塑膠、水或木材製作的東西，能輕易穿過磁場。）幾乎每個魔術師都會的凌空漂浮把戲，科學是辦不到的。

因此就算是有外在的力量來源，運用心電感應的人也不太可能隨意移動周遭的物體。不過有個技術算是接近了：改變物體的形狀。

這種技術稱爲「可程式化材料」（programmable matter），目前是英特爾公司（Intel Corporation）大力研究的主題。可程式化材料背後的概念是利用「電子黏土」（catom，由「claytronic atom」構成，意思是「黏土電子原子」）打造物體。電子黏土是用顯微鏡才看得到的電腦晶片，每個電子黏土都能經由無線電控制，我們可以用程式改變電子黏土表面的電荷，因此一個電子黏土可以用不同的方式和其他的電子黏土相連。舉例來說，用程式設定一群電子黏土的電荷，他們可以結合形成一支行動電話，按個按鈕改變程式，這些電子黏土就會重新組合成另一個物體，譬如筆電。

我在匹茲堡的卡內基美隆大學看過這種技術表演，大學裡的科學家已經能製造針尖那麼小的晶片。爲了見證這些電子黏土，我穿上特殊的白色制服、塑膠長靴，並且戴上帽子才能進入無塵室，這些措施是爲了讓最小的灰塵都進不到房間。我透過顯微鏡看到每個電子黏土都有複雜精密的迴路，研究人員藉此能以無線電控制電子黏土表面的電荷。我們現在可以寫軟體程式，將來也可以寫硬體程式。

接下來就要看這些電子黏土是否能組合成有用的物體，並且看它們能不能隨我們的心意改變成其他形狀。或許到了本世紀中期，我們才能見到可程式化材料的原型，這是因爲要爲數十億個電子黏土建立程式，必須打造特殊的電腦，才能統合協調每個電子黏土上的電荷。可能到本世紀末，才能用心智控制電腦，然後我們才能改變物體的形狀。我們可能不需要記住一個物體的形狀和構成的方式，只需要在心中對電腦下指令，就能改變物體的形狀。

最後，我們可能會有各種能程式化構成的物體目錄，其中包括各種家具、器具、電器。只要用心電能力控制電腦，電腦就可能變換物體的形狀。只要用想的，就可以重新裝潢客廳、改變廚房設計，還有購買耶誕禮物。

寓言故事

只有神才能讓每一個願望成眞。不過，這種神聖的力量也有缺點，所有的科技都能用來做好事，也能拿來做壞事。總而言之，科學是一柄雙刃劍，能斬斷貧窮、疾病和無知，但是另一邊也能用數種方式斬斷人類。

可以想像，這些技術會讓戰爭變得更邪惡。

將來有一天，所有的徒手搏鬥都會由兩個智能替身進行，它們都裝備許多高科技武器。眞正的士兵會安全坐在數千公里之外，他們可能會盡情的讓最新高科技武器火力全開，鮮少注意這樣會增加平民百姓的死亡率。雖然用智能替身能讓士兵保命，但是可能會對生命財產造成嚴重破壞。

還有更大的問題。這樣的力量可能太大，一般人的心智無法控制。在史蒂芬．金的小說《魔女嘉莉》，年輕女主角一直受到同儕侮辱，被小圈子排擠，生活中受到無止盡的羞辱。但是那些人不知道嘉莉的祕密：她有念力。

長久的羞辱再加上參加畢業舞會時衣服被潑血，嘉莉爆發了！她使出所有的念力，把同學困住，然後一個個殺掉。在最後，她決定把學校燒掉，但是她的念力太強，自己控制不了，最後她葬身火海中。

強大的念力不只有反效果，也可能會造成其他問題。即使你採取所有措施，了解並且駕馭這種力量，念力還是會毀了你。矛盾的是，這種結果是因爲念力會遵照你的意思和指令，而你想到的念頭中，有些會讓你在劫難逃。

一九五六年的電影《禁忌星球》（*Forbidden Planet*）改編自莎士比亞的《暴風雨》，原劇一開始是一個魔法師和他的女兒被困在荒島。但是在《禁忌星球》，則是一位教授和他的女兒被遺棄在一個遙遠的星球，這個星球在很久以前曾經稱爲「克雷爾」（Krell），比人類文明先進很多。他們最偉大的成就是創造一種機器，讓他們具有終極的念力，能用心智控制物質改變成任何形狀。如果想要什麼東西，實物馬上就出現眼前。藉由這種力量，他們各種奇想都能實現，且會改變現實。

在他們實現重大成就的當晚，克雷爾人打開這台機器，然後便消失得無影無蹤。有什麼能摧毀最先進的文明呢？

當地球人船員登陸這個星球要拯救教授和她的女兒，卻發現這個星球上有一個恐怖的怪獸在狩獵，任意殺害船員。最後，一個團員發現克雷爾和這個怪獸背後令人震驚的祕密，在他嚥下最後一口氣之前，吐出一句話：「來自自我的怪物。」

教授突然了解這個驚人的事實。就在克雷爾人打開那台念力機器之後，他們入睡了，所有壓抑在自我之中的欲望突然成眞。這些高度發展的生命，長久以來一直壓抑著動物的衝動和欲望，突然間，所有的幻想，所有的報復夢想成眞了，因此這個偉大的文明在一夜之間就被自己摧毀了。他們曾經征服許多星球，但是有一件事情他們無法控制：自己的潛意識。

任何想要釋放心智能量的人，都要記住這個教訓。在心智中，你能發現最高貴的成就和人道思想，但是你也能發現來自我的怪物。

改變自己：我們的記憶與智能

到目前爲止，已經討論用科學的力量讓我們的心智有心電感應和念力。基本上我們沒有什麼變化，這些發展並沒有改變人類的本質。不過有一些新的領域正開始改變讓人之所以爲人的本質。利用最新的基因學知識、電磁學和藥物療法，即將來臨的未來，有可能讓人類的記憶改變、智能增進。下載記憶、一夜之間學會複雜的技能，擁有超級智能等等，已經慢慢脫離科幻小說範疇了。

如果沒有記憶，我們就迷失了，只能在無意義的刺激當中毫無目的漂流，無法了解過往和自身。如果有一天可以把人造記憶植入腦中，會怎麼樣？如果只要下載檔案到腦中，就能精通某個領域，又會如何？如果有天我們無法區別眞實的記憶和假造的記憶，那麼「自己」到底是誰呢？

科學家現在不只是被動的觀察自然，而是主動的改造與捏塑自然。這意味著我們或許能操縱記憶、思想、智能和意識。在未來，我們不只是單純觀察自然精密繁複的機制，也有可能協調這些機制。

所以現在讓我們回答這個問題：我們能下載記憶嗎？

第五章

訂做記憶與思想

如果我們的腦簡單到能被了解，那麼我們就沒有聰明到能了解自己的腦。

——無名氏

尼歐是救世主（The One），只有他能帶領挫敗的人類戰勝機器。只有尼歐能摧毀「母體」（the Matrix）。母體把假造的記憶植入人類腦中以便控制人類。

在電影《駭客任務》中有一幕現在已經成爲經典：保護母體的邪惡特工程式包圍尼歐，看來人類最後的希望就要滅絕，但是尼歐的脖子後面已經接上電極，可以馬上下載武術到他的腦中，幾秒鐘後他就成爲空手道高手，用凌厲的飛踢把那些特工程式擺平。

在《駭客任務》，把電極插入腦中再按「下載」鍵，就能輕易取得空手道黑帶高手的驚人技術。或許有天我們也能下載記憶，大幅改進我們的能力。若是下載到你腦中的記憶是僞造的，會怎樣？在電影《魔鬼總動員》（*Total Recall*），阿諾．史瓦辛格的腦中被植入僞造的記憶，因此眞實和虛幻之間的區分變得模糊不清。他在火星上英勇對抗壞蛋，到了電影最後，他才知道自己是那群壞蛋的頭頭。他驚訝發現自己身爲普通守法公民的記憶，完全是僞造的。

好萊塢很愛人造記憶這樣虛幻但是引人的電影。以目前的技術而言，電影中的技術當然是不可能的。但是我們可以想像數十年後，人工記憶眞的可以植入腦中的情況。

人類是如何記憶？

莫里遜（Henry Gustav Molaison）醫治一位類似蓋吉的病人，這位病人在科學文獻中稱之爲HM，他在神經科學界引起一陣熱潮，使得科學家得到許多重大突破，了解海馬回在形成記憶時的重要性。

HM九歲時，在一場意外中頭部遭受外傷，使得他痙攣而身體衰弱。一九五三年他二十五歲時動了手術，成功治好這個症狀，但是因爲手術中醫師不愼切除一些海馬回，造成其他狀況。一開始HM表現滿正常，但是後來很明顯有糟糕的事情發生了：他無法保有新的記憶，持續生活在過往中，對一天中見到數次的人，每次都重新打招呼，就像是頭一次遇到。他新記得的東西只能保持短短幾分鐘，就消失無蹤。就像是比爾·莫瑞（Bill Murray）主演的電影《今天暫時停止》（*Groundhog Day*），HM每天注定過相同的日子，循環不已，終其一生。但是HM和莫瑞飾演的角色不同，他無法記得之前重複的每一天。他的長期記憶很完整，記得手術之前發生的事情，但是由於海馬回失去功能，他無法記錄新體驗的事物。例如他照鏡子時會嚇到，因爲他看到的是一張老人的臉，而他記得自己只有二十五歲。幸運的是，這個驚嚇的記憶很快會消失。就某方面來說，HM像是只有階層「2」意識的動物，無法回憶最近發生的事情或是模擬未來。沒有發揮功能的海馬回，他從階層「3」意識退回到階層「2」意識。

現在的神經科學比較進步，讓我們清楚知道記憶如何形成、儲存和提取。哈佛大學神經科學家寇斯林（Stephen Kosslyn）博士說：「因爲電腦和腦部掃描技術的發展，我們近幾年才知道這些事情。」

我們知道，感覺資訊（例如視覺、觸覺、味覺）必須先經過腦幹，再傳到視丘。視丘像是轉運站，把這些訊息分送到各個感覺腦葉。腦葉會評估這些訊息，處理過的資訊會傳遞到前額葉皮質，這時我們才能意識到感覺，並且形成短期記憶，能維持數秒到數分鐘（見圖十一）。

如果記憶要長時間維持，記憶的資訊必須通過海馬回。在海馬回中，記憶會被分解成數個項目。錄音帶或是硬碟是把一個記憶的內容儲存在一個區域，但腦不是這樣做，海馬回會把一個記憶中各項目的內容重新送到各皮質。（這樣的記憶方式事實上比依照順序排比記憶更有效率，如果人腦安排記憶的方式如同電腦的磁帶機，那麼需要的儲存容量會非常大。在未來，數位儲存系統可能要向腦看齊，而不是排比儲存記憶。）例如情緒記憶儲存在杏仁體，但是文字儲存在顳葉，顏色和其他視覺訊息儲存在枕葉，觸覺和

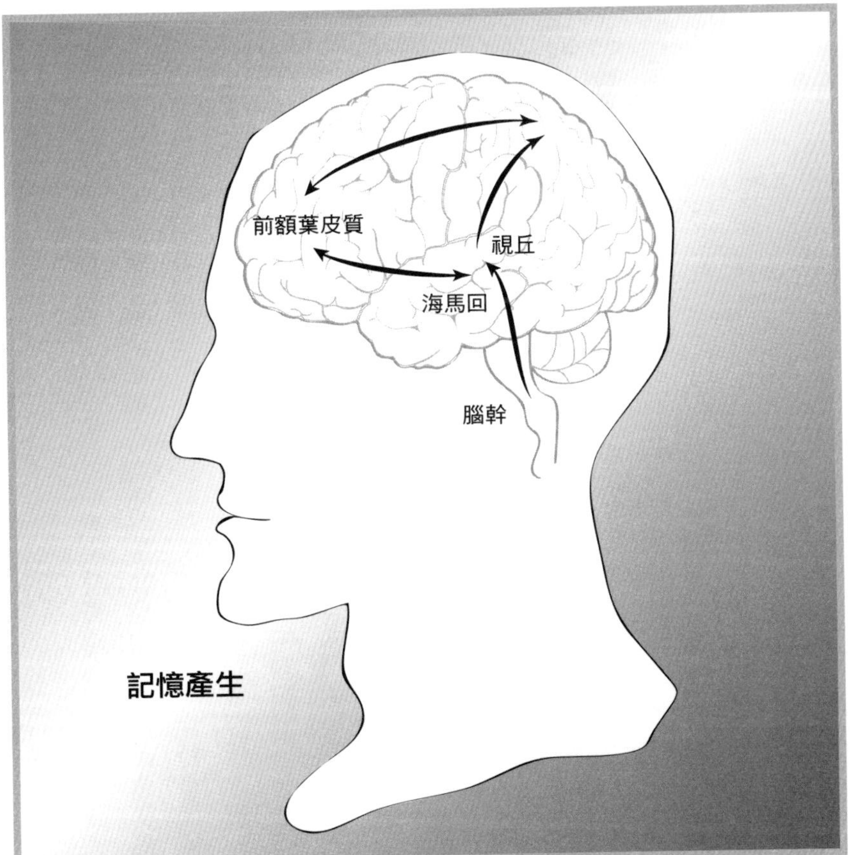

圖十一：產生記憶的途徑。從感覺器官傳來的神經衝動經過腦幹、視丘，然後分送到各皮質，最後匯聚到前額葉皮質。然後這些訊息傳給海馬回，形成長期記憶。（Jeffrey L. Ward提供）

運動感覺儲存在頂葉。到目前為止，科學家已經找出二十多種記憶的項目，分別儲存在腦的不同部位，這些項目包括蔬菜、水果、植物、動物、身體的部位、顏色、數字、字母、名詞、動詞、名字、面孔、臉部表情，以及各種情緒和聲音。

就以「在公園走路」這一個記憶來說，其中相關的資訊會拆分開來，然後儲存在腦中不同的部位，但是只要重新憶起這個記憶的某一的面向（例如剛修剪過草地的氣味），其他相關的片段會突然重新聚集成為完整的記憶。研究記憶的終極目標是釐清當我們回想一個經驗時，這些分散的片段是如何重新組合在一起，這個稱為「統合問題」（binding problem），如果能回答，將能解釋許多記憶之謎。例如，達馬西歐（Antonio Damasio）博士分析一些中風病人，他們無法確定某一項目中的記憶，但是能回想某個記憶中的其他面向。這是因為中風使得腦部的某個部位受損，而該部位儲存某個項目的記憶。

由於我們的記憶是非常個人化，這使得統合問題更複雜。記憶可能是每個人自己量身訂做，因此某個人記憶分類的方式可能和另一個人沒有關連。例如品酒師可能會標記不同細微的味道，物理學家則標記各種方程式。這些分類目錄是經驗的副產物，因此不同的人可能有不同的目錄分類。

其中一個解決統合問題的方式是利用腦波，有一種腦波在整個腦中大約每秒震盪四十次，這個可以用腦電圖（EEG）偵測。記憶的一個片段，可能以某個精確的頻率震盪，然後刺激腦中其他距離遙遠部位的相關記憶片段。以前的人認為，相關的記憶可能儲存在物理空間上接近的位置，但新的理論則認為，記憶的關連不是空間而是時間，再利用震盪來連結。如果這個理論是正確的，這意味著持續在腦中流動的電磁震盪，可以將不同的部位連接起來，再將完整的記憶重現。因此，資訊在海馬回、前額葉皮質、視丘和各皮質之間流動，而不會擴及整個腦。這樣的流動，有可能以共振形式穿過不同的腦結構。

記錄記憶

HM很不幸在二〇〇八去世，享年八十二歲，來不及利用科學進展中最轟動的成果：創造人造海馬回，將記憶植入腦中。這個發明很像是直接從科幻小說中跑出來的，不過維克弗斯特大學（Wake Forest University）和南加州大學（University of Southern California）的科學家在二〇一一年寫下歷史新頁，他們把小鼠的一個記憶記錄起來，以數位的方式儲存在電腦中。這是一個證明原理可行的實驗，這些科學家展示把記憶從腦中下載出來的夢想，有一天可能眞的能實現。

在剛開始，把腦中的記憶下載下來，像是不可能實現的夢，因爲我們已經看到記憶是各種感覺經驗，經過處理之後產生並儲存在我們的新皮質和邊緣系統。但是我們也從HM的狀況知道，所有的記憶都必須流過海馬回，之後才能轉換成長期記憶。南加州大學的柏格（Theodore Berger）博士領導這個研究團隊，他說：「如果你不能利用海馬回，那就什麼都辦不到了。」

維克弗斯特大學和南加州大學的科學家一開始先觀察大腦，然後收集腦部掃描的資料。在小鼠的海馬回中至少有兩種神經元：「CA1」和「CA3」。在小鼠學習新的作業時，這兩種神經元會彼此通訊。在小鼠受訓後能接連拉下兩個拉桿而喝到水，科學家檢查結果並試著解析這些訊息，但是最初得到的結果讓人沮喪，因爲在兩組神經元之間傳遞的訊息，看起來並沒有呈現出某種模式。但是觀察這些訊號數百萬次之後，他們終於找出哪種輸入訊號會產生哪種輸出訊號。這些科學家把探針插入小鼠的海馬回，記錄小鼠學習接連拉下兩個拉桿時，「CA1」和「CA3」之間的訊號。

接著，科學家把一種特殊的化合物注射到小鼠體內，讓牠們失去關於這個作業的記憶。最後，科學家把這些記憶傳回到這些小鼠的腦中，神奇的事情發生了：關於這個作業的記憶恢復了，這些小鼠能成功完成原來的那項作業。這些科學家創造了人造海馬回，能複製數位記憶。柏格說：「把開關打開，這些小鼠就有了記憶；關上開關，記憶就沒了。這是很重要的一步，因爲這是我們第一次能把所有記憶片段拼湊在一起。」

美國海軍軍令部長辦公室（Office of the Chief of Naval Operations）資助這項計畫，該辦公室的戴維斯（Joel Davis）說：「已經開始研發能增進人類能力的植入裝置，現在只剩下時間問題。」

人造海馬回

目前人工海馬回還相當原始，一次只能記錄一個記憶。但是這些科學家已經擬訂計畫，要打造更複雜的人工海馬回，以便能為各種動物儲存各種記憶，最後要記錄猴子的記憶。他們也計畫用無線傳輸技術，以小型無線電收發器取代電線，這樣就可以從遠端下載記憶，而不需要把笨拙的電極植入腦中。

由於海馬回與記憶的處理有關，科學家認為這項技術對於治療中風、癡呆症、阿茲海默症，潛力無窮，而且還能應用到與腦部這個區域衰退所引發的許多問題。

當然還有許多問題需要解決。雖然我們在HM之後得到海馬回的知識，但是這個黑箱中隱藏一些東西，而且內部的運作方式還不清楚。我們不可能憑空創造一個記憶，不過一旦進行過一項作業，而且記憶已經處理過，就有可能把這項記憶記錄下來並重新植入。

未來的方向

研究靈長類動物、甚至人類的海馬回很困難，因為這些動物的海馬回既大又複雜。第一步是要繪製詳細的海馬回神經圖譜，這必須將電極插入海馬回的各個部位，記錄各區域之間持續交流的訊號。如此，科學家就能重建在海馬回中持續移動的資訊流。海馬回有四個基本部分：「CA1」到「CA4」，科學家需要記錄這些部分之間交換的訊息。

第二個步驟和動物進行的作業有關。科學家用磁帶記錄流經海馬回各區域的神經衝動，等於記錄了記憶。學習某一項作業時（例如跳過圓圈的記憶），海馬回會產生電活動，這些電活動可以記錄下來並且小心加以分析，就可以建立一個記憶與海馬回中資訊流動的對照表。

最後是要把這個記憶複製，再以電訊號藉由電極送進入另一隻小鼠的海馬回，看看這項記憶是否能上傳。如果可以，那隻小鼠就算以前沒有練習過，也能學會如何跳過圓圈。如果這一步能成功，科學家將逐漸建立含有各種記憶記錄的資料庫。

這些載入記憶的工作，可能要花幾十年才可能在人類身上實現，不過我們可以想像可能的運作方式。在未來，有些人會受雇產生某些記憶，例如奢華的假期或是虛擬的戰爭。奈米大小的電極會插入這些人腦的各部位，把記憶記錄下來。這些電極要非常非常小，才不會干擾記憶的形成。

這些電極得到的資訊，會以無線傳輸的方式儲存在電腦裡，日後若有人想要體驗這些記憶，就得把電極插到海馬回，把這些記憶植入腦中。

這個概念會遭遇一些無法避免的阻礙。如果我們想要植入一種身體活動的記憶，像是某種武術，就會遇到「肌肉記憶」的問題。例如，我們走路時不需要想著把一隻腳放到另一隻腳前面。我們經常走路，所以在幼年時走路就已經變成第二天性。這意味著控制腳的訊號已經不再由海馬回控制，大腦的運動皮質與基底核也參與其中。將來如果我們希望植入和運動有關的記憶，科學家可能要先解析儲存在腦中其他部位的記憶儲存方式。

視覺與人類記憶

記憶形成的過程很複雜，但是我們之前討論的方式是偷聽經過海馬回的訊號，這其實是抄捷徑，因爲這個時候感覺衝動已經處理過了。在《駭客任務》，電極直接插入頭部後方就可以把記憶直接上傳到腦中。這個方法是假設我們能解析來自眼睛、耳朵、皮膚等原始且沒有經過處理的神經衝動，而且這些衝動是直接從脊髓傳到腦幹再進入視丘。比起分析海馬回中流動的已處理資訊，後者更精細且困難。

爲了讓你了解從脊髓傳到視丘的資訊量有多大，我們可以看個例子：視覺，因爲人類的記憶大多是從視覺來的。在眼睛的視網膜中，大約有一億三千萬個細胞，稱爲錐細胞和桿細胞。這些細胞隨時都在處理和記錄從視野來的資訊，數量高達一億位元。

這麼大量的資訊經由視神經收集之後傳輸到視丘，每秒的資訊量爲九百萬位元，從視丘再傳到腦部最後面的枕葉，這個視覺皮質會開始費力工作，處理分析眾多資料。視覺皮質又分成數個部位，分別標記「V1」到「V8」，各自處理特定的工作。

要特別說的是，「VI」區域就像是一片螢幕，能在你的腦部後方呈現類似原始圖像的形狀。這裡形成的圖像和原始的非常類似，但是從眼睛中央窩來的資訊會占據「V1」區域很大部位，因爲中央窩的神經元密度最高。因此在「V1」形成的影像並不是視野的完美複製品，而是經過扭曲，中央部位占據大部分的平面空間。除了「V1」，枕葉中其他區域處理影像的其他面向有：

（一）立體視覺：在「V2」區的神經元會比較來自左右眼的影像。

（二）距離：這是由「V3」區的神經元負責，它們利用陰影和其他來自兩眼的資訊，計算物體的距離。

（三）顏色：由「V4」區負責。

（四）運動：不同的神經連結會挑出不同的運動類型，包括直線運動、螺旋運動和擴張運動，這是由「V5」區完成。

目前已經找出三十多種和視覺有關的神經連接，但是可能還有更多。

視覺資訊會從枕葉傳到前額葉皮質，到這時候我們才能「看見」影像，然後形成短期記憶。這些記憶資訊會送到海馬回，加以處理後最多存放二十四小時，接下來這些記憶被切分，送到各個皮質。

這裡的重點是，我們認爲視覺輕易就產生了，其實需要數十億個神經元依照順序活動，每秒能傳輸數百萬位元資料。請記住，我們有五種感覺器官傳來的訊息，加上與每個影像有關的情緒，這些資訊都要由海馬回處理，才能產生單一影像的單一記憶。到目前爲止，沒有任何機器能處理這樣精細繁複的過程。這表示，若要製作給人類使用的人造海馬回會面對巨大挑戰。

記憶未來

如果記錄某一種感覺的記憶就已經這麼複雜了，那麼人類是如何演化出，爲了長期記憶而儲存那麼多資訊的能力呢？[3]動物大部分的行爲都是由本能指引，牠們看起來並沒有長期記憶。不過加州大學爾灣分校（University of California at Irvine）的神經生物學家麥高（James McGaugh）博士說：「記憶的目的是爲了預測未來。」這個論點衍生一個有趣的可能性。或許長期記憶是演化出來爲了模擬未來。換句話說，我們能記得遙遠的過去，是因爲我們需要模擬未來，從而得到好處。

華盛頓大學聖路易校區（Washington University in St. Louis）的科學家進行的腦部掃描結果顯示，那些回憶記憶的區域，也是與模擬未來相關的區域。特別是連接背側前額葉皮質和海馬回的區域，在計畫未來和回憶過去時會亮起來。就某個層面來看，腦是在嘗試「回憶未來」，藉由過往的記憶看出有些事情在未來會如何演變。這個現象或許能解釋失憶症者身上的古怪現象：他們通常無法設想未來的事情，甚至連明天的事情都無法想像。

華盛頓大學聖路易校區的麥達莫（Kathleen McDermott）說：「你可以把這個現象看成是心智裡的時間旅行，能仔細思考關於自己的事情，並且投射到過去或是未來。」她指出：「很久以來就有疑問：

記憶演化出來的用途是什麼？我們的研究可能暫時回答了這個問題。我們能重拾鮮明的過往細節，是因為這個過程對於推敲自己未來可能發生的事情非常重要。顯而易見，要能適應環境，預測未來是重要的。」對於動物來說，記得過去的內容是浪費寶貴資源，因為過去的事情幾乎不能提供演化上的優勢。但是如果能從過去的事情得到教訓而模擬未來，那麼就是人類具有智能的基本原因。

人造皮質

在二〇一二年，在維克弗斯特大學和南加州大學打造小鼠人工海馬回的同一批科學家，宣布一項更遠大的計畫。記錄小鼠海馬回記憶之外，他們複製了靈長類皮質中更複雜的思考過程。

他們把細小的電極插入五隻恆河猴的「L2/3」和「L5」兩層皮質，然後在猴子學習新作業時，記錄這兩層皮質之間彼此交換的神經訊息。（猴子從事的作業是看一組圖片，如果猴子能從數量更多的另一組圖片中，挑到原先看到的圖片，就能得到報酬。）在實際操作中，猴子選對的機率是七五%，但是如果在猴子進行測驗時，把這些神經訊息傳回猴子的腦中，那麼答對機會能增加一成。當餵猴子吃了某些化合物，答對的機會少了兩成。但是把這些記錄訊息送回猴子的皮質，表現又能恢復一般水準。雖然接受試驗的猴子數量很少，而且進步有限，但是這項研究指出，科學家能正確捕捉皮質中決定策略的程序。

這個實驗是在靈長類上進行，不是用小鼠，而且記錄的是皮質而非海馬回的活動，這對人類試驗來說有非常重大的意義。維克弗斯特大學的戴德威勒（Sam A. Deadwyler）博士說：「這個設計的概念是能得到一個輸出的模式，然後繞過腦部受損的區域，以其他方式建立連結。」這個實驗可能應用在新皮質受損的病人身上，就如同拐杖一般，能從事受損區域所進行的思考工作。

人造小腦

人工海馬回和新皮質僅是第一步，最後腦中的其他部位也會有人造替代品，例如以色列特拉維夫大學（Tel Aviv University）的科學家已經打造出給大鼠用的人造小腦。小腦是爬行動物腦中重要的部位，控制身體平衡和其他基本功能。

通常噴一口氣到大鼠臉上，牠會眨眼，如果噴氣的同時發出聲音，大鼠就會受到制約，下次聽到聲音時就會眨眼。這些以色列科學家的目標，就是要能複製這個反應的人造小腦。

首先，當聲音發出、氣也同時噴到大鼠臉上時，科學家記錄進入腦幹的訊號，這些訊號經過處理之後送回腦幹另一個部位。結果如預想的，大鼠接受這個外來訊號時眨眼了。這不僅是人造小腦第一次成功，也是第一次從腦的某個部位接收到訊息，加以處理之後再送回腦中另一個部位。

英國艾塞克斯大學（University of Essex）的塞浦維達（Francesco Sepulveda）評論這項研究：「這個結果證明了打造神經迴路可以前進到什麼地方，將來或許能取代腦部受損區域，甚至增進健康腦部的能力。」他也看到人造腦在未來的巨大潛力：「我們可能要花好幾十年才能達到目標。但是我敢打賭，本世紀結束之前，腦中某些特定、組織良好的部位，例如海馬回或是視覺皮質，將會出現人工製成的類似物。」

即使腦各部位處裡的程序相當複雜，但是打造人工替代物的進展依然極為快速，研究人員必須和時間賽跑，因為我們的公共衛生系統面對一項大威脅：讓人失去記憶的阿茲海默症。

阿茲海默症：記憶摧毀者

有些人宣稱，阿茲海默症是二十一世紀影響最重大的疾病。目前美國有五百三十萬人罹患阿茲海默症，到了二〇五〇年，人數預估會增加四倍。六十四到八十五歲的人，有五%罹患阿茲海默症，八十五歲以上罹患阿茲海默症的機會是五〇%，而且這是在沒有處於明顯風險的情況下。一九〇〇年，美國人的預期壽命是四十九歲，所以阿茲海默症不是大問題，但是現在八十歲以上的人是美國成長最快速的一群人之一。

阿茲海默症發病初期，腦中處理短期記憶的海馬回會開始衰退。阿茲海默症病人腦部掃描的結果顯示，他們的海馬回明顯萎縮，前額葉皮質與海馬回之間的連結也減少，使得腦無法適當處理短期記憶。不過長期記憶已經儲存在腦中各個皮質裡，因此一開始至少還能保持完整。此時，你可能不記得幾分鐘前發生的事情，但是可以清楚回憶幾十年前的事情。

隨著疾病惡化，長期記憶也會被摧毀，這時病人連自己的孩子或配偶都認不出來，也不記得他們是誰，最後甚至會陷入類似植物人的昏迷狀態。

遺憾的是，直到最近我們才開始稍微了解阿茲海默症的致病機制。二〇一二年有一項重大突破，科學家發現阿茲海默症發病時會有「τ」類澱粉蛋白（tau amyloid protein）形成，這種蛋白質會使得「β」類澱粉蛋白（beta amyloid）加速形成，後者是一種有如黏膠般的物質，會讓腦部阻塞。在此之前，我們並不清楚是這些類澱粉斑造成阿茲海默症，還是一些更基本的失常讓澱粉斑出現。

造成這些類澱粉斑的東西很難成爲藥物作用的目標，它們可能是普恩蛋白（prion）造成的，這是一種形狀摺疊錯誤的蛋白質分子。普恩蛋白並不是細菌，也不是病毒，但是它們卻能複製。從原子的階層來看，蛋白質分子是一串原子緊密糾結在一起，成串的原子必須自己正確摺疊，形成的蛋白質才會有適當形狀和功能。普恩蛋白不只摺疊錯誤，更糟糕的是它們如果遇到正常健康的蛋白質，會讓後者的形狀也成爲錯誤。因此只要一個普恩蛋白就會引發連鎖反應，讓數十億個蛋白質受到影響。

到目前爲止沒有人知道，如何阻止阿茲海默症無情的惡化。現在阿茲海默症背後的基本機制已揭露出來，有一種頗具希望的療法是對變形的蛋白質分子製造抗體或疫苗。另一個方法就是製造人工海馬回，讓病人重新得到短期記憶的能力。

另一個研究方向是利用基因學，嘗試直接增加腦產生記憶的能力。有些基因或許能增加我們的記憶力，但記憶研究未來是否成功，就要看那些「聰明小鼠」（smart mouse）了。

聰明小鼠

一九九九年，錢卓和他在普林斯頓大學、麻省理工學院和華盛頓大學的同事發現，只要把一個額外的基因轉殖給小鼠，就能大幅增加小鼠的記憶與能力，這些「聰明小鼠」能更快穿過迷宮，記憶各種事件的能力也增強，在許多測驗的表現都勝過其他小鼠。這些科學家把這種小鼠稱爲「杜奇鼠」，命名源自美國電視劇《杜奇醫生》（*Doogie Howser, M.D.*）中二十歲就成爲醫生的早熟角色。

錢卓開始分析NR2B基因時就知道NR2B像是開關，有控制腦部把不同事件連結在一起的能力。（科學家之所以知道這件事，是因爲當這個基因沒有作用或不活躍時，小鼠就沒有能力將不同事件連結在一起。）由於NR2B控制海馬回中記憶細胞彼此的溝通，因此所有的學習都需要依靠NR2B。錢卓一開始先建立一個缺少NR2B的小鼠品系（strain），這些小鼠的記憶不完全，也缺乏學習能力。接著他又建立另一個品系的小鼠，具有比正常小鼠更多NR2B基因，他們發現這些小鼠有比較優異的心智能力。如果把一般的小鼠放到加了水的淺盆子中，強迫牠們游泳，這些小鼠會隨便亂游，因爲牠們已經不記得幾天前隱藏在水面下的平台位置。不過聰明小鼠一開始就會直接游向隱藏的平台。

從那時開始，其他實驗室的研究人員也得到相同結果，並建立更聰明的小鼠品系。在二〇〇九年，錢卓發表一篇論文，公布另一種更聰明的小鼠，稱爲「哈卜傑」（取自中國童書裡的聰明老鼠）。比起之前打造出的聰明小鼠，哈卜傑記得新事物（例如玩具的位置）的時間要長三倍。錢卓指出：「這個結果再次證實NR2B基因是形成記憶的萬能開關。」研究生王（Deheng Wang）說：「就像是把麥可．

喬丹變成超級麥可．喬丹。」

不過即使是最新的老鼠品系，還是有其限制。當這些小鼠選擇左邊或右邊才能得到巧克力當報酬時，哈卜傑記得正確路徑的時間的確比一般小鼠長，但是過了五分鐘之後，還是會忘記。錢卓博士說：「小鼠依然是小鼠，我們不可能把牠變成數學家。」

此外，有些比較聰明的小鼠品系，比正常小鼠更容易害羞、驚嚇。有人推測，如果你的記憶力太好，就會記得所有失敗與痛苦的事情，導致你畏首畏尾。因此記太多事情也可能是壞事。

科學家希望能在狗身上重現類似結果，因為人和狗有許多相同的基因，最後在人類身上實現。

聰明果蠅與笨小鼠

對記憶有影響的基因中，科學家不只研究NR2B，在其他獲得重大突破的實驗中，科學家培育一隻具有照相記憶的果蠅品系，以及具有失憶症的小鼠品系。這些實驗最後或許能解釋長期記憶的奧祕，例如為了考試死背硬記並不是最好的學習方式，以及我們為何會記得引發強烈情緒的事件。科學家已經發現兩種重要基因，分別是「環腺苷單磷酸反應結合蛋白啓動子」（CREB activator，能刺激神經元之間建立新連結）和「環腺苷單磷酸反應結合蛋白抑制子」（CREB repressor，會抑制新記憶的形成）。

美國冷泉港（Cold Spring Harbor）實驗室的殷（Jerry Yin）博士與塔里（Timothy Tully）博士正在進行有趣的果蠅實驗。果蠅通常需要嘗試十次才能學會一項作業，例如聞出一種味道或是避免受到電擊。多出一個CREB抑制子基因的果蠅，無法形成持續的記憶，但是真正讓人吃驚的結果則是多出一個CREB啓動子基因的果蠅。科學家測試的時候，發現這種果蠅只要嘗試一次就能學會作業。塔里博士說：「這意味著這些果蠅具有照相式記憶。」他說這些果蠅就像是某些學生，「讀了書中某一章後，就能在心裡看到這一章的畫面，可以告訴你答案在第二七四頁第三段。」

這個效應不只在果蠅身上出現，冷泉港實驗室的席瓦（Alcino Silva）博士用小鼠作實驗，他發現如果小鼠的CREB啓動子基因受損，就無法形成長期記憶，成爲失憶小鼠。不過就算是健忘的小鼠，如果和其他小鼠一樣接受短期訓練，還是能學到一些東西。對此科學家提出理論：腦中有固定份量的CREB啓動子，讓我們在任何時候都能學習。如果我們想要在考試前臨時抱佛腳，CREB啓動子的數量很快就會消耗殆盡，之後就無法再學習了，只能稍做休息，讓CREB的數量恢復。

塔里博士說：「塡鴨式學習爲什麼效果不彰，現在我們能給你生物學上的理由。」準備期末考最好的方式是，白天固定複習教學內容，直到內容成爲你長期記憶的一部分。

這也解釋了，爲什麼激烈情緒的記憶能這麼鮮明持續數十年。CREB抑制子的基因像是過濾器，能排除沒有用的資訊。但是和強烈情緒相關的記憶，不是能抑制CREB抑制子的基因，就是能激發CREB啓動子的基因。

我們可以預見未來，在科學家了解記憶的基因學基礎上，會有重大突破。腦部強大的能力，不單靠某一基因發揮功能，可能需要許多基因之間複雜的配合才能形成。這些基因在人類基因組中也有相對應的基因，因此我們確定有機會能利用基因學的方式，促進人類的記憶力和心智能力。

不過別妄想你很快就可以腦力大增，還有許多障礙要突破。首先，我們還不清楚這些結果是否能應用到人類身上，通常在小鼠身上很有潛力的療法，無法應用到人類物種。第二，即使這些結果能應用到人類身上，我們也不知道這些結果會造成什麼影響。例如，這些基因或許能增進記憶能力，但是不會增加一般的智能。第三，基因療法（例如修補損壞的基因）比我們之前所想的要困難。只有很少的遺傳疾病能用這種方式治療。縱然科學家使用無害的病毒，攜帶「好的」基因來感染細胞，身體依然會產生抗體，抵禦這些入侵者，導治療法無效。想要插入一個基因來增進記憶力，可能也會面臨相同的命運。（基因療法在數年前遭遇重大挫敗，有位病人在美國賓州大學基因療法的治療過程中死亡了。因此要改變人類基因時，需要面對許多倫理、法律問題。）

人類試驗的進展將會比動物試驗慢許多，不過我們可以預見有一天，這個治療過程將會改善得完美而能落實。用這種方式改變人類的基因，可能只需要在手臂上打一針。無害的病毒會進入血液，然後感染正常細胞，將自己攜帶的基因注入。當「聰明基因」成功併入細胞後會變得活躍，它製造出的蛋白質能影響海馬回和記憶形成的過程，因而增進我們的記憶力和認知技能。

如果把基因插入體內太困難了，也有可能跳過基因療法，把適當的蛋白質直接送進身體。這時不用打針，吞個藥丸就行了。

聰明藥丸

這個研究的最終目標是製造「聰明藥丸」，能大幅提升集中力、注意力，也有可能增加智能。製藥公司已經試驗數種藥物，例如MEM1003和MEM1414，似乎真的能增進心智功能。

科學家在動物研究中發現，長期記憶可能是由酵素和基因之間的交互作用形成。當特定的基因，例如CREB，活化之後會製造特定的蛋白質，使得某些神經路徑受到加強，學習因而發生。一般而言，腦中有越多CREB蛋白質在流動，長期記憶就能越快形成。這個看法已經在海蛞蝓、果蠅和小鼠身上證實。MEM1414的主要性能是加速CREB蛋白質的生產。在實驗室的測試中，年老的小鼠在接受MEM1414之後，長期記憶形成的速度要比沒有用藥的小鼠來得快。

現在科學家正在從基因學和分子的階層中，仔細找出和形成長期記憶有關的生物化學過程。當記憶形成的過程完全解析明瞭之後就可以設計療法，加速並且強化其中的關鍵程序。不只年長者和阿茲海默症患者能因爲腦力大增而受惠，一般人也能得到好處。

能消除記憶嗎？

阿茲海默症可能會無差別的摧毀記憶，但是可以選擇性的除去某些記憶嗎？失憶症是好萊塢電影最愛的情節。在電影《神鬼認證》（*Bourne Identity*），麥特・戴蒙（Matt Damon）飾演的傑森・包恩（Jason Bourne）是美國中央情報局的幹練探員。他被發現奄奄一息的漂浮在水上。他醒來之後，記憶嚴重流失，接著他受到刺客無情追殺，但是他不知道自己是誰、發生什麼事，以及他們爲何要他死？找回記憶的唯一線索是他就像是個祕密幹員一樣，能靠著本能展露無懈可擊的戰鬥力。

有許多記錄指出，意外傷害（例如頭部受到撞擊）會造成失憶症，但是可以選擇消除某些記憶嗎？在金・凱瑞（Jim Carrey）主演的電影《王牌冤家》（*Eternal Sunshine of the Spotless Mind*），兩個在火車上偶然相遇的人，受到彼此的吸引，不過讓他們震驚的是，他們多年前的確是對戀人，只是已經沒有這段記憶了。他們後來才曉得，當初大吵一架之後，他們各自付錢給一家公司，消除對方的記憶。很明顯的，命運之神給他們第二次相愛機會。

在電影《星際戰警》（*Men in Black*），選擇性消除記憶又提升到一個全新層次。片中威爾・史密斯（Will Smith）飾演一個在暗中活動的祕密組織探員，他能用「中和器」（neuralizer）選擇性消除人們接觸幽浮和外星人的不當記憶。機器上甚至有個轉盤，能決定要消除多久之前的記憶。

這些技術都讓電影情節緊張，票房賣座，但是這些技術就算是在未來，有可能成眞嗎？

失憶症可能有兩種類型，端視短期記憶還是長期記憶受到影響。逆行性失憶症（retrograde amnesia），是腦部受到損傷而使得之前的記憶消失所造成，引起失憶症事件發生之前的記憶會喪失。包恩得到的失憶症就類似這樣，他被丟入水中等死之前的記憶都消失了。不過海馬回保持完整，因此雖然長期記憶受損，新的記憶依然能形成。順行性失憶症（anterograde amnesia），則是因爲短期記憶受損所造成，因此患者在引發失憶症的事件之後，難以形成新的記憶。通常海馬回受損，造成的失憶症會持續數分鐘到數小時。在電影《記憶拼圖》，順行性失憶症有顯著的地位，其中主角決定要報殺妻之仇，但問題是他的記憶只能維持十五分鐘，因此他得持續把各種訊息寫在紙片、照片上，甚至紋在自己身上，這樣才能記得他發現凶手的線索。他辛苦解讀寫在自己身上的一連串訊息，這些都是重要但很快就會遺忘的證據。

重點是，從創傷或疾病發生時之前或之後記憶會開始消失，因此好萊塢電影的選擇性失憶是不可能的。類似《星際戰警》電影，都是假設記憶如同硬碟按照時間順序記錄下來，只要按下「消除」鍵就能消除特定時間的記憶。眞實情況是，記憶是拆解之後分開儲存在腦中不同的部位。

遺忘藥丸

有些創傷記憶會持續造成傷害和困擾，科學家正在研究能消除這些記憶的藥物。二〇〇九年，由科恩特（Merel Kindt）博士領導的荷蘭科學家宣布找到一種神奇藥物，稱爲「心得安」（propranolol），能和緩由創傷記憶造成的痛苦。研究人員宣稱，這種藥物不會在特定時間引起失憶症，只需要三天就可以讓痛苦比較容易控制。

各大報在頭版刊登這項發現，造成大轟動，因爲有成千上萬的人因災害創傷後症候群（post-traumatic stress disorder, PTSD）所苦。經過戰爭洗禮的退役軍人、受到性侵害的人、恐怖意外的受害者，看來有解除症狀的解方。但是這個結果卻與腦科學的研究結果相違背。該研究顯示，長期記憶不是由電的方式登錄，而是由蛋白質。最近的實驗指出，回想記憶需要把記憶提取並且重新組合，因此在這個過程中，蛋白質的結構可能眞的重新調整了。換句話說，當你回想一個記憶時，可能也會改變那個記憶。這或許是藥物能發揮功能的原因：心得安藥物能干擾腎上腺素的吸收，而腎上腺素的吸收對於（創傷後）形成長久、鮮明的記憶非常重要。加州大學爾灣分校的麥高博士說：「心得安會坐在細胞表面擋著，所以就算有腎上腺素出現，也無法發揮功能。」換句話說，如果沒有腎上腺素，記憶會慢慢消逝。

在有創傷記憶的人身上進行的對照實驗，結果看來很有希望。但是這個藥物面對一個巨大磚牆：抹殺記憶的倫理問題。有些倫理學家並不質疑藥物的效果，但是他們不贊成的是讓人失去記憶的藥物，因爲人有記憶才能讓我們得到教訓。即便是不愉快的記憶，都有更大的用途。美國總統的生物倫理委員會（Council on Bioethics）否決這項藥物，委員會報告的結論是：「讓我們的記憶遲鈍也許能讓我們在世上活得舒服，但對痛苦、惡行與殘酷的行爲麻木不仁……如果我們對生命中最椎心的痛苦都沒有感覺，就可能無法體會歡愉的快樂吧？」

美國史丹佛大學（Stanford University）生物醫學道德中心（Center for Biomedical Ethics）的馬格斯（David Magus）博士說：「我們和他人的關係不論有多麼痛苦，我們都可以從痛苦經驗中得到教訓，讓我們成爲更好的人。」但有些人不同意。哈佛大學的皮特曼（Roger Pitman）說，如果醫生遇到一位遭受劇烈痛苦的受害者，「我們會因爲拿掉這些人的情緒經驗，就說是剝奪他們使用嗎啡的權力嗎？有人會對此提出爭議嗎？爲何精神治療要有差異？我認爲這個論點背後所隱藏的念頭是：精神障礙（mental disorder）和身體障礙（physical disorder）是不同的。」

這個爭議最後會如何解決，將影響下一代的藥物研發，因爲心得安並非唯一與記憶相關的藥物。二〇〇八年，兩個獨立研究團體都對動物作實驗，他們宣稱另有其他藥物能消除記憶，而不只是消除因記憶引起的痛苦。喬治亞醫學院（Medical College of Georgia）的錢卓博士和中國上海的同事指出，利用一種稱爲「CaMKII」的蛋白質可以消除小鼠的某些記憶。在布魯克林的紐約州立大學下州醫學中心（SUNY Downstate Medical Center）的科學家則發現，「PKMzeta」蛋白質也能消除記憶，參與這項研究的費森（Andre Fenson）博士說：「如果將來的實驗能確認這個想法，我們可以預期有天我們可以看到以PKMzeta消除記憶爲基礎的治療方式。」不只痛苦的記憶能消除，「對於治療憂鬱症、一般性焦慮症、恐懼症、創傷後壓力症、各種成癮症都可能有效。」

到目前爲止，相關實驗只限在動物身上進行，但是很快就會展開人體試驗。在動物上的實驗結果出現在人類身上，到時遺忘藥丸或許就能成眞。不過這種藥丸並非好萊塢電影中，能輕易、精確消除某段時間記憶的藥丸，但是對於醫治受創傷記憶的人來說用處很大。不過，要如何才能選擇性刪除人類的記憶，還得再研究。

會發生什麼糟糕事嗎？

或許有那麼一天，我們終於能取得通過海馬回、視丘和邊緣系統其他部位的所有訊息，然後忠實的記錄下來，然後把這些記錄植入腦中，這樣我們或許可以重新體驗另一個人曾經體驗過的事情。但接下來的問題是：會發生什麼糟糕事嗎？

在一九八三年上映、由娜妲麗華．伍德（Natalie Wood）主演的電影《尖端大風暴》（*Brainstorm*），已經遠遠超越當時探討這個概念的意涵。在電影中，科學家發明「帽子」（the Hat），這是布滿電極的頭盔，能準確複製一個人曾經驗的所有感覺。之後，人們可以把這些記錄送入腦中，就能有完全相同的體驗。有個人爲了好玩，在做愛時戴上「帽子」把整個體驗記錄下來，後來不知情的人把這個經驗送入自己腦中，結果因爲感覺超載而差一點死亡。另一位科學家遭到致死的心臟病突發，去世之前她把生命的最後時刻記錄下來，後來有人把這個死亡記錄輸入自己的腦中，這個人也心臟病突發去世。

電影最後，這種強大新機器的消息被洩漏了，軍方希望能控制這種機器，認爲這種機器可以當成強大武器，但發明機器的科學家卻想用來揭露人類心智的祕密，於是兩方開始爭權奪利。

《尖端大風暴》有如預言，指出這種科技的展望及可能造成的危險。這當然是科幻電影，但是有些科學家相信未來這些問題會出現在頭條新聞和法庭。

如前述，我們可能發展能記錄小鼠某些記憶的方式，但是要到本世紀中才有可能確實記錄靈長類和人類的各種記憶。不過要打造「帽子」這種能記錄輸入腦中所有刺激的機器，則需要記錄從脊髓到視丘的原始感覺資料，這可能需要到本世紀末才有可能完成。

社會和法律問題

這個困境的某些面向可能在我們有生之年出現。好的方面，將來可能的狀況是我們只要上傳，就能輕易學習微積分，教育系統將會整個翻轉，教師會有更多時間教導學生，並在認知相關內容上進行一對一教學，因爲這方面靠的不是技巧，並非按下按鈕就能變得精通。要成爲專業醫生、律師和科學家必經的死背過程，也可以經由這個方法而大幅縮減時間。

理論上，這個方法可能讓我們擁有更多記憶，例如從未發生的假期、沒有得過的獎項、未曾相愛過的戀人、不曾擁有過的家人。這也可能補足缺憾，創造未曾擁有過的完美生活記憶。父母親會愛死這項技術，因爲他們可以利用眞實的記憶來讓自己的孩子記取教訓。這種儀器的需求量會很大。有些倫理學家擔憂，這些僞造的記憶可能如此鮮活，讓我們寧可重新過著想像的生活，而不願意體驗眞實的人生。

這項技術對於失業者也很有幫助，他們可藉由植入記憶，得到勞動市場上需要的職能。在歷史上，每當引進新技術就會有數百萬名勞工被資遣，導致工作缺乏安全保障。這也是現在鐵匠和馬車工人不多的原因，他們都變成汽車工人和其他產業的工人。但是重新訓練職能需要許多時間和委任工作，如果可以直接把技術植入腦中，將會對全世界的經濟造成重大影響，因爲我們就不需要消耗那麼多人力成本。但如果一項技術能直接植入任何人身上，那麼這項技術的價值就會降低，不過因爲專業工人技術大幅提高，最後可以平衡這種效應。

觀光業也會因此有爆發性成長。到國外旅遊的障礙之一是要熟悉新的風俗習慣和轉換新的語言。到時旅客將能分享在陌生土地生活的經驗，而不會爲了要熟習當地的貨幣和運輸系統而跌腳絆手。雖然上傳整個語言得包含數萬個字彙和表達方式，這可能有困難，不過基本的生活對話所需資訊還是有可能上傳。

這些記錄下來的記憶，不可避免的將會有門路傳到社群媒體。在未來，你或許能把一項記憶記錄下來，然後上傳到網路讓數百萬人感覺體驗。我們之前討論過能傳遞思想的「腦際網路」，如果記憶能記錄與創造出來，那麼你或許能傳送完整的經驗。如果你剛在奧運會得到一面金牌，爲何不把這個記憶放上網路，讓大家分享你的激動狂喜呢？說不定這個經驗會如同病毒般擴散出去，有數十億人分享你榮耀的時刻。習慣電動玩具和社群媒體的孩子，未來可能會把値得記憶的經驗錄下來放上網路，就像是用手機拍照上傳一般，記錄所有的記憶可能會成爲他們的第二天性。傳送者和接收者都需要使用幾乎看不到的奈米電線連接到海馬回，相關的資料會用無線傳輸的方式送到伺服器，然後轉換成數位訊號，才可以由網際網路運送。到時候你是在部落格、留言版、社群媒體和聊天室上傳記憶和情緒，而不是上傳照片和影像。

靈魂圖書館

人們可能也會想要有記憶的族譜。當我們追溯祖先時，通常只能得到生活的描繪。在人的一生中，人們活過、愛過，然後死亡，都沒有留下眞實的記錄。我們通常只能找到親人出生和死亡的日期，中間往往一片空白。現在的網路雖然已是一個巨大的檔案庫，可以收集記錄我們的生活資料，包括信用卡收據、帳單、電子郵寄、銀行記錄等等一大串電子記錄，但是依然難以呈現我們的思想與感覺。或許在遙遠的未來，網路會成爲一個巨大的圖書館，不只按年月記錄我們的生活細節，也記錄我們的意識。

在未來，人們可能會定期把記憶記錄下來，好把經驗分享給後世子孫。屆時，你到家族的記憶圖書館就可以了解並體驗他們的生活，也清楚自己在大家族中的位置。

這也意味著，在我們死去多年之後，任何人都可以重播自己的生活，只要按下「播放」鍵即可。如果這個願景是正確的，就意味著我們可能在午後「召喚」祖先，一起閒話家常，只要把光碟插入靈魂圖書館，按下按鈕就好了。

如果你想要享有最喜歡的歷史人物的經驗，就可以透過靈魂圖書館，了解他們在生命中面臨重大危機時的感覺。如果你有典範榜樣，想要知道他們是如何度過人生中的巨大危機，也可以透過靈魂圖書館體驗他們留下的記憶，讓自己得到無價的見解。想像一下，如果能分享諾貝爾獎得主的記憶，你可能會知道創造偉大發現的過程。那些對世界歷史發展作出關鍵決定的偉大政治人物，你也可以透過靈魂圖書館分享他們的記憶。

尼可列利斯博士相信，這些總有一天會成眞。他說：「這些永久保存的記錄，每一個都是獨特的珍貴寶物，無數個獨特的心智曾經活過、愛過、苦過和成功過，每一個最後都能不朽，不被冰冷無言的墓石堆埋，而是是解脫出來，有鮮活的思想、活生生的情愛，當然也要忍受痛苦。」

科技的黑暗面

有些科學家會思考這種科技在倫理上的影響。有新的醫學發現時，幾乎都會引發倫理上的考量。有些發現證明有害，因此受到限制或禁止，例如會造成畸形兒的安眠藥沙利竇邁（Thalidomide）。有些則徹底改變人類的本質，例如試管嬰兒。當第一個試管嬰兒布朗（Louise Brown）在一九七八年誕生時，媒體掀起風暴，甚至教宗都以書面方式批評這項技術。但是到了現在，可能你的兄弟、孩子、配偶，或是你自己就是經由體外受精的方式誕生。一如許多科技，大眾最後會習慣能記錄和分享記憶的點子。

有些生物倫理學家另有擔心之事。如果在沒有允許的情況下，我們被植入記憶，會發生什麼後果？如果這些記憶是痛苦或是消極，又會如何？例如阿茲海默症患者能夠上傳記憶，但是病得很嚴重而無法自己上傳記憶的病人，又該怎麼辦？

已故的英國牛津大學哲學家威廉斯（Bernard Williams）擔心這種技術可能會干擾自然事物的規律，也就是「遺忘」。他說：「遺忘是我們所掌握的最有益處的演進。」

如果記憶能像上傳電腦檔案般植入腦中，也會撼動我們的司法基礎。司法基礎之一是目擊者的描述，但如果能植入僞造記憶會發生什麼事情呢？如果犯罪的記憶能假造，那麼或許能把這個記憶祕密植入無辜者的腦中。或是如果一個罪犯需要不在場證明，他可以祕密把記憶植入另一個人的腦中，讓他以爲在罪犯犯罪的時候自己和罪犯在一起。還有其他情況：不只是口述的作證會遭到懷疑，法律文件也是如此，因爲我們在口供和法律文件上簽名時，需要記憶才能知道內容是否有誤。

我們可能需要納入安全措施，通過法律明確規定授與或拒絕接觸記憶的限制。就像法律會限制警方或第三方進入你家，也可能會有法律禁止他人在沒有你允許之下接觸你的記憶。可能也有方法標示記憶，這樣人們就能知道這個記意是否假造。若如此，人們就可以享有愉快假期的記憶，也能知道這個假期其實並沒有發生。

如果記憶能記錄、儲存與上傳，或許能讓我們記錄過去的事情，並且精擅新的技巧。但是這不會改變我們原有消化和處理大量資訊的能力，如果要加強這項能力，我們就必須增強自己的智能。然而這方面的進展受到阻礙，因爲沒有一個共同認可的「智能」定義。不過有個無可爭議、具有天才和智能的例子，那就是愛因斯坦。在他去世六十年之後，他的腦子依然提供許多關於智能本質的無價線索。

第六章
愛因斯坦之腦與增進智能

人腦比天空還寬廣，看，把兩個放一起，一個能包含另一個，還可，輕易加上你。

——狄金森（Emily Dickinson），詩人

有才能者能擊中沒人能擊中的目標，天才能擊中沒人能看到的目標。

——叔本華（Arthur Schopenhauer），哲學家

愛因斯坦的腦遺失了，至少遺失五十多年了。愛因斯坦去世不久，醫生就偷走他的腦，直到二〇一〇年醫生的後代才把腦還給美國國家健康醫學博物館（National Museum of Health and Medicine）。分析愛因斯坦的腦可能有助於了解一些問題：天才是什麼？能測量到智能嗎？智能與人生成功有關連嗎？還有哲學問題：天才是由基因打造的，還是比較多由個人努力所成就的？

愛因斯坦的腦也可能有助於回答一個關鍵問題：我們能增進智能嗎？

「愛因斯坦」現在已經不再只是某個人的名字了，而是「天才」之意。從這個名字連想到的形象：鬆垮的褲子、膨鬆的白髮、邋遢的外貌，已經固定成型，馬上就能讓人認出來。

愛因斯坦遺贈給後人的東西太多了。二〇一一年有些物理學家指出他可能錯了：粒子的速度能超越光速極限時，物理學界的爭議如火藥般炸開，蔓延到媒體。相對論是現代物理的基石，認為相對論錯誤的想法，讓全世界的物理學家大搖頭。後來有一個結果重新校正過，一如所料，再次證明愛因斯坦是對的。要對抗愛因斯坦總是那麼危險。

要了解「什麼是天才？」解決方式之一，是分析愛因斯坦的腦。顯而易見，當普林斯頓醫院的哈維（Thomas Harvey）醫生對愛因斯坦驗屍的時候，有了這個念頭。他決定偷偷把愛因斯坦的腦保留下來，這違背了愛因斯坦家人的意願，當然他也不讓他們知道。

他可能有個模糊的念頭，認為保留愛因斯坦的腦，有天或許能破解天才之謎。他可能和許多人有同樣想法，認為愛因斯坦腦中某個特別部位，就是他莫大智能的核心。布瑞爾（Brian Burrell）在他的著作《來自腦博物館的明信片》（*Postcards from the Brain Museum*）推測，哈維大夫可能「在那個時候心慌意亂，在偉大人物之前驚呆了，但很快就發現眼前這塊肉根本不是自己嚼得動的。」

愛因斯坦的腦接下來的命運，比較像喜劇故事而非科學故事。多年之後，哈維博士承諾要公布對於愛因斯坦之腦的分析結果，但是他不是腦專家，只能一直找理由開脫。數十年來，腦就放在兩個充滿福馬林的玻璃罐裡，用木箱子裝著放在冰桶下面。他有一位技術人員，把腦切成兩百四十片。他偶爾會寄一些切片給想要研究的科學家。有一片就裝在美奶茲的罐子裡，寄給加州大學柏克萊分校的科學家。

四十年後，哈威開著別克雲雀轎車，載著用大塑膠罐裝著的愛因斯坦腦，希望把它還給愛因斯坦的孫女伊芙琳（Evelyn），但是伊芙琳拒絕接受。二〇〇七年哈維醫生去世，他的後人決定要把愛因斯坦的腦切片和其他部位捐贈出來，供科學研究。這段歷史太不尋常了，甚至拍成電視紀錄片。

不是只有愛因斯坦的腦留下來給後世子孫，一個多世紀之前，最偉大數學天才之一、「數學王子」高斯（Carl Friedrich Gauss）的腦也由一位醫生保留下來。當時人們還不了解腦的結構，因此除了知道他的腦有很多大得異常的腦回之外，沒有其他結論。

你可能會認爲愛因斯坦的腦和一般人大不相同，應該非常大，應該是某些區域大得異常。但事實恰好相反（略小於正常大小）。整體來說，愛因斯坦的腦滿普通的。如果神經學家不知道那是愛因斯坦的腦，可能不會多看一眼。

在愛因斯坦的腦中發現少許差異，但相當不起眼。他腦中稱爲角回（angular gyri）的部位比一般人大，兩個半球的頂下葉部位（inferior parietal region）比平均大小寬一五％。値得注意的是，腦中這些部位和抽象思考有關，負責控制書寫和數學使用的符號，以及處理視覺的空間內容。不過他的腦依然是在正常範圍，因此我們不清楚愛因斯坦的天才是源自於腦部的生物結構，或是來自於他的人格特質、看法，以及當時的情況。我曾經寫過一本愛因斯坦的傳記《愛因斯坦的宇宙》，對我來說，他生活中的一些特點很明顯的和他腦部非凡之處一樣重要。愛因斯坦常說：「我沒有什麼特殊天分……我只是無比好奇。」事實上，愛因斯坦坦承在年少時爲數學所苦，他有次對一群學生透露：「不論你們覺得數學有多困難，都不會比我以前覺得數學有多難！」所以，愛因斯坦爲何是愛因斯坦呢？

首先，愛因斯坦思考時，大多在設想「思考實驗」（thought experiment）。他是理論物理學家，而非實驗物理學家，因此他一直在腦中對未來進行精細模擬。換句話說，他的心智就是他的實驗室。

第二，很多都人知道，他花十多年進行一個思考實驗。在他十六到二十六歲之間，他專注於光的問題，並且思考如果速度超過光會如何，這導致狹義相對論的誕生，最後讓我們了解恆星的祕密，並且製造出原子彈。在二十六到三十六歲之間，他集中心力在重力理論，最後給我們關於黑洞和宇宙大霹靂的理論。從三十六歲之後到他去世之前，他試圖找出能統合所有物理的理論。顯而易見，能花十年或更多歲月在一個問題，顯示他在自己心中進行模擬實驗的堅強韌性。

第三，他的人格特質也很重要。他放蕩不羈，所以很自然的就會公然反對物理學中已經建立的信條。牛頓的理論在愛因斯坦之前兩百多年出現，是普遍被接受的主流理論，不是每個物理學家都具有膽量或想像力，足以挑戰牛頓的理論。

第四，那時候剛好適合愛因斯坦冒出頭。一九〇五年，有一些實驗破壞了陳舊的牛頓物理世界，很明顯的，新的物理將要誕生，只是等待一位天才指出道路。例如有一種神祕元素稱作鐳，在黑暗中能發出微光，就像是能量憑空製造出來，但這違背了能量守恆定律。換句話說，愛因斯坦出現得正是時候。如果有可能從愛因斯坦保存的大腦中複製另一個愛因斯坦，我懷疑這個人可能不會是下一個愛因斯坦。要讓天才出頭，也必須配合歷史氛圍。

這裡的重點在於，天才可能是生來的一些心智能力，再加上決心與幹勁，才能成就偉大事物。愛因斯坦的天才之處，可能是他特別能利用思想實驗來模擬未來，以圖像的方式打造新的物理定律。愛因斯坦自己曾經說過：「智能眞正的標記並非知識，而是想像力。」對於愛因斯坦來說，想像力意味著打破已知事物的疆界，進入未知的領域。

我們所有人出生之時，就具備某種程度的能力，這是由基因和腦的結構所設定，算是與生俱來，好壞由天。但是我們運用思想和經驗，以及模擬未來的方式，則是完全掌握在自己手中。達爾文曾經寫道：「我一直認爲，除了傻子之外，人們的才智差別不大，但是熱忱和刻苦程度有異。」

能透過學習成為天才嗎？

以上的說法讓我們重新思考這個問題：天才是後天還是先天？天性與教養之爭能解開智能的奧祕嗎？普通人能成爲天才嗎？

腦細胞有著難以生長的惡名，因此之前的看法是智能在成爲年輕人時，就已經固定下來了。不過新的腦科學研究越來越清楚，腦在學習的過程中會改變。雖然皮質中的腦細胞數量不會增加，但是每次學會一個新的作業時，神經元之間的連結便會改變。

例如在二〇一一年，科學家分析有名的倫敦計程車司機，他們得費力記得現代倫敦城中迷宮般的道路，街道數量高達兩千五百條，要花三到四年的準備才能應付考試，而只有一半新手司機能過關。

倫敦大學學院（University College in London）的科學家研究這些司機在考試前的腦部，然後三、四年之後重新檢查。這些通過考試的新手司機的後海馬回（posterior hippocampus）和前海馬回（anterior hippocampus）中的灰質比以前增加許多。我們知道海馬回是處理記憶的地方。（在測驗中，計程車司機的視覺資訊處理分數比一般人低，這可能是交換：學習那麼多資訊所付出的代價。）

英國威爾康信託（Wellcome Trust）資助這項研究，該信託基金的馬奎爾（Eleanor Maguire）說：「到了成年之後，人類的腦依然有『可塑性』，讓我們在學習新的作業時能適應。這項結果能鼓勵成年之後依然想要學習新技巧的人。」

小鼠也有類似情況，那些習得許多新技巧的小鼠腦部，和其他沒有學習這些技巧小鼠腦部，有些微差異。神經元的數量並沒有多大改變，但是學習過程使得神經元之間的連結性質發生變化。換句話說，學習眞的改變了腦部的結構。

這項結果應驗了「熟能生巧」這句俗諺。加拿大的心理學家赫柏（Donald Hebb）博士發現一項關於腦中神經線路連接的事實：當我們對某種技巧練習越多，腦中的某些線路就會受到增強，讓我們能比較輕鬆進行作業。電腦今天和昨天一樣笨，但是人腦是學習機器，每次學了新東西就有能力重新改變神經路徑。這是電腦和人腦的基本差異。

這種情況不只適用於倫敦的計程車司機，對於熟練的演奏會音樂家也是。艾瑞克森（K. Anders Ericsson）和同事研究德國柏林音樂學院（Berlin's elite Academy of Music）中大師級的小提琴家。頂級的演奏會小提琴家在二十歲之前，練習時數已經累積一萬小時，每週練習超過三十小時，眞是累垮人。相較之下，學業優異的學生只練習八千小時或更少。將來要當音樂老師的人只需要練習四千小時。神經學家萊維汀（Daniel Levitin）說道：「這些研究拼湊出來的圖像是，不論什麼技術，如果要達到世界級專家所具有的程度，要練習一萬個小時。他們研究的對象包括作曲家、籃球員、奇幻小說作者、溜冰選手、鋼琴演奏家、西洋棋士、犯罪大師，還有你能想到的職業都一樣，這個數字反覆出現。」葛拉威爾（Malcolm Gladwell）在他的書《異數：超凡與平凡的界線在哪裡？》（*Outliers*）稱這個現象為「一萬小時規則」。

如何測量智能？

但是智能要如何測量呢？許多年來，關於智能的討論都像是軼事傳聞。現在的磁振造影（MRI）研究指出，當我們在解數學的時候，腦中主要的活動出現於連接前額葉皮質（這個部位從事理性思考）和頂葉（負責處理數字）的線路。這個結果和愛因斯坦腦部結構的研究有關連，因為後者指出愛因斯坦的頂下葉比一般人大。要說數學能力和前額葉皮質和頂葉之間資訊流量的增加有關，是可想像的，但是腦中這個部位增大是因為努力工作和學習造成，或是愛因斯坦天生如此呢？答案還不清楚。

重要的問題是，還沒有眾所接受的智能定義，更別提科學家對智能的來源也沒有共識。如果我們要增進智能，這個答案就至為關鍵。

智商測驗與特曼博士

最常使用的測量智能方式是智商測驗，這個領域的先驅是美國史丹佛大學的特曼（Lewis Terman）博士，他在一九一六年改良比奈（Alfred Binet）為法國政府設計的測驗。數十年來，智商測驗成為測量智能的黃金準則。特曼一生致力提倡智能是能測量、與基因有關，而且是預測人生是否成功的最佳方式。

五年後，特曼在小學生身上開始一項研究：天才的基因研究（The Genetic Studies of Genius）。這是一項野心勃勃的計畫，在一九二〇年代，這項計畫的規模與時間長度都是空前。該計畫爲這個領域的研究定調，持續一整個世代。他的方法是記錄參與測驗者的一生是成功還是失敗，每個人的成就都彙整成厚厚的檔案。這些高智商的學生被稱爲「白蟻」（Termites）。

剛開始，特曼的想法看來完全成功，並且成爲兒童測驗的標準以及其他測驗的基礎。在第一次世界大戰時，一百七十萬名士兵接受智商測驗。但是多年以後，另一個數據逐漸描繪出不同的樣貌。數十年後，當初在智商測驗取得高分的兒童，比起一般水準的同儕，只有稍微比較成功。特曼當然可以自豪的指出，有些學生得了大獎，或是穩穩捧著金飯碗。但是大部分最聰明的學生就社會觀點來看是失敗的，從事粗重而沒有發展的工作，不然就是犯罪者或在社會邊緣過日子。這個結果困擾著特曼，讓他相當沮喪，因爲他貢獻一生就是要證明高智商等於成功的人生。

成功的人生和延遲享樂

史丹佛大學的米歇爾（Walter Mischel）博士在一九七二年採用不同的研究方式，他分析兒童的另一項特徵：延遲享樂（delay gratification）的能力。他率先採用「棉花糖測試」（marshmallow test）。在這項測試中問小朋友想先拿到一顆棉花糖，或是想等二十分鐘然後可以拿到兩顆棉花糖？六百位四到六歲的小朋友參與這個實驗。一九八八年，米歇爾訪問當初參加實驗的人，他發現決定延遲享樂的人，比起不願意的人能力更佳。

一九九〇年，另一個研究指出，延遲享樂和學術評量測驗（SAT）分數有直接相關性。另一個在二〇一一年完成的研究則指出，這個特質能延續一生。這些結果和其他的研究讓人大開眼界。那些展露延遲享樂特質的小朋友，後來在各種評估成功人生的測量分數都比較高，包括高薪的工作、不容易藥物成癮、較高的測驗分數、較高的教育成就，同時比較融入社會。

不過有趣的是，這些人的腦部掃描結果展露一個明確的模式。這些人前額葉皮質和腹側紋狀體（ventral striatum）的互動方式中有一個地方明顯不同，後者與成癮有關。這不讓人意外，因爲也稱爲快樂中樞的「依核」就位於腹側紋狀體中。所以腦中追尋快樂的部位和控制誘惑的理性部位會彼此競爭，如同本書第二章所討論的。

這個差異並非巧合，多年來許多各自獨立的團體測驗這個結果，都得到幾乎相同的答案。其他的研究也找到腦中前額葉和網紋體之間路線的差異，這個路線似乎控制著延遲享樂的作用。看來延遲享樂是成功人生密切相關的特質之一，而且會持續幾十年。

雖然這些都是粗略簡化的結果，但是這些腦部掃描的結果顯示，在前額葉皮質和頂葉之間的連繫，對於數學和抽象思考很重要。另一方面，前額葉皮質和邊緣系統（包括意識控制情緒和快樂中樞）的連接似乎對成功的人生而言是必須的。

威斯康辛大學麥迪遜分校的神經科學家戴維森（Richard Davidson）對此提出結論：「你在學校的成績，你在學術評量測驗的分數，對於你人生是否成功的影響，不如你與人合作的能力、控制情緒的能力、延遲享樂的能力，以及集中注意的能力。所有的資料都顯示，比起智商或是學校成績，後面這些技能更重要。」

測量智能新方法

很明顯，要有新的方法能測量智能與成功人生之間的關連。智商測驗沒有用，不過的確能測量智能中某一個有侷限的形式。《腦：完整的心智》（*Brain: The Complete Mind*）一書的作者史威尼（Michael Sweeney）指出：「這些測驗無法測量出動機、毅力、社交技巧，和其他許多會影響我們人生的特質。」

這些標準測驗共同的問題是，包含由文化所造成的下意識偏見。此外，這些只能評估某一種特殊的智能形式，心理學家稱之爲「收斂性智能」（convergent intelligence）。收斂性智能專注於單線性的思維，而忽略智能中比較複雜的「發散」（divergent）形式，後者與評估多種不同因子有關。例如在第二次世界大戰期間，美國空軍要求心理學家設計一份測驗，好評估飛行員的智能，以及處理突發危急狀況的能力。其中一個問題是：如果你被擊落而深陷敵陣，必須回到我方戰線，你要怎麼做？測驗結果與一般所想的完全不同。

大部分的心理學家預期，高智商的飛行員在測驗中得分會比較高，事實卻相反。能進行發散性思考的飛行員得分最好，他們能用多種不同的方式思考。例如，那些高分的飛行員能設想各種非正統和深具想像力的方法，在被敵人抓到之前逃出。

收斂性思考和發散性思考也在左右腦切分的病人研究中出現，而且很明顯的，兩個半球各自爲兩種思考的主要部位。德國弗爾達（Fulda）的醫師克拉夫特（Ulrich Kraft）寫道：「左腦負責收斂性思考，而右腦負責發散性思考。左腦會檢驗細節，並且以邏輯分析細節，但是缺乏推翻成見、建立抽象連結的意識。右腦比較具有想像力和直覺，傾向於整體思考，把片段的資訊拼湊成完整的相貌。」

在本書，我的看法是人類的意識能創造世界的模型，然後用這個模型來模擬未來，好達成目標。展露發散性思考的飛行員，能正確的模擬許多有可能發生而且更複雜的未來。同樣的，在著名的棉花糖實驗中，長於延遲享樂的兒童很明顯的比較有能力模擬未來，可以看到長時間後的回報，而不是短期投機的方案。

比較精緻複雜的智力測驗，能直接測出某個人模擬未來的能力。這種測驗很難設計，但並非不可能。我們可以要這個人針對一個遊戲，盡可能設計出許多未來可行的方案，能在遊戲中勝出。評分是依照這個人能想像出來的模擬數量，以及所有因果關連的數量。新的方法不會測量一個人單純理解資訊的能力，而是測量一個人利用資訊、建立模型，以完成更高目標的能力。例如，可能會問某個人要如何逃出滿是飢餓野生動物和毒蛇的荒島。他可能要把所有能求生的方式列下來，躲避危險的動物，然後離開小島。他會精心繪製一個可能結果與未來的因果樹狀圖。

從以上討論我們會看到一條主線，引導出智能似乎與複雜性有關，我們能利用智能來模擬未來的事件，這和我們之前關於意識的討論也吻合。

目前世界各地從事電磁場、基因學和藥物治療的實驗室，都快速取得進展。在這種情況下，有可能不只是測量我們的智能，而且還能增長智能，讓我們成爲下一個愛因斯坦嗎？

讓智能大幅增強

一九五八年的小說《獻給阿爾吉儂的花束》（*Flowers for Algernon*），在一九六八年改編成奧斯卡得獎作品《落花流水春去也》（*Charly*），這本書探究了增強智能的可能性。在小說中，我們看到主角高登（Charly Gordon）悲慘的生活，他的智商只有六十八，在麵包店做著卑微工作。他的生活簡單，也不能了解他的同事一直拿他開玩笑，甚至不知道如何拼自己的名字。

他唯一的朋友是愛麗絲（Alice），她是一位可憐高登的教師，試著教他認字。不過有一天，科學家發現一種可以馬上讓普通小鼠具有智能的新方法。愛麗絲聽到這個消息，決定把高登介紹給這些科學家，他們同意進行第一次人類試驗。在幾星期內，高登明顯改變了，他使用的字彙增加了，貪婪的閱讀從圖書館借來的書，甚至成爲女性的白馬王子，他的房間則滿是現代藝術品。不久之後，他開始研讀相對論和量子理論，並且拓展先進物理學領域。最後他與愛麗絲成爲戀人。

但是後來醫生注意到小鼠慢慢的失去能力，然後死亡。高登了解他可能會失去一切，便拼命的用他超人的智能想要找出療法，但是他只能眼睜睜的看著自己衰退。他的字彙變少了，也忘記數學和物理，慢慢轉變成爲原來的自己。最後一幕，傷心的愛麗絲看著高登和小朋友一起玩耍。

小說和電影氣氛悲愴，廣受好評，沒有被當成單純的科幻小說。劇情感人而且充滿原創性，不過能讓一個人智能大增的想法非常荒謬。當時科學家說腦細胞無法再生，電影情節不可能發生。

但現在不一樣了。

雖然現在依然不可能讓你的智能大增，不過在電磁感測器、基因學和幹細胞等領域的快速進展，讓這件事有可能發生。目前科學家對於「自閉學者」（autistic savant）特別感興趣，這些人具有超常、過人的能力，完全出乎想像。更重要的是，普通人如果腦部受到特殊創傷，也能很快得到近乎奇蹟的能力。有些科學家甚至相信，這些不可思議的能力或許能用電磁場激發出來。

這些「學者」是超級天才嗎？

Z先生九歲時，有顆子彈穿過他的顱骨。他沒死，但如同醫生害怕會發生的，子彈在他的左腦造成大範圍損傷，使得他的身體右側癱瘓，也讓他終身又聾又啞。不過子彈造成奇特的副作用，Z先生有超卓的機械技術以及非凡的記憶力，這是「學者」典型的特徵。

Z先生並非特例。一九七九年，十歲男孩西瑞爾（Orlando Serrell）的頭部左側被棒球擊中，陷入昏迷。醒來後他先是抱怨頭很痛，後來疼痛慢慢消失，他變得能進行驚人的數學計算，還有近乎照相般的記憶力，能記得生活中的事情，能計算數千年後的日期。

全世界約有七十億人，這種驚人的「學者」有記錄的約有一百人。如果把心智能力傑出但非超人也算進來，這個數字會增加許多。有人相信大約一成的自閉症者具有某些「學者」能力。科學目前還不了解這些「學者」的能力從何而來。

有幾種形式的「學者」引起科學家好奇。大約有一半「學者」有某種形式的自閉，另一半則有其他形式的心智疾病或是心理疾病。他們的社會互動通常有問題，因而離群索居。

另一種是「後天學者症候群」（acquired savant syndrome），這些人原本很平凡，後來腦部遭受嚴重外傷，例如頭撞到游泳池底，或是被棒球、子彈打到，幾乎都是在左腦。不過有些科學家認爲這樣的區別會造成誤解，因爲大部分學者技巧都是後天養成的。自閉型學者大約在三、四歲開始展露特殊能力，可能是自閉症（就像是腦中發生爆炸）造成這些能力。對於這些能力的起源，科學界還沒有共識。有些人相信這些人生來就如此，所以每個人的異常都是獨一無二、自成一類。即使他們的力量需要用一顆子彈喚醒，也是在出生時就由腦部結構所決定了。

有些人宣稱這種想法違反演化，因爲演化隨著長時間逐漸累積。如果眞是如此，那麼這類技巧就無法學習或轉移。如果眞的有學者型天才存在，那麼其他人應該也具備類似能力，只是潛伏著而已。如此看來，這是否意味著有天我們可以隨意啓動這些神奇的力量呢？有些人如此確信，甚至有人已經發表論文宣稱，所有人都潛藏一些學者技能，利用電磁掃描器（electromagnetic scanner）發出的磁場就能讓這些潛能浮現。另外有人認爲學者技能與遺傳基因有關，如果這樣，那麼基因療法就能重新打造出這種驚人的能力。也有可能透過培養幹細胞，使前額葉皮質和腦中其他重要部位的神經元數量增加，藉此增強我們的心智能力。

這些想法引發許多推測和研究，以後醫生有可能恢復阿茲海默症造成的腦部破壞，或是讓人類的智能增加。這些可能性都非常引人注目。

一七八九年，拉許（Benjamin Rush）首次記錄「學者」的個案，他研究一個看起來心智有缺陷的人，他問病人：一個活了七十年十七天又十二小時的人，一共活了多少秒？病人只花九十秒就算出正確答案：二十二億一千零五十萬零八百秒。

美國威斯康辛州的醫生崔佛特（Darold Treffert）長時間研究這些「學者」，他敘述一位盲眼「學者」被問到一個簡單問題：如果在西洋棋盤的第一個方格中放一粒玉米，第二格放兩個，第三格放四個，以此類推，全部的六十四方格總加起來有多少粒玉米？盲眼「學者」只花四十五秒就算出正確答案：一千八百四十四萬六千七百四十四兆七百三十七億九百五十五萬一千六百一十六粒。

最有名的「學者」可能是已逝的皮克（Kim Peek），電影《雨人》（*Rain Man*）就是以他爲靈感拍攝，由達斯汀・霍夫曼（Dustin Hoffman）和湯姆・克魯斯（Tom Cruise）主演。雖然皮克的心智障礙非常嚴重（他無法自理生活，幾乎無法自己綁鞋帶和扣鈕釦），但是他記下一萬兩千本書的內容，能逐字逐句讀出任何一頁內容。（他背一本書約一個半小時，但是讀法異常。他能同時用左右眼各自讀書的左右頁。）雖然他非常害羞，但是最後開始樂於在觀眾面前表演令人目眩神迷的數學技能，而觀眾會提出艱難的問題。

科學家當然要小心翼翼區分眞正的學者技巧和單純的記憶把戲。學者的技巧不只限於數學，有時候也會延伸到難以置信的音樂、藝術和機械能力。由於自閉型學者難以用語言表達自己的心智程序，另一個研究這些學者的方法是訪談有亞斯伯格症候群（Asperger's syndrome）的人，這是一種比較輕微的自閉症形式。到了一九九四年，亞斯伯格症候群才被區別出來成爲一種特定的心理症狀，因此這個領域的研究還很少。亞斯伯格症候群和自閉症患者一樣，不容易和其他人進行社會互動，但是適當訓練後，他們能學到足夠取得工作的社交技巧，並且敘述自己的心智過程。亞斯伯格症候群患者中有部分人具有卓越的學者技能，有些科學家相信，許多偉大的科學家患有亞斯伯格症候群，這或許能解釋有些物理學家遁世的天性，例如牛頓和狄拉克（量子理論的奠基者之一）。特別是牛頓，連與人稍微聊天的能力都沒有，已經算是病態了。

我有幸訪問一位這樣的人物：譚米特（Daniel Tammet），他寫過一本暢銷書《星期三是藍色的》（*Born on a Blue Day*）。在那些值得注意的學者中，他幾乎是唯一一位能在書中、廣播和電視訪談中說明自己思緒的人。對幼年時很難和其他人建立關係的人而言，他現在已經能掌握溝通技巧。

譚米特的著名事蹟是背幾何學重要數字「π」最多位數的記錄保持人。他能背「π」到小數點後兩萬兩千五百一十四位。我問他是如何準備這項艱鉅工作，他說每個數字都會讓他聯想一種顏色或質地。接著我問他最重要的問題：如果每個數字都有一個顏色或質地，那麼要如何記得數十萬的數字呢？很遺憾，那時他說他不知道，還不知道為什麼。在他還小的時候，數字就是生活的一切，因此他心中很容易出現數字。他的心中持續有許多數字和顏色。

亞斯伯格症候群和矽谷

到目前的討論似乎放在抽象的事物，沒有直接和我們日常生活直接相關。但是具有輕微自閉症或是亞斯伯格症候群的人所造成的影響，可能比我們之前所想的還要廣泛，特別是在高科技領域。

在熱門電視影集《宅男行不行》（*The Big Bang Theory*），我們看到幾位年輕科學家（主要是書呆子物理學家）追求女性時古怪可笑的一面。每一集都有讓人捧腹大笑的事，揭露他們在求偶努力上有多愚蠢和可悲。

在這個電視影集，有個心照不宣的假設就是他們的智力程度和古怪程度並駕齊驅。聽說有許多人注意在矽谷的高科技專家中，缺乏社交技巧的人占比要高出平常。在那些工程專業的大學中，男女比例懸殊，有利女性擇偶，但是這些大學的女性科學家有一句話說：「機會很多，好機會很少。」

科學家開始調查這個讓人起疑的想法，背後的理論是亞斯伯格症候群患者和其他輕微自閉症患者，具有的心智能力很適合某些領域，例如資訊科技業。倫敦大學學院的科學家測試十六位被診斷出有輕微自閉症類型的人，和十六位正常的人比較。兩群人都會看一連串幻燈片，上面滿是隨機的數字和字母，但是模式會越來越複雜。

實驗結果顯示，具有自閉症的人處理這項作業的能力超高。如果作業內容變得更難，兩群人之間智能技巧的差異就開始變大，自閉者的表現明顯優於對照組。這個試驗還指出，比起對照組，這些人更容易因為外來的噪音或是閃光而分心。拉維（Nilli Lavie）博士說：「我們的研究確定了假設：比起一般人，自閉症的人感知能力比較高……自閉症者比一般成年人能察覺更多資訊。」

這個實驗當然不是要證明智能傑出的人都有某種程度的亞斯伯格症候群，不過實驗結果的確指出，在需要智能專注的產業，亞斯伯格症候群患者所占的比例會比較高。

掃描學者的腦部

「學者」這個議題一直被口耳相傳的驚人軼聞所掩蓋，但是最近由於磁振造影（MRI）和腦部掃描的發展，讓整個領域有天翻地覆的改變。

例如皮克的腦就很不尋常。MRI掃描的結果顯示，他的腦少了連接左腦和右腦的胼胝體，這或許是他能同時讀兩頁的原因。他的運動技巧很差，與此相應的是變形的小腦（負責控制平衡）。可惜的是MRI掃描無法揭露他超常的能力和照相記憶從何而來。不過腦部掃描顯示，許多後天的學者症候群患者左腦遭遇過損傷。

科學家最感興趣的部位是左前顳眼窩額葉皮質（left anterior temporal orbitofrontal cortex）有些人認爲不論是自閉症、受傷或亞斯伯格症候群，所有的學者技能都是因爲左顳葉中特殊部位發生損傷所造成。這個部位的功能像是「監察官」，會定期驅走無關的記憶。左腦發生損傷之後，右腦就會開始取而代之。右腦要比左腦重視精確（左腦常扭區現實、虛構故事）。事實上，有人相信左腦受傷之後，右腦必須額外辛苦工作，因此發展出的學者技能只是結果而已。例如右腦比左腦更有藝術傾向，但左腦會限制這種天分，並加以控制。不過一旦左腦受到某種形式的傷害，右腦的藝術能力受到的束縛便解開了，使得藝術天才爆發。因此，要讓學者能力展現可能要抑制左腦，讓左腦不再遏止右腦的藝術天分。有時候這種現象稱爲「左腦受傷、右腦補償」。

一九九八年，加州大學舊金山分校的米勒（Bruce Miller）博士展開一系列研究，似乎能爲這個想法背書。他同時研究五位開始有額顳葉失智症（frontotemporal dementia, FTD）跡象的一般人。隨著這些人失智症加劇，學者技能也慢慢浮現。當失智症最惡化時，其中幾個人開始展露不凡的藝術能力，而之前他們都沒有展露這方面的天分。此外，他們展現的能力都是典型的學者行爲。他們的能力在於視覺藝術，而非聽覺藝術；他們的藝術作品雖然精彩，但是內容重複、缺乏原創、抽象和象徵。（有一位病人在研究期間病情好轉，但是她顯露的學者技能也隨之減少。這意味著左顳葉病症的出現，和學者技能的出現有密切關連。）

米勒的分析結果顯示，左前顳皮質和眼窩額葉皮質的退化，可能會讓右腦視覺系統受到的抑制減少，因此讓藝術能力增加。在此我們又看到左腦特殊部位的損傷，會迫使右腦掌權並且加以發展。

除了來自學者的證據，過度記憶症候群（hyperthymestic syndrome）患者也有照相記憶，他們的腦部也接受ＭＲＩ掃描。這些人並沒有自閉症和心理疾病，但是他們共有一些技能。美國的記錄中只有四位眞的有照相記憶，其中一位是普萊斯（Jill Price），她是洛杉磯一間學校的行政人員，能精確回憶數十年每一天所做的每件事，但是她也抱怨自己難以把一些念頭從腦中抹去。她的腦的確像是「停在自動飛行狀態」。她把自己的記憶比喻成用分割畫面在看世界，過去和現在持續競爭，想要引起她的注意力。

從二〇〇〇年以來，加州大學爾灣分校的科學家就持續掃描她的腦，的確發現她的腦並不尋常，其中有數個部位比正常人大，例如與形成習慣有關的尾核（caudate nuclei），以及能儲存事實與圖形的顳葉。有個理論指出，這兩個部位並肩合作，讓她有照相記憶。因此她的腦和由左顳葉損傷所造成學者不同。這種現象的成因不明，但能指出一個人得到這種驚奇心智能力的可能途徑。

我們能成為「學者」嗎？

上面種種案例，都引發出一種可能性：我們可以刻意小心的讓左腦的某些部位不活動，使得右腦的活動增加，迫使腦部得到學者的能力嗎？有一種方法可以有效讓腦中某些部位不活動，稱爲經顱磁性刺激（transcranial magnetic stimulation, TMS）。如果有這種技術，我們爲何不用TMS抑制左前顳眼窩額葉皮質的活動，隨意啓動學者般的技能呢？

的確有人嘗試過。數年前，澳洲雪梨大學的史奈德（Allan Snyder）博士宣稱，利用TMS刺激受試者的左腦某部位，這些受試者馬上具有學者般的技能。這當然立刻成爲報紙頭條新聞。原則上，把低頻電磁波射入左腦，能關閉腦中居於主宰的部位，讓右腦取而代之。史奈德博士和同事對十一位男性志願者進行這項實驗，他們把TMS射到受試者的額顳葉區域，同時讓受試者進行閱讀和繪圖試驗。這樣並沒有讓受試者產生學者技能，但是其中兩位在校對和找出重複字時能力明顯增強。另一個實驗，楊（R. L. Young）博士和同事對十七人進行一連串的心理測驗，這些測驗是專門爲了測試學者技能而設計。這類的測驗能分析一個人記下事實、處理數字與日期、創造藝術品或是重述音樂的能力。報告指出，其中五人接受TMS之後，學者般的技巧有增進。

史威尼博士觀察到，「把TMS用到前額葉時，結果顯示能加強認知處理過程的速度和靈活度。TMS激發的效果像是在某處放了一撮咖啡因，但是沒有人確實知道磁場是如何發揮功用。」這些實驗並沒有證明TMS眞的有效，但是指出線索：讓左額顳葉中的某部分停止活動，能增進某些技能。不過這些技能還遠不及學者的能力，而且其他研究團隊仔細研究這些實驗，也無法得出定論。我們還有更多實驗需要完成，哪一種方式才是對的？目前論斷還太早。

TMS是達成這個目的最容易也最便利的方法，因爲利用TMS儀器可以任意選擇讓腦的各個部位停止活動，不需要靠腦部損傷或是意外傷害。不過要指出的是，TMS還相當粗糙，會同時讓數百萬的神經元停止活動。磁場與用電的探針不同，沒有那麼精確，會散開到數公分。我們知道那些學者可能是因爲左前顳眼窩額葉皮質有損傷，只有一部分人因而得到獨特技能，但是應該受到抑制的可能是更小的特定區域。所以TMS可能會不愼讓一些要維持功能，使學者般技能展現出來的區域失去活性。

將來TMS或許能將照射範圍縮窄到針對腦部能引發學者技巧的相關區域。一旦這個區域找出來了，下一步就是用能精確使用的電探針，例如用在深層腦刺激術的那種，更精確的抑制這些區域的活動。然後只要按下按鈕，就可能用探針讓腦的這個小小部位無法活動，引發學者般的技能。

遺忘如何遺忘與照相記憶

雖然學者技能或許可由左腦上的某些損傷（造成右腦來補償）而啓動，但是依然沒有眞正解釋爲何右腦能展現這些神奇的記憶能力。照相記憶是由什麼神經機制造成的呢？我們是否能成爲學者，取決於這個問題的答案。

不久前，大家認爲照相記憶是因爲有某些腦擁有某些特殊的記憶能力，一般人可能難以學習這種記憶技能，因爲只有特殊的腦才能達成。不過到了二〇一二年，新的研究指出，事實可能完全相反。

照相記憶的關鍵，可能不是腦部驚人的學習能力，相反的，是失去「遺忘」的能力。如果這個說法是眞的，那麼照相記憶其實不是什麼神祕力量。

位於美國佛羅里達州的斯克里普斯研究院（Scripps Research Institute）的科學家，用果蠅進行新的實驗，他們發現果蠅一種有趣的新學習方式，可能完全顚覆以前我們固守的記憶形成與遺忘的觀念。科學家先是讓果蠅聞一些味道，然後用食物給予正面強化，再用電擊給予負面強化。

科學家知道神經傳導物質多巴胺對記憶的形成很重要，但是他們驚訝發現，多巴胺會積極調節新記憶的形成，以及新記憶的遺忘。在產生新記憶的過程中，「dCAI」受體受到活化。另一方面，遺忘的過程是由「DAMB」受體的活化所引發。

以前大家認爲，之所以會遺忘，是因爲記憶隨著時間流逝而減少，是被動的過程。但新的研究指出，遺忘是主動的程序，需要多巴胺的介入。

這些科學家爲了證明自己的觀點，便透過實驗而得到結果：如果干擾dCAI和DAMB受體的活性，便能任意增進或抑制果蠅記憶和遺忘的能力。例如在在dCAI受體上製造一個突變，果蠅的記憶能力就受損了。如果突變發生在DAMB上，遺忘的能力就降低了。

這些研究人員推測，這個效應可能是造成學者技能的原因之一，學者遺忘的能力或許不足。研究生貝利（Jacob Berry）參與這個實驗，他說：「學者的記憶力超強，但可能不是記憶造成這種技能，而是他們遺忘的機制壞掉了。這個看法或許能發展成促進認知與記憶藥物的策略，也就是抑制遺忘但增進認知的藥物。」

假設這個實驗使用在人類能成功，或許能鼓勵科學家開發新的藥物和神經傳導物質，以便抑制遺忘的過程。說不定其中會有一種抑制遺忘的程序，因而選擇性的開啓照相記憶。這樣我們就不會被源源不絕的外來無用資訊淹沒，因爲有學者症候群的人在思考時會受這種情況干擾。

美國總統歐巴馬政府大力支持的「腦計畫」（BRAIN project），可能找出和後天性學者症候群有關的特殊神經路線，這種可能性令人興奮。經顱磁場目前依然範圍太廣，無法找出可能參與這個過程的神經元，但是利用奈米大小的探針和最先進的掃描技術，腦計畫或許能精確找出讓照相記憶及神奇計算、藝術和音樂技能成眞的神經線路。這個計畫將投入數十億美元，以確認出和心智疾病與其他腦部疾病有關的神經路線，也會揭露學者技能的祕密，這時就有可能讓一般人變成「學者」。這種狀況在以往因爲意外，發生許多次。未來有可能變成精確的醫學程序，時間會給我們答案。

到目前爲止所分析的方法，並不會改變腦的本質。利用磁場能，我們可以期待讓腦中已經具備但是潛伏的能力釋放出來。這個概念背後的哲學是，我們都是「學者」，只是等著潛能被激發出來。只要稍微改變我們的神經路線，就能釋放隱藏的天賦。

另一個策略是利用最先進的科學和基因學技術，直接改變腦和我們的基因。其中一種大有可爲的方法會利用幹細胞。

給腦使用的幹細胞

許多年來，有關腦的信條是「腦細胞不會再生」。看來要修補老舊瀕死的腦細胞，或是用新的腦細胞增進能力，是不可能的事情。不過在一九九八年情況改變了。科學家在這一年發現海馬回、嗅球和尾核中的成體幹細胞。簡單說，幹細胞是「所有細胞之母」，例如胚胎幹細胞能發育成爲其他種類的細胞。雖然我們身體中每個細胞都有打造完整身體所需的基因物質，但是只有胚胎幹細胞具有分化成爲身體中所有種類細胞的能力。

成體幹細胞已經失去這種變色龍般的能力，但是依然能複製並且產生新細胞，取代舊的、瀕死的細胞。爲了要增進記憶力，科學家便集中注意海馬回中的成體幹細胞。後來發現，海馬回每天會有數千個新細胞誕生，但是這些細胞很快就死亡了。不過後來科學家發現，如果大鼠學了新技能，保留下來的新細胞會比較多。運動加上能振奮情緒的藥物，也能使海馬回中新細胞的存活率大爲提升。相反的，壓力會加速新細胞死亡。

二〇〇七年，日本和美國威斯康辛大學的科學家有了重大突破：他們重新設定人類皮膚細胞的基因，讓這些細胞轉變成幹細胞。人們希望，不論這些幹細胞是身體本來就有，或是經由基因的工程技術改造，有一天能注射到阿茲海默患者的腦部，以取代將要死亡的細胞。（新的腦細胞還沒有與其他細胞產生適當的連結，並沒有納入腦的神經結構中，必須經由重新學習某些技能，才能讓這些全新的神經細胞加入神經網路。）

幹細胞研究很自然的成爲腦研究中最活躍的領域之一。瑞典卡洛林斯卡學院（Karolinska Institute）的弗瑞森（Jonas Frisen）說：「現在幹細胞研究和再生醫學處於極爲刺激的時期。我們得到新知的速度非常快，有許多公司成立了，並且開始各方面的臨床研究。」

智能的基因學

除了幹細胞之外，另一個研究方向是找到和人類智能有關的基因。生物學家注意到，人類和黑猩猩之間的基因有九八．五％是相同的，但是人類的壽命是黑猩猩的兩倍，而且六百萬年來，大幅拓展了智能。因此，一定有些基因負責讓我們有人類這樣的頭腦。在接下來數年，科學家將會得到這些差異的完整圖譜，人類壽命較長與高智能的祕密，可能隱藏在這一小群差異中。目前科學家已經集中研究，可能驅動人類頭腦演化的一些基因。

要揭開智能祕密的線索，或許就要了解和猿類相似的人類祖先。這又引發另一個問題：這項研究有可能讓《決戰猩球》（*Planet of the Apes*）這部影片中的情節發生嗎？

在這個每集間隔很長的系列電影中，核子戰爭摧毀現代文明，人類退化成原始人。但是還有更糟糕的，放射線使得其他靈長類演化速度變快，因此他們成爲主宰地球的物種。他們創造了先進的文明，人類則衣衫不整、渾身發臭，變成半裸著在森林中遊蕩的野蠻人。更慘的是，狀況完全反過來，人類還變成動物園中的動物，那些猿類會睜大眼睛在籠子外面看著人類。

系列中最新的一部是《猩球崛起》（*The Rise of the Planet of the Apes*），片中的科學家在研究治療阿茲海默症的方法，他們偶然發現一種病毒，其中帶有的基因恰好可以增加黑猩猩的智能。很不幸的，這些智能增進的黑猩猩中，有一隻在靈長類收容所遭到殘酷對待。這隻黑猩猩運用自己的智能逃脫了，並且用那種病毒感染收容所中的其他動物，讓牠們的智能大增，也把牠們全部從籠子裡釋放出來。很快的，這些具有智能的猩猩暴亂了，牠們衝上金門大橋，壓制當地警察和州警。電影結尾，這些猩猩在與人類光輝而艱辛對抗之後，牠們在大橋北方找到能受到庇護、和平度日的紅木森林。

這樣的劇情可能成眞嗎？三個字「不可能」，但是未來的可能性則不排除。因爲未來數年，科學家將能把打造人類的所有基因變異，都分門別類的記錄下來。不過要見到高智能的猩猩之前，還有更多謎需要解開。

有一位科學家並沒有受到科幻小說吸引，而是著迷於是什麼東西造就「人類」，她是生物資訊（bioinformatics）專家波拉德（Katherine Pollard）。生物資訊這個領域大約在十年前誕生，在這個領域中，科學家不會爲了研究動物的組成方式而把動物切開來，而是利用電腦強大的運算能力，以數學的方式分析動物的基因。在探討哪些基因讓人類與猿類不同的研究中，她總是戮力以赴。二〇〇三年，她剛從加州大學柏克萊分校拿到博士學位，那時她的機會來了。

她回憶：「突然有機會加入一個國際團隊，一起研究黑猩猩的DNA鹼基，也就是『字母』。」她的目標很明確。她知道人類的基因組中有三十億個字母，但是人類和基因最相近的黑猩猩只有一百五十萬個，這便造成牠們和人類的不同。（基因密碼上每個「字母」代表著一個核甘酸。一共有四個字母：A、T、C、G。因此我們的基因組中三十億個字母，會像是ATTCCAGG……這樣排列。）

她寫道：「我決定要找出這些差異。」

找到這些基因對於人類的未來會有重大影響。一旦我們知道哪些基因和智人的出現有關，就可能知道人類是如何演化。智能的祕密可能隱藏在這些基因中，甚至有些可以加快演化的速度、增進智能。不過就算是一百五十萬個鹼基對，分析起來也是很大的數量。要如何在基因大海中撈到這些基因細針呢？

波拉德知道人類的基因組中大部分是「垃圾DNA」（junk DNA），其中沒有基因，通常也不會受到演化的影響。這些垃圾DNA突變的速度慢（大約四百萬年才有一%的改變）。我們知道人類和黑猩猩的DNA只有一．五%的差距，因此可以推算人類和黑猩猩大約在六百萬年前分開。我們每個細胞中都有一個「分子時鐘」。由於演化會加速這個突變速率，分析哪些區域突變加速了，就知道那些區域的基因受到演化的驅動。波拉德推論的結果是，如果她可以寫出一個電腦程式，找出人類基因組中大部分有加速改變的位置，她就能精確找出讓智人誕生的基因。經過數個月辛勞和排除錯誤之後，她終於把程式輸入加州大學聖克魯茲分校的巨大電腦，然後焦急等待結果。

電腦分析的結果終於出來了，其中有她要的結果：在人類的基因組中，有兩百零一個區域顯示曾加速改變，不過其中第一個引起她的注意。

她回憶：「我的指導教授郝斯勒（David Haussler）站在我身後。我看著第一條，那是有一百一十八個鹼基的片段，後來稱爲第一人類加速區（human accelerated region 1, HAR1）。」她陷入狂喜。找到了！宛如美夢成眞，她寫道：「我們中了頭獎！」她從人類基因組中，只有一百一十八個鹼基長的區域開始。這個區域只有十八個鹼基與猿類不同，卻已經是人類與猿類差異最大的片段。她傑出的發現顯示，只要一些突變，就足以讓我們從基因的泥沼中崛起。

接下來她和同事嘗試解開稱爲ＨＡＲ１的謎團。她們發現在數百萬年的演化裡，這個片段相當穩定。靈長類和鳥類大約在三億年前分開，黑猩猩和雞之間的ＨＡＲ１片段中只有兩個地方不同。換句話說，在將近三億年中，ＨＡＲ１中只有兩個地方改變，鹼基分別爲Ｇ和Ｃ。接下來在僅僅六百萬年中，ＨＡＲ１突變十八次，這意味著在人類的演化中超快速的改變。

不過更有趣的是，ＨＡＲ１在控制大腦皮質整個架構（大家都知道那皺皺的模樣）所扮演的角色。ＨＡＲ１上面有缺陷，所造成的疾病是「平腦症」（lissencephaly），就是皮質的摺疊方式不正確。（這個區域的缺陷也和精神分裂症有關。）人類的大腦皮質除了大以外，另一個主要特徵是含有許多皺褶和腦回，使得表面積增加，計算的速度也因此增加。波拉德博士的研究指出，單是改變基因組中十八個字母，就成爲人類歷史中重大的事件之一。（還記得歷史上最偉大的數學家高斯，他死後腦有保存起來，其中的皺褶方式與眾不同。）

波拉德博士的清單中還找出其他數百個變化加快的區域，其中有些已經有了名字，例如ＦＯＸ２（譯註：應該是ＦＯＸＰ２），這對人類發展語言至關重要，語言是人類另一個重要特徵。（如果某個人的ＦＯＸ２基因有缺陷，臉部會難以作出與說話有關的運動。）另一個稱爲ＨＡＲ２的區域，能讓手指靈巧活動，使得我們能操作精細的工具。

此外，尼安德塔人的基因組序列已經定出來了，他們與人類的親源關係，比黑猩猩還要近，因此我們可以比較尼安德塔人和人類的關係。科學家分析尼安德塔人的FOX2基因，發現兩者的這個基因是相同的，這意味著尼安德塔人和人類一樣，能說話、有語言。

另一個重要的基因稱爲ASPM，被認爲和人類腦部能力的爆炸性成長有關。有些科學家相信，這個基因和其他基因或許能解釋爲何人類有智能而其他的猿類沒有。如果某個人身上的ASPM異常，通常會產生小頭症（microcephaly），這是一種嚴重的心智退化疾病，頭顱會非常小，大約只有人類遠祖中的南猿（Australopithecus）的頭那麼小。

科學家追蹤ASPM基因的突變歷史，發現在六百萬年前人類遠祖和黑猩猩分開之後，這個基因的突變速度增加十五倍。這些基因中比較晚發生的突變，似乎和人類說話的重要步驟相關。例如，有一個突變發生在數十萬年前現代人類在非洲出現的時候，那些人類在外觀上和我們相同。在五千八百年前發生的最新突變，則和文字與農業的興起同一時間。

由於這些突變時間和人類歷史中智識快速成長的階段同時發生，因此讓人不得不推斷，在那些基因中，ASPM負責的是讓人類的智能提升。如果這是眞的，我們可以看看這些基因現在是否依然活躍，以及它們是否在未來影響人類的演化。

這些研究引發的問題是：能操縱這些基因使得人類的智能增進嗎？

很有可能。

科學家正在快速研究這些基因助長智能的精確機制，特別是HAR1和ASPM和腦部之謎有關的基因。如果你的基因組大約只有兩萬三千個基因，這些基因要怎樣才能控制千億個神經元？要如何連接？這些連結總加起來的數量是一千的五次方，也就是一後面有十五個零。這在數學上是不可能的，這麼多的神經連結約爲人類基因組的萬億倍，基因組太小了，不可能記錄所有的連接方式，因此看來在數學上是不可能的。

答案可能在於腦形成的時候抄了許多捷徑。首先，許多神經元彼此是隨意連接的，因此不需要詳細的藍圖。這意味著，這些隨意連結的區域在嬰兒出生與環境互動之後，自己會組織起來。

第二，大自然會重複使用模組。當大自然發現某個東西好用的時候，通常會重複利用。這或許能解釋爲何改變基因就會使智能在最近六百萬年爆發性的成長。

在此，大小也很重要。如果我們稍微改進ＡＳＰＭ和一些其他基因，腦部可能會變得更大更複雜，我們的智能就有可能增加。（單單增加腦部的大小不足以增加智能，因爲腦的組織方式也非常重要。但是，腦部的灰質增加是智能增加的必備先決條件。）

猿類、基因和天才

波拉德博士的研究集中在人類基因組中和黑猩猩共有但是突變的區域，不過有些區域可能只有人類才具備而黑猩猩沒有，最近就發現一個這樣的基因。二〇一二年十一月，由英國愛丁堡大學一個團隊所領導的科學家找到ＲＩＭ－９４１，這個只有在智人身上才有、沒有在其他靈長類中發現的基因。同時，基因學研究者也指出，這個基因大約在六百萬到一百萬年前才出現。（人類和黑猩猩是在六百萬年前就分開了。）

但是很不幸，這個發現在科學新聞網站和部落格上掀起一陣風暴，掃遍整個網際網路，只因爲用了誤導讀者的標題。這些扣人心弦的文章宣稱，科學家找到的那一個基因，理論上能讓黑猩猩具有智能。這些標題叫嚷著，終於在基因階層中找到「人類」的本質。

聲譽卓著的科學家很快就介入，試著把事件平息。一群基因極有可能是以複雜的方式彼此發揮功能，才造就人類的智能。這些科學家說，沒有一個基因能讓黑猩猩突然具有人類的智能。

雖然這些標題誇大至極，不過的確提出一個重要問題：《浩劫餘生》這部電影的內容有多寫實？

這裡有許多複雜問題。先假設ＨＡＲ１和ＡＳＰＭ基因調整了，讓黑猩猩的腦部突然變大，再加上其他一些基因也改造了。首先，脖子的肌肉必須強化同時變大，這樣才能支撐變大的腦袋。不過只有大的腦沒有用，除非能控制手來使用工具。因此ＨＡＲ２基因同時也得改造，好讓牠們的手指更靈活。不過因爲黑猩猩走路的時候經常用到手，因此還得改變其他的基因，這樣牠們的脊椎骨才能更強壯，有著直立的姿勢，好讓雙手能空出來。如果不能和其他的黑猩猩溝通，有了智能也無用，所以ＦＯＸ２基因也要發生突變才能如人類般說話。最後，如果你想要打造一種具有智能的黑猩猩，你可能還得改造產道，因爲黑猩猩的產道太小，無法讓增大的頭顱通過。要嘛你得使用剖腹產，或是用基因學方式改變黑猩猩的產道，以便讓大腦袋的小黑猩猩出生。

這些都需要基因的調整，我們會得到一個和人類頗爲相似的生物。換句話說，如電影那般讓有智能的黑猩猩出現，在解剖學上是不可能的，因爲一些突變會讓這樣的黑猩猩長得像人類。

很明顯的，打造聰明黑猩猩並非容易的事。在好萊塢電影中看到的聰明猿類，都是由人類穿著戲服裝扮的，不然就是用電腦繪製而成，上面的種種問題都先被掃到地毯下讓人看不見。不過如果科學家使用基因學技術，眞的培育出有智能的猿類，牠們可能會非常像人類，手能使用工具，聲帶能發出語言，脊椎骨能支撐站立的姿勢，粗壯的脖子肌肉能支撐較大的頭，人類就是如此。

這也會引起倫理問題。雖然社會可能允許猿類的基因學研究，但是可能無法忍受能感受痛苦與悲傷的智能動物受到操弄。畢竟這些生物夠聰明，也能清楚抱怨自己處境和命運，社會會聽到他們的意見。

這個生物倫理的領域太新了，相關的問題還未完全探究過。這種技術也還沒有到位，不過接下來的幾十年，我們會找到讓人類與猿類不同的所有基因，並且了解這些基因的功能。那時候對待這些智能增進動物的方式，將會是關鍵議題。

把人類和黑猩猩區分出來的所有細微基因的差異，最後終將仔細定序出來，並且加以分析與詮釋。但是這樣依然無法回答一個更深層的問題：在人類與猿類分開之後，是什麼演化力量給這樣基因的遺產?為何ASPM、HAR1和FOX2這樣的基因會先發展出來?換句話說,基因學研究讓我們了解人類是如何具有智能,但是無法解釋人類為何會出現智能。

如果我們能了解原因,就可能有人類未來將如何演化的線索。這讓我們進入持續爭議的核心問題:智能的起源是什麼?

智能的起源

人類為何具有比較高深的智能?許多理論都可以從達爾文開始說起。

其中一個理論指出,人類腦部的演化可能分成數個階段,最初起因於非洲氣候的改變,使得天氣變冷、森林範圍縮小,我們的祖先被迫進入開闊的平原和莽原,暴露在掠食者和日曬雨淋中。為了在這個不友善的新環境生存下來,他們不得不狩獵,並且直立行走,使得雙手能空出來,拇指能和其他手指相對,以便利用工具。在這種狀況下,若有個比較大的腦來配合工具的使用,算是加分。根據這個理論,古代人類不是單純的製造工具,而是「工具塑造人類」。

我們的祖先當然沒有突然拿起工具然後變得聰明,過程剛好相反。那些能拿起工具的人類,會在草原中生存下來,不會逐漸消逝。在草原上生存並且繁衍後代的人,經由突變,越來越善於製造工具,而這種能力需要越來越大的腦。

另一個理論則歸功於人類社交、群聚的天性。人類能輕易的和其他上百個人合作,進行狩獵、農耕、戰爭和建築等行為,人數之多,超過其他靈長類的群體,這使得人類比其他動物占優勢。根據這個理論,這樣的狀況需要比較大的腦,才能評估與控制那麼多人的行為。這個理論的另一面是需要比較大的腦,才能設計、謀畫、欺騙和操縱同族中其他具有智能的人。如果能了解他人動機、看清他人,就會處於更有利的地位。這是智能的馬基維利式(Machiavellian)理論。

另一個理論主張，比較晚發展出來的語言能力，使得人類的智能加速增長。隨著語言而來的是抽象思考，以及能計畫、組織社會、繪製地圖等能力。人類龐大的字彙能力，其他動物無法望其項背，不能像一般人使用數千個字彙。有語言，人類就可以和許多人合作，並且專注在某些活動，也能運用抽象的概念和想法。有了語言，意味著你可以組織狩獵團隊，能在獵捕長毛象時更占優勢。這也可以讓你告訴其他人，哪邊的獵物多，哪邊有危機潛伏。

還有另一個理論稱爲「性擇」（sexual selection），主要的概念是雌性偏好和聰明的雄性交配。在動物界（例如狼群），最上位的雄性是以力量來統治。如果要挑戰上位雄性，就得靠堅牙利爪。但是在數百萬年前，人類開始變得越來越聰明，知道只用力量無法讓部落團結在一起。狡猾聰明的人，可以暗中偷襲、欺瞞矇騙，或是在部落中搞小圈圈，拔除上位雄性。因此新一代的上位雄性並非一定要最強壯的，隨著時間演進，會由最聰明狡猾的人當領導者。因此，雌性可能選擇聰明的雄性。（並非書呆子式的聰明，而是領導者式的聰明。）性擇使人類演化加速，變得聰明。所以讓腦部變大的驅動力，來自會選擇善於謀略、能成爲部落領導者的男性，而把其他的男性排除掉，因爲前者需要比較大的腦。

關於智能的起源，這些只是一部分理論而已，每個都有支持和反對的理由。不過這些理論的共同主題是預測未來的能力。舉例來說，聚落的首領必須爲部落選擇正確的未來道路，這表示，領導者必須了解其他人的意圖，以便規劃未來。因此模擬未來可能是驅動較大腦部和智能發展的背後動力。能設計、謀畫和了解族人想法，並且勝過其他同族男性的人，就最能模擬未來。

同樣的，語言也能幫助你模擬未來。動物具有發展未完全的語言，主要都是現在式。牠們的語言可能用來警告及時的威脅，例如藏身樹林的掠食者，不過很明顯的，牠們的語言中沒有未來式和過去式。動物的動詞沒有時態變化。因此在智能的發展過程中，能表達過去式和未來式可能是一項關鍵突破。

哈佛大學心理學家吉伯特寫道：「人類的腦剛出現在這個行星的前幾百萬年，只固定在永恆的現在，而大部分的腦到現在依然如此。不過你我的腦不同，因爲在兩百萬到三百萬年前，我們的祖先從

『此時此刻』中解脫出來了。」

演化的未來

到目前爲止，我們看了能增加一個人記憶和智能的有趣結果，主要方法是讓腦的運作更有效率，或是把天生的能力放大到極限。科學家研究各種或許能增加人類神經元能力的方法，包括某些藥物、基因或是使用儀器，例如經顱電磁掃描器（TES）。

因此，改變猿類的腦部大小和能力這個概念是絕對有可能的，但是非常困難。要達到這種級別的基因療法，還需要數十年發展。不過這也引發另一個問題：可以變得多麼聰明呢？我們可以無限增加另一個生物的智能嗎？物理定律能爲改造大腦設下極限嗎？

讓人吃驚的是，答案是肯定的。由於一些限制，物理定律能爲基因改造人類大腦的程度設定上界。先看演化，目前是否還在增進人類的智能，對於要了解這個限制是滿有用的，接著再看如何加快這個自然過程。

在流行文化中，演化似乎會讓人類在未來變成頭大身小，全身無毛的樣子。來自外太空的外星人常被認爲具有超高的智能，也通常被設定成這個樣子。隨便到那個奇幻專賣店，你都會看到相同的外星生物臉：昆蟲般的大眼睛、超大的頭，搭配綠色的皮膚。

有跡象顯示，人類基本的演化（例如基本的體型和智能）大致已經停止了。支持這個跡象的理由有數個。首先，嬰兒出生時要通過產道，由於我們是直立行走的兩足哺乳動物，因此嬰兒頭顱大小有上限。第二，現代科技已經除去我們祖先以往面對的許多嚴酷演化壓力。

不過在基因和分子階層的演化持續進行，這是毫無爭議的。這點雖然只用眼睛看是察覺不出來的，但是有證據顯示，人類的生化作用隨著環境的挑戰而調整，例如對抗熱帶地區的瘧疾。同時，人類學習牧牛與飲乳之後，最近也演化出能消化乳糖的酵素。人類在農業革命後，飲食內容改變了，那些有助於人類調整的突變也保留下來。此外，現在人們依然選擇健康強壯的人當伴侶，因此演化依然會持續消除不合適的基因。不過這些基因都沒有改變人類身體的基本架構，或是增加腦部大小。（現代科技在某些程度上也影響人類的演化，例如近視眼的人可以戴眼鏡或是隱形眼鏡，因此就不會再受到演化壓力了。）

腦的物理學

從演化學和生物學的角度來看，演化已經不再篩選更聰明的人，至少沒有像數十萬年進行的那麼快速。

從物理定律上，也有跡象顯示人類的智能已經到達自然極限，如果要再增進人類的智能，就得使用其他外在的方式。有些物理學家研究腦部的神經學，提出結論：有一些必須付出的代價，使得人類無法變得更聰明。就算是我們想像腦會變得更大、更密緻，或是更複雜，也會遭遇這些代價所造成的負面效應。

首先能用在腦部的物理定律是，物質不滅定律和能量守恆定律，這是指一個系統中所有的質量和能量維持固定值。腦部為了進行大量的心智活動，必須節約能源。如同我們在第一章所說的，我們用眼睛看到的視覺，其實是用節能技巧拼湊出來的結果。如果每次危機都要思考分析，就太浪費時間和能量了，因此腦部為了節省能量，就由情緒的方式來快速斷決。遺忘也是另一種節省能量的方式。腦中有意識的部分，也只用到極為少量腦留下的記憶。

現在的問題是：增加腦的大小或是神經元的密度，能讓我們變得更聰明嗎？

可能沒辦法。英國劍橋大學的勞夫林（Simon Laughlin）博士說：「皮質灰質神經元藉由軸突來溝通，已經很接近物理極限了。」利用物理定律，我們可以有數種方式增加腦的智能，但是每個都有問題：

我們可以增加腦的大小與神經元的長度。但問題是，腦現在已經消耗很多能量，這樣做會讓腦產生更多熱，對人的生存是有害的。如果腦用了更多能量，就會變得更熱，如果體溫升太高，結果就是組織受損。（身體中進行的化學反應和新陳代謝作用，需要在精確的溫度範圍中才能良好運作。）此外，比較長的神經元意味著訊息傳遞的距離變長了，這會讓思考的速度減緩。

可以在同樣的空間中塞入更多神經元，這會讓神經元變小。不過當神經元越來越小，必須在軸突中發生的複雜化學反應和電反應會無法進行，最後使得神經元很容易形成錯誤活動。福克斯（Douglas Fox）在《發現》（*Discovery*）雜誌上寫道：「你可以稱之爲『限制之母』：神經元用來產生電脈衝的離子通道蛋白質本身就不穩定。」

如果把神經加粗，可以讓訊息傳遞的速度加快，但是會消耗更多能量、產生更多熱，同時也會讓腦的體積增加，這會增加訊息傳送到目的地的時間。可以讓神經連結的數目增加，但是這也會讓消耗的能量和產生的熱增加，使得腦變大，減緩處理資訊的速度。

所以每當我們要修改腦部，總是會遇到阻礙。物理定律似乎指出，我們人類的腦所得到的智能已經是極限了。除非我們能突然增加頭顱的大小或是腦中神經元的性質，否則人類的智能似乎已經達到最大値。如果我們要增加智能，就必須使腦的效能提升，例如藉由藥物、基因，也有可能是TES之類的儀器。

人類會分成兩群嗎？

總而言之，在接下來的幾十年，有可能結合基因療法、藥物和電磁儀器，使得人類的智能增加。也有多項研究方向要揭開智能的祕密，並且找到增進或調整智能的可能方式。但是如果我們眞的能增進智能，並且得到激發大腦的能力，整個社會會怎麼想？倫理學家已經認眞思考過這個問題，因爲這方面的基礎科學進展快速。最大的恐懼可能是這個社會的M型化變得更嚴重，只有有錢有勢的人能得到這種技術，進一步鞏固既得的高社經地位。在此同時，窮人將不會得到增進腦力的機會，更難提升社會地位。

這種顧慮當然合理，不過與科技發展的歷史完全背離。過去許多科技一開始的確是有錢有勢的人在使用，但是到後來大量生產、競爭，運輸方便，再加上技術的改進，使得成本下降，讓一般人也都能負擔。例如，我們認爲早餐吃的東西再平常不過了，可是在一個世紀之前，那是英國國王都吃不起的東西。科技進步使得我們能購買來自世界各地的精美食物，任何一個維多利亞時代的貴族都會羨慕超市裡的任何東西。所以，如果眞的能增進智能，這種科技的價格將會逐漸下降。科技從來都不是有錢人獨享的東西。人類的智巧、努力工作，和單純的市場力量，遲早會使成本降低。

有人擔憂人類可能會分成兩族，一族想要增進智能，另一族則希望維持不變。那麼惡夢就會成眞：智能超群的上層種姓會君臨大批沒有那麼聰明的人。不過，對於智能激增的擔憂過度誇大了，一般人絕對沒有興趣想要具有解開黑洞複雜方程式的能力，一般人也覺得精通高維空間的數學或是量子物理理論沒有多大用處。相反的，一般人覺得這些東西既無聊又無用。大部分的人就算有機會，也不會想要成爲數學天才，那不是我們志向，不覺得精通數學會得到好處。

要知道，社會上已經有一群熟練的數學家和物理學家，他們的薪水比一般商業人士差多了，影響力也比一般政治家小。超級聰明並不保證能過著富裕人生。事實上，在這個看重運動員、電影明星、喜劇演員、專業演員的社會，超級聰明只會讓你被配發到比較低的階級。

沒有人會因爲研究相對論而變成有錢人，很多事情要視你自己要增進什麼特質。除了運用數學，還有其他形式的智能。有些人認爲藝術天分也屬於智能，如果是這樣，我們可以想像用這種天分也可以過舒服日子。

焦慮的中學生父母可能會希望，自己兒女在準備升學考試時智商大增。不過我們之前已經討論過了，智商和成功的人生並不相干。同樣的，有些人可能會想要增進記憶，但是我們看看那些「學者」，有了照相般的記憶，這是幸運，也是厄運。在上述兩種情況中，智能增進不太可能把社會分成兩半。

整體社會可能會因爲這種科技而獲益。在持續變動的職業市場中，智能增進的工人比較能做好準備。在未來的社會中，重新訓練工人新工作的負擔將大爲減輕。此外，未來重大的科技議題，例如氣候變遷、核能、太空探險，眾人由於比較能掌握相關複雜的議題，作出合理的決定。

同樣的，這種科技有助於公平競爭。目前，在私人貴族學校和有個人教師的孩子，由於有更多機會精通困難的學業，因此在就業市場中比較吃香。但是如果每個人的智能都增進了，就可以消除社會斷層。一個人在生命中能取得的成就，取決於個人的動力、野心、想像力和智謀，而不是看出生時是否含著銀湯匙。

此外，增進智能可能有助於加速科技發明。智能增進意味著模擬未來的能力也增進，這對於科學發現來說是無價之寶。有些領域的科學通常會處於停滯狀況，因爲缺乏全新的想法以激發新的研究路線。有能力去模擬多種可能的未來，將會大幅增進科學突破的頻率。

這些科學發現將能轉變成新的產業，讓社會所有人變得更富足，創造出新的市場與工作，以及新的機會。科技突破產生的全新產業，並非讓少數人得到好處，而是整個社會都會獲利，這在歷史上有很多例子，譬如電晶體和雷射，現在都是經濟的基礎。

不過在科幻小說中總是一再出現有高超腦力的超級罪犯，犯下一連串大案子，並且擊退超級英雄。超人、蜘蛛人等，每個超級英雄都有個死對頭。當然犯罪者會利用新增的腦力製造超級武器、策劃世紀大案，不過我們也可以了解，警方的智力同樣也提升了，所以能勝過聰明又邪惡的人。只有在一方擁有增進智能時，超級罪犯才容易造成危險。

到目前爲止，我們已經檢查過利用心電感應、念力、上傳記憶，或是增進腦力來促進或改變我們的心智能力。基本上，這些方式可改造或增進我們意識得到的心智能力。而背後的假設是，人類的意識是獨一無二的。不過我想進一步探究是否有其他不同形式的意識。如果有，那麼就會有不同的思考方式，而得出完全不同的結論與後果。在人類本身的思想中，這種意識改變了作夢、藥物引發的幻覺，以及精神疾病。另外還有非人類的意識，例如機器人的意識，甚至是外星人的意識。我們必須放下人類沙文主義，不再認為只有人類才有意識。模擬我們這個世界的方式不只一種，模擬未來的方式也不只一種。

例如作夢，就是最古老的意識形式之一，從古代起就廣受研究，但是直到不久之前，對於夢的了解都很粗淺。夢可能不是睡眠中的腦，把愚蠢、混亂的事情剪接在一起而形成的。藉由夢，我們或許能了解意識的意義。夢可能是了解不同形式意識的關鍵。

第三篇

意識的變貌

能讓電腦具有意識嗎？如果可以，電腦的意識和人類的意識有何不同？有天電腦意識會控制人類嗎？

第七章 在你的夢中

未來屬於那些相信自己美夢的人。

——依蓮諾・羅斯福（Eleanor Roosevelt），美國前第一夫人

夢可以決定命運

古代最著名的夢可能發生在三一二年，當時羅馬皇帝君士坦丁準備面對一生中最大的戰役之一。敵軍的數量是他們的兩倍，他知道隔天自己可能會死在戰場上。但是當天晚上他作了一個夢：天使降臨在他面前，帶著一個十字架圖像，並且說出命運之語：「你因這個符號而勝利。」他馬上命令軍中的盾牌漆上十字架符號。

歷史記載，隔天他得勝了，同時也鞏固自己身爲羅馬皇帝的地位。當時基督教只能在暗中活動，經過數百年，每位皇帝和祭司迫害基督徒，把他們丟到競技場餵獅子。君士坦丁發誓要回報這份大恩，便簽署法令，後來基督教成爲歷史上最大帝國之一的官方宗教。

數千年來，上至帝王將相，下到強盜小偷，都想知道夢是什麼。古代人認爲夢預示未來，因此歷史上有數不盡的人嘗試解夢。在《聖經》〈創世紀〉第四十一章記載，數千年前，約瑟因爲正確解了法老的夢而崛起。當時法老夢到七頭肥牛，接著又夢到七頭瘦牛。法老深受這個意象所擾，問遍王國中的學者和神祕學家都不得其解。後來約瑟解釋，這個夢意味著埃及將有七個豐年，之後接著有七個荒年。約瑟說，埃及現在應該開始囤糧，應付未來荒災的需求。預言成眞，大家都認爲約瑟是先知。

長久以來，夢就一直和預言扯上關係，但是到了近期，夢也成爲科學發現的靈感。神經傳導物質能幫助訊息傳過突觸，這是神經科學的基礎。藥理學家勒維（Otto Loewi）是在夢中得到這個點子。類似的情況還有柯庫勒（August Kekule），在一八六五年他夢到一條蛇咬住自己的尾巴，因此想到了苯（benzene）的結構。這種有機化合物的碳骨架會彎曲形成環狀。這個夢揭開苯的分子結構，因此他說：「讓我們從夢中學習。」

有時夢也被解釋成能窺見我們眞正想法與意圖的窗口。文藝復興時期偉大的作家兼評論家蒙田（Michel de Montaigne）寫道：「我相信夢眞的可以解釋我們的意圖，只是整理和詮釋夢境，需要藝術般的手法。」後來佛洛伊德提出理論，解釋夢的起源。在他的成名作《夢的解析》（*The Interpretation of Dreams*），宣稱夢是潛意識欲望的表現形式，這些欲望在清醒時受到壓抑，晚上才狂野的釋放出來。夢不只是我們想像力爆走所產生的隨機片段，而且可能是我們埋藏在內心深處的祕密與眞面貌。他寫道：「夢是通往潛意識的大道。」從那時候開始，人們就利用佛洛伊德的理論匯集如百科全書般眾多說法，宣稱能解釋夢中每個擾人意象所隱藏的含意。

好萊塢也利用我們對於夢的迷戀。許多電影中常出現的一幕就是男主角作了一個結局恐怖的夢，然後一身冷汗的驚醒過來。在賣座電影《全面啓動》（*Inception*）中，李奧納多・狄卡皮歐（Leonardo DiCaprio）飾演一位盜夢高手，他從一個幾乎沒有人想得到的地方盜取私人的祕密：夢。藉由一項新的發明，他能進入其他人的夢中，然後騙出他們的財務機密。大公司花了數百萬美元保護商業機密和專利，億萬富翁用精心打造的密碼謹愼保護自己的財富，狄卡皮歐的工作就是把這些東西偷到手。隨著劇情推進，劇中角色進入某人的夢中，這個人在夢中作夢。因此這些罪犯後來便一直深入一層又一層的潛意識。

雖然我們覺得夢很神祕，受到夢的困擾，不過在近十年左右，才有科學家能揭開夢的神祕面紗。事實上，科學家現在能做到以前認爲不可能的事情：利用磁振造影（MRI）機器拍攝下夢的約略模樣。有一天，你或許能觀看前一天夜裡你夢中的影像，以了解你自己的潛意識。在適當的訓練之後，你或許能用意識控制自己的夢。也有可能如同狄卡皮歐扮演的角色那般，利用先進的科技進入他人的夢中。

夢的本質

夢雖然很神祕，但它並不是大腦在休息時任意揮霍的無用反芻物。夢對於生存是必須的。掃描某些動物的腦部，發現牠們腦部也會出現類似夢的活動。如果不讓這些動物作夢，它們死亡的速度往往比沒有食物吃還要快，因爲剝奪作夢會嚴重干擾牠們的新陳代謝。很不幸的，科學家還不知道爲何會如此。

作夢也是人類睡眠循環中的必備特徵。睡覺的時候，我們大約花兩小時作夢，每個夢持續五到二十分鐘。算下來，人的一生平均作夢時間高達六年。

在人類各族中，夢也有普遍性，科學家在不同的文化中發現夢有一些共通的主題。霍爾（Calvin Hall）在四十年中記錄五萬個夢，這是他從大學生一千份夢的報告中彙整來的。不意外，他發現大部分的人會夢到一些相同的事物，例如數天到數週前個人經歷過的事情。不過，動物很明顯有不同的作夢方式。例如海豚不是魚，是哺乳動物，得呼吸空氣，牠們一次只有一個半腦會入睡，這樣才不會沉到水底。所以如果海豚也作夢，只會在一個半腦中作夢。

我們已經知道，人腦不是數位化的電腦，而是複雜的神經網路，學習到新技能之後會改變自身內部連接的狀況。如果學太多，系統會飽和，這時系統就不會繼續處理更多的資訊，而是進入「作夢」狀態。神經系統會嘗試消化所有新學到的內容，亂放的記憶有時間可能移動並且連接在一起。因此，夢可能反應腦部試圖把記憶組織得更有條理時，進行「打掃房子」的過程。若是如此，只要有學習能力的神經網路都會進入作夢狀態，好把記憶分門別類。因此作夢是有原因的。有些科學家甚至推測，這個說法對機器人也管用。因爲機器人是能學習的機器，因此也該會作夢。

神經學的研究也支持這個論點。研究指出，在活動與學習之間，如果有充分的睡眠，記憶保留得會比較多。腦部神經造影也顯示，腦部在睡眠時活躍的部位，與學習新技能有關。睡眠可能有助於讓新的資訊在腦中更加穩固。

有的夢會混入睡覺前幾個小時發生的事件，不過大部分的夢所納入的記憶是數天前發生的。有個實驗指出，如果你讓一個人帶著粉紅色的眼鏡，幾天後他的夢境才會變成粉紅色。

夢的腦部掃描

現在腦部掃描正在揭開一些夢的奧祕。一般的腦電圖（EEG）掃描顯示，我們在清醒時腦會發出穩定的電磁波。不過當我們慢慢入睡，EEG訊號就開始快速變化。到了作夢的時候，電能量從腦幹一波波往上傳，抵達皮質，視覺皮質受到的能量特別多。這就支持了夢中視覺元素，是重要的組成現象。最後我們進入作夢狀態，伴隨這種特殊的腦波而出現的是「快速動眼」（rapid eye movement, REM）。由於有些動物也會進入快速動眼睡眠，因此我們可以認爲牠們也會作夢。

當大腦的視覺區域活化了，其他和嗅覺、味覺和觸覺的區域大多關閉起來。這時身體所處理的視覺和感覺都是自行產生，這是源於腦幹的電磁共振動，而非外界的刺激。這時身體幾乎和外界隔絕了。我們在作夢的時候，身體也多多少少麻痺了。這種麻痺的狀態可能是要避免我們作出夢中的動作，以免造成悲劇。大約有六%的人受「睡眠麻痺」所苦，會在身體還處於麻痺的狀況下醒來。通常這些人醒來時飽受驚嚇，並且相信有「東西」壓住他們的胸口、手臂和腿。在維多利亞時代，有些圖畫描繪女性醒來，看到妖精坐在她們的胸口上，瞪著她們的臉。有些心理學家相信，睡眠麻痺能解釋「外星人綁架症候群」（alien abduction syndrome）的起因。

我們作夢時，海馬回也很活躍，這被認為是夢在清理記憶倉庫。這時活躍的還有杏仁體和前扣帶回（anterior cingulate），這意味著夢是充滿情緒，通常是恐懼的。

但是更具啓發的是腦中關閉的部位，包括背側前額葉皮質（腦中的命令中心）、眼窩額葉皮質（作爲類似審查員或是檢驗員），與顳頂區域（負責處理感覺動作訊息，以及我們在空間中的位置）。

背側前額葉皮質停止作用時，我們就無法依靠這個腦中負責策劃的理性中心。相反的，我們在夢中毫無目的漂流，伴隨著視覺中心送來的影像失去理性控制。負責檢驗事實的眼窩額葉皮質也沒有動靜，因此夢可以自在的變化，完全不受物理定律和常識的束縛。顳頂腦葉會利用來自眼睛和內耳的訊息幫助協調感覺，定出自己所在的位置。顳頂腦葉這時也關了，這或許能解釋作夢時靈魂出竅的經驗。

就像我們之前強調的，人類的意識主要表示成「腦部持續建立外在世界的模型，並且以此模擬未來」。因此，夢可以代表另一種對於未來的模擬，只是在這個未來之中，自然定律和社會關係都暫時去除了。

人是怎麼作夢？

不過這引發一個新的問題：是什麼讓夢產生的？世界上研究夢的權威之一是美國哈佛醫學院的精神病學家霍布森（Allan Hobson）博士，他花了數十年時間想要揭開夢的祕密，他宣稱夢，特別是在REM睡眠時期作的夢，可以用神經學的方式研究。當腦幹發出那些大多是混亂的訊號時，大腦想要把這些訊號賦予意義，夢因此而產生。

我訪問他時，他告訴我，經過數十年的分類，他找出夢的五項基本特徵：

（一）強烈的情緒。這是因爲杏仁體受到激發，因此產生恐懼之類的情緒。

（二）不合邏輯的內容。夢可以很快的從一幕轉到另一幕，完全不顧邏輯。

（三）虛假的感覺印象。夢中的感覺都是從內發出來的假感覺。

（四）完全接受夢中的事件。我們不會評斷夢中的事件是否有邏輯，在夢中會完全接受。

（五）難以記得。夢很容易被遺忘，通常醒來幾分鐘之後就忘記了。

霍布森博士和麥卡利（Robert McCarley）博士在一九七七年提出夢的理論，首次挑戰佛洛伊德的「激發合成理論」（activation synthesis theory），而在歷史留名。他們認爲夢來自腦幹隨意發出的神經火花，往上傳到腦部皮質，皮質則試著把這些隨機訊息賦予意義。

夢的鑰匙位於腦幹的節點（node），那是人類腦部最古老的部分，會釋放腎上腺素類的化學物質，好讓我們保持警覺。當我們入睡時，腦幹會讓其他的系統活躍，那些系統釋放的膽鹼類化學物質（cholinergic）會讓我們進入睡眠狀態。

我們作夢時，腦幹中膽鹼性神經元會開始活躍，發射出毫無規律的電能量，稱爲「腦橋—膝狀核—枕葉波」（pontine-geniculate-occipital wave, PGO wave）。這些波會從腦幹傳遞到視覺皮質，皮質受到刺激便產生夢。在視覺皮質中的細胞開始以不規律的方式，每秒震盪數百次，這可能和夢的不連貫特性有關。

這個系統也會釋放化學物質，讓腦部和推理與邏輯的部位彼此失去連結。少了前額葉皮質和眼窩額葉皮質的檢查，同時腦又對胡亂奔走的思路特別敏感，因此夢便帶有失常乖離的本質。

研究指出，我們有可能在沒有睡眠的狀況下進入膽鹼性狀態。美國阿肯色大學的賈西亞李爾（Edgar Garcia-Rill）宣稱，冥想、擔憂，或是身處隔離水槽（isolation tank），也能引發這種狀況。飛行員和駕駛面對著窗外單調景色數小時，也可能會進入這種狀態。他在研究中發現，精神分裂症患者腦幹中的膽鹼性神經元特別多，這或許能解釋他們的幻覺。

爲了讓研究更有效率，霍布森請受試者戴上一種特殊的睡帽，自動記錄作夢時的資料。其中一條接到睡帽的電線能記錄頭部的運動，因爲當夢完結時，頭部通常會移動。另一條電線負責測量眼皮的運動，因爲REM睡眠會使得眼皮活動。當受試者醒來時，會馬上把夢的內容記錄下來，同時也把睡帽中的資訊輸入電腦。

霍布森用這種方式累積許多關於夢的資料。但是夢的意義是什麼？對於我提出的問題他回答是所謂的「幸運餅乾式的神祕夢詮釋」。在這些夢的宇宙中，他沒有找到任何隱藏的訊息。但他相信在PGO波從腦幹湧入皮質後，皮質想要賦予這些片段訊息意義，最後編造出的故事就是夢。

以往大部分的科學家都避免研究夢，因爲夢很主觀，在歷史上又一直和神祕事件與超心靈事件糾纏不清。但是有了MRI掃描以後，夢的祕密已經逐漸發掘出來了。事實上，由於腦中控制夢的中心部位幾乎和控制視覺的區域重疊，因此有可能把夢照下來。日本京都國際電腦通訊基礎技術研究院所轄，腦情報研究所（ATR Computational and Neuroscience Laboratories）的研究人員已經完成此項先驅工作。

受試者先進入MRI機器中，然後看四百張黑白影像，每幅都是由縱橫十格中的許多點所組成。這些影像一個接著一個出現，同時MRI會記錄腦對於每個由像素組成圖形的反應。接著BMI領域的研究人員會加入。這些科學家最後打造一個影像的百科，其中每個由畫素構成的影像都有一個相對應的特殊MRI模式。現在這些科學家可以反過來進行實驗，當受試者作夢的時候，可以由腦部MRI掃描的模式來產生影像。

日本京都國際電腦通訊基礎技術研究院的主任科學家神谷之康說：「這種技術也可以應用到視覺以外的感覺。未來，這種技術也可能用來讀取感覺和複雜的情緒。」事實上，只要某種心智狀態和一個MRI掃描結果能一對一的配對起來，再製作成圖譜，任何腦部的心智狀態都可以用這種方式產生影像，包括夢。

京都的科學家到目前爲止集中分析的是由心智產生的靜止照片。在第三章我們提到，葛朗特從事類似的尖端研究，他藉助複雜的方程式，把腦部ＭＲＩ立體掃描出的立體像素圖樣，重建成爲眼睛看到的眞實影像。葛朗特團隊運用類似的程序，能把夢粗略的錄影下來。我到他在柏克萊的實驗室訪問時，與他的博士後研究員西本伸志談話，他讓我看其中一個夢的錄影，這是最早錄下來的夢之一。我在電腦螢幕上看到一些臉孔忽隱忽現，這表示受試者（也就是西本伸志本人）夢到了人，而非動物或其他物體。這令人讚嘆，但是可惜這項科技還沒有好到能記錄詳細的面部特徵，指認出他夢中的人是誰。下一步將會是增加立體像素的數量，好呈現比較複雜的影像。更進一步是超越黑白，產生彩色的影像。

我問西本博士一個重要問題：你怎麼知道錄下來的影像是眞的？怎麼知道不是機器造出來的？他有些困窘，回答說這是研究中的一項弱點。通常在醒來之後只有幾分鐘把夢記錄下來，之後大部分的夢就消失在意識的迷霧之中，因此不容易確認結果。

葛朗特博士說，把夢錄製下來的工作依然在進行中，這也是爲何還沒有公開發表的原因。我們還有一段長路要走，才能把昨夜的夢錄製下來。

清醒夢

科學家也研究一種以前認爲是虛構的夢形式：清醒夢，也就是在有意識狀態下作的夢。這在詞義上聽起來是彼此衝突，不過腦部掃描卻證實這種夢的確存在。作著清醒夢的人知道自己在作夢，而且能有意識的控制夢的發展方向。雖然科學界才剛開始進行清醒夢的相關實驗，不過清醒夢是古老的現象，許多年前就有相關資料。例如佛教就有相關的書籍，並且教導人們如何作清醒夢。數百年來，有些歐洲人也寫書仔細記錄自己的清醒夢。

腦部掃描清醒夢者的結果顯示，這種現象是真實的。一般人作夢的時候會進入REM睡眠，這時背側前額葉皮質通常處於休眠狀態，但是清醒夢者這個皮質是活躍的，這意味著清醒夢者在作夢時能保持部分意識。實際上，如果背側前額葉皮質活動的程度越高，夢就越「清醒」。由於背側前額葉皮質代表腦部負責意識的部位，因此作夢者在夢中是有意識的。

霍布森告訴我，只要學習某些技巧，任何人都可以作清醒夢。比較特別的是，要作清醒夢的人，要在夢中放一本「筆記本」。睡覺前要提醒自己在夢中「醒來」，然後知道自己是在夢中世界活動。在入眠之前，一定要把這種心態維持好。由於在REM睡眠中，身體幾乎動彈不得，因此作夢的人難以發出訊息，告訴外界說自己已經進入夢中。不過史丹佛大學的賴博格（Stephen LaBerge）博士研究那些在作清醒夢時，能在夢中向外界發出訊息的人（其中包括他自己）。

二〇一一年，科學家利用MRI和腦電圖（EEG），首次記錄夢的內容，還與作夢的人建立連繫。在德國慕尼黑與萊比錫的馬克士普朗克研究所，科學家獲得清醒夢者的幫助。這些人躺到MRI機器中，並且在入睡之前同意在夢中控制眼睛的移動方式和呼吸模式，發出的訊息就如同摩斯密碼一般。科學家請受試者一旦開始作夢，就先握緊右拳十秒鐘，然後換左拳十秒鐘，這樣的訊息代表開始作夢了。然後EEG感測器放到受試者的頭上，定出他們進入REM睡眠的時刻。

科學家發現，當受試者進入作夢狀態時，腦中的感覺運動皮質（負責控制類似握拳之類的動作）會活躍起來。MRI掃描不但記錄到握拳的狀態，也記錄到哪個拳頭先握。接著用其他的感測器，例如近紅外光光譜儀（near-infrared spectrometer），科學家能確認腦部控制計畫與活動的部位活動增加了。

馬克士普朗克研究所的團隊領導者克茲舒（Michael Czisch）說：「因此我們的夢不是『睡眠電影』那樣，只能被動觀看，而是腦中與夢的內容有關的區域也會活動。」

進入夢中

如果我們能和作夢的人溝通，就有可能從外面進入某人的夢中嗎？很有可能。

我們已看到科學家把夢錄影的第一步，在接下來幾年，有可能得到許多更精確的夢照片和夢錄影。現在科學家能在外在世界與清醒夢者的幻境之間建立溝通管道，理論上，科學家可以小心翼翼的改變夢的發展方向。若是如此，科學家能利用ＭＲＩ機器觀看夢的即時影像，當那個人在夢境中神遊時，科學家可以告訴他要前往的地點，並且告訴他移動到其他地方。

不久的未來，真的有可能看到一個人作夢的錄影，並且實際影響作夢的方向。不過在電影《全面啓動》，狄卡皮歐不只能觀看其他人作夢的內容，還可以進入夢中。這有可能嗎？

之前提到，作夢時身體動彈不得，因此不會把夢中的幻想付諸實行，避免可能會造成大災難。不過有些人會夢遊，通常眼睛還是睜著（雖然目光呆滯）。所以夢遊時是處於半眞實半夢境的混合世界。已經有許多記錄指出，有些人在作夢時會在家中走動、開車、砍木頭，甚至殺人，完全把眞實世界和夢境混合在一起。因此在作夢的時候，眼睛的確可以看到眞實的物理影像，而且這些影像和腦中虛構的影像自由的交互作用。

如果要進入某人的夢中，可以讓他戴上能把影像投影到視網膜的隱形眼鏡。在美國西雅圖的華盛頓大學，有科學家已經在研發能連上網路的隱形眼鏡原型。如果觀察者想要進入某人的夢中，首先自己要先到攝影棚讓錄影機拍攝自己，拍攝的影像可以經由隱形眼鏡投影到作夢者的腦中，產生混合的影像。這樣的影像會和作夢者自己幻想出來的影像重疊在一起。

雖然攝影棚空蕩蕩，但是觀察者卻可以眞的看到自己在夢中遊蕩，因爲觀察者也會戴上接到網路的隱形眼鏡。作夢者的ＭＲＩ影像經由電腦解析後，可以直接輸入觀察者的隱形眼鏡中。

此外，你也可以改變所進入的那個夢的內容。當你在空空的攝影棚走動的時候，可以經由隱形眼鏡看到夢的內容，因此你可以和夢中出現的物體與人物互動。這是一個非常奇特的經驗，因為背景沒有任何徵兆就改變了，影像也沒有原因就消失或出現，物理定律在此失效，任何事都有可能發生。

在更久的未來，有可能把兩個睡眠中的腦連接起來，這樣就能進入他人的夢中。兩個人都先連接MRI掃描器，再連接到中央電腦，電腦會把兩個夢合成為一個。電腦會先把兩個人的MRI掃描資料解析成影片，其中一個人的夢會送到另一個人腦中的感覺區域，這樣後者的夢會與前者的混合。不過，錄影和解析夢的科技還要非常進步，這種情況才有可能實現。

第八章

能控制他人心智嗎？

腦進行的事情就是心智。

——明斯基（Marvin Minsky），電腦大師

在西班牙哥多華（Cordoba）的一座鬥牛場，有頭憤怒的公牛被放到場中央。這些凶猛的野獸是代代小心培育出來的，要把殺戮的本能提升到極限。有位來自美國耶魯大學的教授靜靜的走進場中央，他沒有穿著花呢套裝，而是打扮得像個雄糾糾的鬥牛士，穿著閃著金光的外套，雖然他在公牛面前脆弱如卵，但依然無畏的揮舞紅布。教授看起來鎮定、自信，甚至不帶情感，沒有因爲恐懼而逃開。對於旁觀者來說，教授似乎瘋了，簡直是在找死。

受到激怒的公牛鎖定教授，突然往前衝，致死的尖角對準教授。但教授沒有因爲恐懼而跑開，反而拿起一個小盒子，接著在許多錄影機的鏡頭前按下盒子上的按鈕，公牛便在半路上停止不動。教授非常有自信，敢冒著生命危險來證明一個論點：他絕對能控制瘋狂公牛的心智。

這位耶魯的教授是戴爾嘎多（Jose Delgado），他超越自己所處的時代許多年，在一九六〇年代便率先進行一連串傑出但是讓人不安的動物實驗。他把電極插入動物腦中，得到控制牠們的力量。電極插入的部位是腦部下方網紋體的基底核，這個部位與動作的協調有關。

戴爾嘎多也在猴子身上進行實驗，看看能否按個按鈕就可以重新調整社會階級。他把電極植入群體中最上位猴子的尾核（這個區域和動作控制有關），藉此降低這個發號施令猴子的攻擊傾向。群體中地位低下的猴子，由於不會受到報復威脅便開始奪權，占據最上位猴子原本的領域和特權，而這時最上位猴子看起來已經對於保護領域毫無興趣了。他接著按下另一個按鈕，最上位猴子馬上恢復正常，重新展現攻擊本性，並取回山大王的權力，其他猴子則恐懼四散。

戴爾嘎多首度展示能用這種方式控制動物的心智。教授成為木偶大師，能把線繫在活生生的木偶。但是科學界覺得他的研究讓人不舒服，更糟的是他在一九六九年寫了一本書，有聳動的書名：《物理控制心智：邁入心理文明社會》（*Physical Control of the Mind: Toward a Psychocivilized Society*），引發一個讓人坐立難安的問題：如果戴爾嘎多之類的科學家能拉動操縱木偶的線，那麼誰來控制這些科學家？

戴爾嘎多的研究工作讓人清楚看到這種科技帶來的利益與災害。在無恥的獨裁者手中，這項科技可能用來欺瞞與控制不幸的人們。但是這種科技也能用來拯救數百萬受精神疾病所苦的人，這些人受幻想所擾，或是被焦慮壓垮。

數年後，有記者問戴爾嘎多為何要進行這些飽受爭議的實驗，他說是為了消解精神疾病造成的痛苦折磨。當時患者通常會接受激進的腦葉切開術，這種手術會使用類似冰錐的刀子，從眼眶上方插入腦中，然後把前額葉皮質攪爛。結果相當悽慘，在克西（Ken Kesey）的小說《飛越杜鵑窩》（*One Flew Over the Cuckoo's Nest*），揭露一些恐怖的後果。有些病人術後平靜而放鬆，但是更多的病人則宛如行屍走肉：了無生氣、對於痛苦與感覺冷漠以對、缺乏情緒。這本小說後來改編成同名電影，由傑克．尼可遜（Jack Nicholson）主演。這種手術以前曾經大為風行，以致於改良這項手術的莫尼斯（Antonio Moniz）在一九四九年獲頒諾貝爾獎。不過矛盾的是，蘇聯在一九五〇年禁止這項手術，理由是「違背人道原則」。在蘇聯，腦葉切開術被譴責會把「瘋狂的人變成白癡」。估計二十年中，美國就有四萬人接受腦葉切開術。

心智控制與冷戰

戴爾嘎多的研究受到冷漠對待的另一個原因是當時的政治氛圍。那時正是冷戰最炙熱的時候，在韓戰期間受到俘虜的美國士兵，帶著痛苦的記憶在攝影機前面遊行。他們目光無神地承認進行間諜任務，坦承犯下恐怖的戰爭罪行，並且譴責美國的帝國主義。

爲了解釋這種狀況，新聞界引用「洗腦」這個字眼，說明共產黨發明神祕的藥物和技術，把美國士兵改造成言聽必從的殭屍。在這個緊張的政治氛圍中，法蘭克・辛納區（Frank Sinatra）主演冷戰恐怖片《諜網迷魂》（*The Manchurian Candidate*）。他在片中嘗試揭露共產黨神祕的「沉睡間諜」，這位間諜的任務是要刺殺美國總統。不過劇情急轉直下，這位刺客實際上是受到信賴的美國戰爭英雄，他被俘虜時受到共產黨的洗腦。這個祕密幹員家世清白，看起來也沒有嫌疑，因此幾乎無法阻止他的行動。《諜網迷魂》反映當時許多美國人的焦慮。

赫胥黎（Aldous Huxley）在一九三二年出版的預言小說《美麗新世界》（*Brave New World*）也助長這種恐懼。故事裡的反烏托邦有許多大型的試管嬰兒工廠，製造大批複製人。部分胎兒因氧氣不足，使得製造出來後腦部受到不同程度的損傷。社會中最高階層的人是「阿爾法」（alpha），這些人的腦部沒有受損，生出來就是要統治社會。最底層的是「艾普西隆」（epsilon），他們腦部受傷嚴重，被當成可拋棄的順從工人。兩者之間有其他階層的人，成爲工人或是官僚。菁英階級大量使用控制心智的藥物、自由的性愛，以及持續的洗腦程序來控制社會，以維持和平、安寧與和諧。但是小說提出一個擾人的問題，至今依然引起共鳴：我們在和平與社會秩序的名義之下，要犧牲多少自由與基本人性？

美國中央情報局的控制心智實驗

美國中央情報局（CIA）的最高層也感染這種歇斯底里，他們相信蘇聯在洗腦科學上大爲超前，而且擁有非常規的科學方法，因此CIA在一九五三年開始一連串機密計畫，例如MK－ULTRA，是研究一些怪異又極端的想法。一九七三年水門案爆發，政府官員一片恐慌，當時CIA局長赫姆斯（Richard Helms）終止MK－ULTRA計畫，並且連忙下令與銷毀與該計畫相關的文件。不過有密藏的兩萬份檔案逃過劫難保留下來，並且在一九七七年依照「資訊公開法」解密，揭露了這個龐大計畫的全貌。

現在已經知道，在一九五三到一九七七年之間，MK－ULTRA資助八十個機構，四十四家大學和學院，許多醫院、製藥公司和監獄，通常找疑心的人，在沒有他們允許的狀況下進行實驗，共進行一百五十次祕密行動。在某個時間，CIA所有的預算有六%用在MK－ULTRA。這些心智控制計畫的部分內容包括：

（一）發展「吐實藥」，好讓囚犯說出祕密。
（二）藉由美國海軍稱爲「潛計畫五四」（Subproject 54），目的是消除記憶。
（三）利用催眠術和許多種不同的藥物，特別是麥角二乙胺（LSD），以控制其他人的行爲。
（四）研究利用心智控制藥物來對抗其他國家的領導人，例如卡斯楚（Fidel Castro）。
（五）改進各種審問犯人的方法。
（六）發展效果迅速但又不留痕跡的昏迷藥物。
（七）利用藥物改變人格，讓他們更順從。

雖然有些科學家質疑這些研究有多少功效，但是其他人樂意執行。來自許多領域的人接受徵召，包括靈媒、物理學家和電腦科學家，他們從事各種旁門左道的計畫：嘗試利用LSD之類的心智改變藥物，要靈媒找出在海底潛航的蘇聯潛水艇所在位置。在一個不幸的事件中，美國陸軍的科學家被祕密下藥，根據一些報告指出，這位被下了LSD的科學家判斷能力幾乎喪失殆盡，最後跳出窗戶而死。

大部分的實驗之所以需要進行，是假設蘇聯在心智控制的領域已經大幅超前。美國參議院聽取一份簡報指出，蘇聯正在試驗把微波直接射入受試者的腦中。美國沒有譴責這項行為，反而認為「這種方法很有潛力，可以發展成為一個系統，用來混淆或是中斷軍隊或外交人員的行為模式」。美國陸軍甚至宣稱這種方法可能將完整的句子送入敵人的心中，他們的報告中說：「這是一種欺敵矇騙的概念……利用低功率的微波脈衝，讓遠端被照射到的人，腦中產生雜音……適當的選擇出脈衝的特性之後，甚至能製造清晰的話語……這樣就有可能選擇部分的敵人，然後對他們『說』最具干擾性的話語。」

很不幸，這些實驗沒一個經過同儕審查，納稅人的大把鈔票就浪費到這類計畫了，其中絕大部分都違背物理定律，因為人腦無法接收微波，更重要的是，也沒有能力解析用微波傳遞的訊息。英國開放大學（Open University）的生物學家羅斯（Steve Rose）博士稱這些牽強的計畫「在神經科學上是不可能的」。

不過花大筆錢在這些「黑箱計畫」中，顯然沒有一點可靠的科學冒出來。實際上，使用改變心智的藥物最後只讓受測試的人陷入混亂與瘋狂，美國國防部無法完成最重要的目標：控制其他人有意識的心智。

此外，根據心理學家利夫頓（Robert Jay Lifton）的說法，共產黨人使用的洗腦術幾乎沒有長期效能。那些在韓戰期間被譴責的美國士兵，獲釋之後很快就恢復正常人格。還有研究顯示，受到某些邪教洗腦的人，在脫教之後也會恢復正常。因此到頭來，我們的基本人格是不會受到洗腦影響的。

當然，軍方不是最早開始實驗心智控制的人。在古代，魔法師和預言家就宣稱，讓俘虜士兵吃下神奇的藥物，就能讓他們背叛領導者。最早的心智控制方式是催眠術。

你越來越想睡了

我記得小時候看過電視上的催眠特別節目。在一個節目中，有個人進入催眠狀態，並且被告知當他醒來時會變成一隻雞。當他開始咯咯叫並且拍著雙臂在舞台上奔跑的時候，觀眾都驚奇不已。這項示範頗有戲劇效果，但只是「舞台催眠」（stage hypnosis）而已。專業魔術師和舞台表演者寫的書中已經解釋，他們會把自己的人安插在觀眾之中，利用暗示的力量，或是被選上台時願意一起耍詐。

我主持BBC探索頻道的電視影集《時間》（*Time*）系列時，有一個主題是遺忘許久的記憶。有可能經由催眠喚起許久以前的記憶嗎？如果可以，你能把自己的意志加諸到其他人身上嗎？爲了測試這些概念，我在電視上接受催眠。

BBC請一位熟練的專業催眠師來催眠我。我被要求在一間安靜的暗房裡躺著，催眠師以緩慢、溫和的語調說話，慢慢的讓我放鬆。過一會兒，他要我回想過去，可能是多年前到現在依然清楚記得的某個地方或事件。然後他要重新進入那個地方，重新體驗當時所見、所聽、所聞。神奇的是，我真的開始見到那些地方，數十年來已經遺忘的人，面孔也浮現在眼前，就像是模糊的老電影，焦點慢慢清晰起來。不過回憶就到此終止。進展到某個時候，我就無法取回更多記憶，顯然這是催眠效果的極限。

腦電圖（EEG）和磁振造影（MRI）掃描的結果顯示，在接受催眠的時候，腦中感覺皮質所接收到的感覺刺激降到最低。催眠以這種方式讓一個人接觸到埋藏起來的記憶，但是當然無法改變一個人的人格、目標或是願望。一九六六年美國國防部的祕密檔案證實這一點，報告指出，催眠術無法用來當成軍事武器：「很明顯，催眠術有很長久的歷史，對於情報工作可能的應用也都已經廣爲人知，但並沒有可靠的證據指出，催眠術在情報工作中能發揮效用。」

這裡也要指出，腦部掃描顯示催眠狀態並不是什麼新的意識狀態，例如作夢和快速動眼（REM）睡眠。如果我們把人類的意識定義成，能持續建立模擬外在世界的模型，並且用以推算未來以達成目標，那麼催眠並不能改變這個基本的過程。催眠能突顯意識的某些面向、幫助提取某些記憶，但是不會在沒有你的同意之下，就讓你像雞一般咕咕叫。

改變心智的藥物和吐實藥

MK－ULTRA的目標之一是製造吐實藥，這樣間諜和囚犯就會吐出祕密。雖然MK－ULTRA在一九七三年終止了，但是在一九九六年解密的美國陸軍和CIA的審問手冊中，依然建議使用吐實藥。不過，美國最高法院認定以這種方式得到的審訊內容「來自強迫而違反憲法」，因此在法庭上不予承認。

看過好萊塢電影的人都知道，間諜常用戊硫代巴比妥（sodium pentathol）來作吐實藥。（在《魔鬼大帝：真實謊言》中的阿諾．史瓦辛格和《親家路窄》中的勞伯．狄尼諾都用過。）戊硫代巴比妥屬於巴比妥鹽（barbiturate）、鎮定劑、安眠藥這類藥物中的一種。血腦障壁（blood- brain barrier）能過濾血液中大部分有害的化學物質，不讓它們進入腦中，但是這類藥物能穿過血腦障壁。

毫不意外，大部分能影響心智的藥物（例如酒精）能發揮作用，主要是它們一開始能穿越這層障壁。戊硫代巴比妥能抑制前額葉皮質的活動，讓人比較放鬆、多話、不受約束。但這不意味著能讓人說實話，相反的，服用戊硫代巴比妥的人就像是酒喝多的人，還是能說謊的。服用這些藥物的人所吐露的「祕密」，有時完全是捏造出來的，因此CIA也不再用這種藥物了。

不過依然有可能在哪天有一種神奇的藥物出現，能改變我們根本的意識。有些神經傳導物質會在神經纖維交界的突觸發揮作用，例如多巴胺、血清素或乙醯膽鹼（acetylcholine），這種神奇藥物可能會用在這些神經傳導物質上而發揮功效。我們可以把突觸想像成一條高速公路上的數個收費站，有些藥物（例如古柯鹼之類的刺激物）能打開這些收費站，使得訊息暢通無阻。藥物成癮者突然「嗨」上來的感覺，就是這些收費站同時打開，讓訊息淹沒而引發的。之後，當一起活躍的突觸在幾小時之內都無法再次活躍時，就像是休息站全數關閉，因此「嗨」過以後會覺得憂鬱。身體想要再次體驗那種突然高漲的感覺，就成了藥癮。

藥物如何影響心智？

當CIA首度瞞著受試者進行藥物實驗時，影響心智藥物的生物化學基礎還不明朗，因當時對於藥物成癮的分子基礎的相關細節還在摸索中。動物的研究顯示藥物成癮根深柢固，不論大鼠、小鼠，還是靈長類，只要對古柯鹼、海洛因或是安非他命之類的藥物上癮了，只要有機會就會吃，直到力竭或死亡爲止。

如果要知道這個問題有多嚴重，可看二〇〇七年的統計資料，有一千三百萬名十二歲以上的美國人（占全美青少年與成人的五％）對安非他命成癮或是嘗試使用甲基安非他命（methamphetamine）。藥物成癮不只會毀掉整個生活，也會毀掉整個腦部。MRI的腦部掃描顯示，甲基安非他命成癮者的邊緣系統縮小了一一％，該系統負責情緒的處理，負責處理記憶的海馬回失去八％組織。MRI掃描也指出，這樣的損傷和阿茲海默患者的腦部相較之下有相似之處。但是不論甲基安非他命對腦部的傷害有多大，成癮者依然渴望它造成的快感，因爲這種快感高過美食、性交十二多倍。

藥物成癮造成的快感，是因爲藥物劫持了位於邊緣系統中的腦部快樂／報償系統。這個快樂／報償迴路非常原始，在演化的歷史中可以追溯到數百萬年前，不過對於人類的生存依然極爲重要，因爲它會獎勵有利的行爲，處罰有害的行爲。一旦藥物接掌這個迴路，就會造成大浩劫。這些藥物先穿過血腦障壁，然後讓多巴胺之類的神經傳導物質大量生產出來，湧到依核這個微小的快樂中樞，它位於腦中靠近杏仁體的地方。接著在腦中腹側被蓋區（ventral tegmental area, VTA）的一些細胞，稱為VTA細胞，會製造多巴胺。

所有成癮藥物作用的方式都相同：對VTA／依核這個負責控制多巴胺和其他神經傳導物質，流動到快樂中樞的迴路造成損傷。不同藥物的差異之處在於造成損傷的地方不同。至少有三類主要的藥物會刺激腦中的快樂中樞：多巴胺、血清素和正腎上腺素（noradrenaline），這三類藥物會造成愉悅、興奮的感覺，以及沒由來的自信，同時也會讓能量爆發。

例如古柯鹼和其他興奮劑會以兩種方式作用。首先，它們能直接刺激VTA細胞產生更多多巴胺，這些超量的多巴胺會如洪水般侵襲依核。其次，這些藥物會阻止VTA細胞恢復到「關閉」的狀態，這會讓細胞持續製造多巴胺。藥物也會阻礙血清素和正腎上腺素的吸收。因此在神經線路中，這三種神經傳導物質突然大量增加，造成古柯鹼所帶來的絕大快感。

海洛因和其他鴉片類藥物作用的方式則恰恰相反，是能抑制VTA中負責降低多巴胺作用的細胞功能，這也會讓VTA產生過多的多巴胺。

LSD之類的迷幻藥能刺激血清素的產生，而引發幸福、充滿意義、愛慕的感覺。不過顳葉有些區域也會受到影響，因此產生幻覺。只要五十微克的LSD就足以引發幻覺。LSD附著得很緊，因此繼續增加劑量也無法增強效果。

經過一段時間，CIA了解到影響心智的藥物並非他們尋找的靈丹妙藥。伴隨這些藥物而產生的幻覺和藥癮，使得藥物不能穩定的使用，效果也無法預測，在需要小心處理的政治情況中，這類藥物造成的麻煩比利益還要多。

這裡要特別指出的是，最近幾年，MRI腦部掃描藥物成癮者的結果，發現有一種新的方式，有可能治療某些形式的藥物成癮。有人注意到，如果中風患者位於腦部深處、前額葉皮質和顳葉皮質之間的腦橋受損了，在戒菸時會比一般的菸癮者輕鬆許多。對古柯鹼、酒精、鴉片類藥物或尼古丁濫用者的調查，也得到相同結果。如果這個結果站得住腳，就可以用電極或是磁刺激器抑制腦島（insula）的活動，以治療上癮症。美國國家藥物濫用研究所的主任沃爾寇（Nora Volkow）說：「這是我們首次知道有這樣的事情，腦部某個特殊的部位受損居然能完全解決成癮問題，讓人大為驚奇。」目前還沒有人知道這是如何作用的。腦橋參與的腦功能多到讓人摸不著頭緒，包括知覺、運動控制和自我意識。如果這些結果能證實，將會改變成癮研究的樣貌。

用光基因學研究腦

上面這些心智控制的實驗，都在腦依然是個謎團的時候完成，這種亂槍打鳥的方法通常會失敗。不過，由於探究腦的工具大量出現，我們現在有許多了解腦的新機會，同時也有可能控制腦。

我們之前提過，「光基因學」是當今進展最快速的科學領域之一，其目標是找出與行為模式相關的精確神經線路。光基因學是由視蛋白（opsin）的基因開始研究，這種蛋白質的特殊之處在於對於光很敏感。（這個基因可能數億年前就出現了，並且和第一個眼睛的形成有關。因為那片表皮有視蛋白而對光敏感，經過許多年演化成為眼睛的視網膜。）

如果把視蛋白的基因插入一個神經元中，你只要打開燈，就能讓這個神經元依照你的命令活躍起來。由於視蛋白基因製造出來的蛋白質能控制電性並且讓神經元活躍，因此使用這樣的開關，我們可以馬上認出某些行為的神經線路。

不過困難之處在於把這個基因送到一個神經元，因此科學家借用基因學工程技術，先把視蛋白基因送到無害的病毒中（這個病毒有害的基因已經先移除），然後利用精細的工具就可以把這一個病毒送到一個神經元。這個病毒會感染神經元，將自身的基因插入神經元的基因之間，然後用光束照到神經組織上，那個神經元就會啓動。

光基因學不只讓科學家發個光就能照出特定的神經線路，還能控制行爲。這個方法已經成功了。長久以來科學家就認爲，果蠅一定有個簡單的神經線路負責逃跑飛走。他們利用光基因學的方法，就有可能找出這個快速反應背後的神經線路。只要照一道光到這些果蠅身上，他們就會依照命令馬上飛走。

科學家也可以用光讓線蟲停止扭動。到了二〇一一年，又有另一項突破進展。史丹佛大學的科學家將視蛋白基因插入小鼠的杏仁體中一個特殊的區域。這些小鼠是特殊品種，天生膽小，在籠子裡總是畏縮發抖。但是只要一道光照入牠們的腦子中，牠們馬上就擺脫恐懼，在籠子裡四處探索。

這項突破的意義重大。果蠅簡單的反射動作機制只牽涉一些神經元而已，但是小鼠有完整的邊緣系統，和人類大腦類似。雖然許多在小鼠上成功的實驗，在人類身上無法成功，但是科學家依然有可能在未來找到引發精神疾病的神經線路，精確的治療而不會引發副作用。就如同麻省理工學院的波依頓（Edward Boyden）所說：「如果你想要關閉腦中的一條線路，動手術切除部分腦區是方法之一，不過把光纖植入腦中可能更好。」

其中一種可行的應用是治療帕金森氏症。之前已經指出，深腦刺激術可以用來治療帕金森氏症，但是電極植入腦中的位置不夠精確，因此會有中風、流血和感染的風險。深腦刺激術也會引發副作用，例如頭暈和肌肉收縮，這是因爲電極意外刺激不對的神經元。光基因學能找出不該活躍的神經線路，精確程度可達個別的神經元，進而改善深腦刺激術。

這種新科技也可能對麻痺患者有利。我們在第四章討論過，有些麻痺患者必須連接到電腦，才能控制機械手臂，但是他們沒有觸覺，因此有可能讓想要抓住的物品掉落或是壓碎。史丹佛大學的謝諾（Krishna Shenoy）博士說：「義肢手臂指尖的感測器所取得的訊息，可以利用光基因學直接傳遞回腦中，這樣理論上能提供精確的觸覺。」

光基因學也有助於釐清和人類行爲有關的神經線路。已經有擬訂計畫要在人腦進行相關的實驗，特別是要研究精神疾病。當然其中有許多障礙。首先，這個技術必須先把顱骨打開，如果要研究的神經元位於腦部深處，手術就會入侵得比較多。最後，還要把一小根電線插入腦中，這樣才能發光照到改造過的神經元，以引發需要的行為。

一旦這些神經線路找到了，我們可以刺激這些線路，讓動物產生奇特的行為，例如讓小鼠繞著圈子跑。雖然科學家才剛開始探索控制動物單純行為的神經線路，但是在未來，我們應該可以製作出這些行為的百科全書，包括人類的行為。不過，如果落入惡人手中，光基因學也有可能用來控制行為。

總的來說，光基因學的好處遠勝於缺點，它能真正揭露腦的神經線路，以治療精神疾病和其他疾病。科學家也可能利用光基因學發展出工具修補損傷，治療以往被認為無法治療的疾病。不久的未來，這些好處都只會有正面效果。不過在更久的將來，當我們充分了解人類行為的神經線路後，光基因學也能用來控制或是至少改造人類的行為。

心智控制與未來

總而言之，CIA利用藥物和催眠術是失敗了。這些技術既不穩定，也無法預測，不能用在軍隊中。這些方法可以引發幻覺和依賴性，但是無法完全清除記憶、讓人順從，或是強迫人們作出違背意願的行為。各國政府會持續嘗試，但是目標難以達成。到目前為止，藥物使用不便，無法讓你控制他人行為。

不過也有讓人警覺的故事。薩根說過一個惡夢般的情節，有可能成真。他想像獨裁者把兒童找來，把電極插入他們的「痛苦」和「快樂」中樞。然後獨裁者可以用電腦無線遙控這些電極，他就能使用按鈕控制這些人。

另一個有可能發生的惡夢是插入腦中的電極有可以凌駕我們的希望，並且奪取肌肉的控制權，強迫我們作出不想做的事。戴爾嘎多的成果雖然粗淺，但是也顯示一陣大電流注入腦中的運動區域，能壓過我們的意識，因此我們的肌肉就不再受到自己的控制。他也能找出動物中一些會受到電極控制的行爲。在未來，或許會找到許多用電流開關就可以控制的行爲。

如果你是受到控制的人，這將會是個不愉快的經驗。雖然你認爲是自己身體的主宰，但是你的肌肉卻在沒有你同意下就動起來了，因此你作出違背自己意願的動作。送進你腦中的電流脈衝強過你自己用意識送給肌肉的，這就像是有人劫持了你的身體。你的身體像是身外之物。

理論上，在未來這類惡夢有可能發生，不過有其他因素會阻止這些惡夢。首先，這項科技還處於嬰兒階段，並不知道是否能應用在人類身上，還有許多時間可以觀察它的發展，也可以設立監察方式以避免濫用。其次，獨裁者可能決定用宣傳工具或是高壓政策來控制人民，這是常用的方式，簡單而且有效。要把電極插入數百萬名兒童的腦中，所費不貲而且還要動手術。第三，在民主社會中，對於這種強大的科技所帶來的希望與限制，公眾會有激烈的爭論。會有相關法令以避免這些技術的濫用，又不會損及它們減少人類痛苦的能力。很快的，科學家就會讓我們了解神經線路的細節，這是前所未有的成就。在能造福社會的科技與能加以控制的科技之間，必須畫下一條清楚的界線。這樣的法律若要能通過，就必須有受過良好教育、充分了解情況的人民。

不過我相信這種科技所造成的眞正衝擊，將是讓心智釋放而非受到奴役。這些科技讓受精神疾病所苦的人有了希望。雖然這些新科技無法根治精神疾病，但是能讓我們深入了解這些疾病的形成與發展方式。將來有一天，經由基因學工程、藥物，再加上各種高科技的方法，我們能治療這些古老的疾病，最後甚至可以治癒。

最近探索腦的方法之一是研究歷史人物的性格，或許現代科學的見解有助於解釋古代人物的精神狀態，目前分析過最神祕的歷史人物之一是聖女貞德。

第九章
改變意識的狀態

情人和瘋子滿腦子狂熱……瘋子、情人和詩人，都是幻想的產物。

——莎士比亞，《仲夏夜之夢》

聖女貞德，一位沒受過教育的農家女孩，她宣稱自己聽到上帝的聲音，她從沒沒無名中崛起，帶領士氣低落的軍隊迎向勝利，改變許多國家的歷史，也使自己成爲歷史上最迷人的悲劇英雄，令人扼腕不已。

在英法百年戰爭處於渾沌拉鋸之時，法國北部遭受英國軍隊蹂躪，法國國王無力應戰。此時一位來自奧爾良（Orleans）的年輕女孩宣稱自己受到神聖的旨意，要帶領法國軍隊迎向勝利。當時法國國王查理七世已經無計可施，便讓她帶領部分軍隊回擊敵軍，而她也連續多次擊敗英軍，讓每個人都震驚不已。關於這位神奇女孩的消息很快傳開，她的名聲隨著每次勝利而提高，最後成爲民間女英雄，整個法國以她爲中心凝聚起來。法國軍隊本來已經處於崩潰邊緣，現在贏得數個決定性戰役，使得國王能順利加冕。

不過後來她遭到背叛，落入英國人手中。英國人知道她在法國深具影響力，她宣稱自己受到上帝指引，這些都對英國造成壓力。因此英國爲貞德打造一個表演般的審判，在經過精心設計的審判之後，貞德被判為異端，火刑處死，當時是一四三一年，她十九歲。

之後幾世紀，有數百人想要了解這位神奇的少女究竟是先知、聖人，還是瘋子。最近科學家嘗試利用現代的精神病學和神經科學解釋歷史人物的一生，貞德也包括在內。

沒有人質疑她宣稱受到神的啓發不是發自內心，不過許多科學家認為她罹患精神分裂症，因為她「聽到聲音」。但是其他人不認為如此，因為從現存的審判記錄看來，她十分聰慧。當時英國人設下數個神學上的陷阱，例如他們問貞德是否受到上帝的恩典，如果她回答是，就會被判為異端，因為沒有人能確定自己受到上帝的恩典。如果她回答不是，她就承認自己騙人。不論如何回答，都必輸無疑。

但是她的回答讓在場的人震驚：「如果我沒有受到恩典，希望上帝賜與我。如果我得到恩典，希望上帝繼續賜與。」法院公證人在記錄上寫道：「那些審訊她的人全都目瞪口呆。」

事實上，她的審問記錄非常精彩，因此蕭伯納在他的劇本《聖女貞德》中照實翻譯法庭記錄。

最近，關於這位傑出的女性又有新理論出現：她可能罹患顳葉癲癇症。這種病的患者有時候會癲癇發作，同時也會有奇特的副作用：籠罩在光中，光的形狀像是自己所信賴的人。這些病患會有「過度宗教傾向」（hyperreligiosity），認為所有的東西背後都有靈魂或精靈，隨機發生的事件也不是隨機，而是具有深遠的宗教意涵。有些心理學家認為許多歷史上的先知同樣有這種顳葉癲癇症，他們都相信自己和上帝說話。神經科學家伊葛門博士說：「歷史上一些先知、殉道者和領導人，可能患有顳葉癲癇症。少女貞德十六歲時改變英法百年戰爭的局勢，就是因為她相信（也讓法國士兵相信）自己聽到大天使聖米迦勒、聖加大肋納、童貞瑪加利大，以及天使加百列的聲音。」

這種有趣的副作用在一八九二年就有人發現，當時的精神疾病教科書指出「宗教情感」（religious emotionalism）與癲癇有關。首度臨床描述是在一九七五年由波士頓榮民總醫院的神經學家蓋許文（Norman Geschwind）完成，他發現左顳葉因癲癇的電活動過度活躍的患者，通常會有宗教體驗。他認為腦中的電風暴有時會引發宗教狂熱。

拉瑪錢德朗估計，大約三〇到四〇%的左顳葉癲癇症患者有過度宗教傾向。他指出：「有時是那人所信賴的神，有時是瀰漫在整個宇宙的感覺。每個事物都充滿意義。病人會說：『醫生，我知道什麼是眞實，我眞的了解神。我了解我在宇宙中的位置，在這個宇宙的大架構中。』」

他也發現，有許多這樣的人對於自己的信仰堅如磐石。他說：「有時我會懷疑，這些顳葉癲癇症患者是否接觸到另一個眞實的次元，從蟲洞這類的東西連接到平行宇宙。不過通常我不會對同事講這些，以免他們懷疑我瘋了。」他對顳葉癲癇症患者進行實驗，確定他們對於「神」這個字有強烈情緒反應，對於其他中性字眼則無，這意味著過度宗教傾向和顳葉癲癇症的關連是確實的，並非傳聞。

心理學家波辛格（Michael Persinger）聲稱，經顱電刺激［transcranial electrical stimulation，利用經顱磁性刺激（TMS）］能刻意引發這些癲癇損傷的效應。若眞如此，磁場有可能改變一個人的宗教信仰嗎？

在波辛格博士的研究中，受試者會戴一頂頭盔（稱爲「上帝頭盔」），頭盔中有儀器能把磁場傳到腦中的特殊部位。之後科學家訪問受試者，他們通常宣稱看到偉大的聖靈。比艾羅（David Biello）在《科學人》雜誌寫道：「在三分鐘的刺激中，被影響的受試者把神聖的體驗依照自己的文化和宗教語言傳遞出來，可以是上帝、佛陀、善靈，或是宇宙的奇蹟。」由於這個效果可以隨意引發，這意味著腦中有些部位以某種方式負責了宗教情感。

有些科學家想得更多，推論有一種「上帝基因」讓大腦有宗教傾向。所有社會都會創造某一類型的宗教，因此人類對於宗教有反應的能力，也可能與基因有關，而且已經在基因組中設定好了。同時，有些理論演化學家對這種現象的解釋是，宗教對於早期人類的生存有利。宗教藉由共同的神話，將紛爭的個人結合成緊密的部落，部落若能團結，存活的機會就會增加。

類似「上帝頭盔」的實驗會撼動一個人的宗教信仰嗎？磁振造影（MRI）機器能記錄有宗教頓悟經驗的人腦內的活動嗎？加拿大蒙特婁大學大學的柏爾嘉（Mario Beauregard）博士便測試這些想法。他招募十五位加爾默羅修會（Carmelite）的修女，她們同意把頭伸進MRI機器。這些修女必須「曾經和上帝有過緊密融合的經驗」。

最初柏爾嘉希望的是這些修女和上帝有神祕的交流時，能由MRI掃描記錄下來。不過當一個人被送入MRI機器，周圍有數噸重的磁力線圈和高科技儀器包圍著，並非聖靈顯現的理想舞台。他們最多只能回想之前的宗教體驗。其中一位修女說：「上帝不受召喚。」

最後的結果雜亂而無法作出定論，但是很明顯有數個腦區在實驗中活躍起來：

（一）尾核和學習，甚至可能和墜入情網有關。（可能是修女對上帝無條件的愛？）

（二）能監控身體感覺與社會情緒的腦島。（當修女們一起親近上帝的時候，可能彼此也很親近。）

（三）處理空間知覺的頂葉。（修女可能覺得上帝現出眞實的身體了。）

柏爾嘉博士承認，腦區活躍起來表示有許多可能的解釋，他無法確定是否過度宗教傾向能被引發出來。不過他認爲，修女的宗教情感可以從腦部掃描看出來。

但是這項實驗是否動搖修女的上帝信仰？不，事實上修女認爲上帝在我們的腦中放了一台「收音機」，這樣我們就能和祂溝通。

她們的結論是，上帝造人時就讓人有這個能力，上帝賜與人類神聖的天線，因此我們能感覺祂的存在。比艾羅總結：「雖然無神論者可能會爭著說，找到腦中負責靈性的部位，就意味著宗教不過是神聖的妄想。可是修女看到自己的腦部掃描時大受感動，理由恰恰相反：他們認爲這確認了上帝的確和自己交流。」柏爾嘉的結論是：「如果你是無神論者而有過這種體驗，你會將之解釋成宇宙的壯麗。如果你是基督徒，就會認爲這和上帝有關。誰知道呢？說不定兩者是相同的。」

英國牛津大學的生物學家道金斯（Richard Dawkins）是一位直言不諱的無神論者，他也做過類似的事情，戴上上帝頭盔，看看自己對於宗教的看法是否會改變。

結果沒有改變。

因此就結論來說，顳葉癲癇症或是磁場，都可能引起過度宗教傾向，但是沒有確實的證據指出磁場能改變一個人的宗教觀。

精神疾病

不過有另一種受到改變的意識狀態，對本人以及他們的親人來說，都造成非常大的痛苦，那就是精神疾病。腦部掃描和高科技能揭露這種折磨的病因嗎？能進而找到療法嗎？如果眞的如此，那麼將能消滅人類最大的痛苦來源之一。

例如在歷史中，治療精神分裂的方法既殘酷又粗陋。這種讓人耗弱的精神疾病患者，約占人口數的一%。他們通常會有幻聽，苦於偏執的幻覺和雜亂無章的念頭。這些患者被認爲受到魔鬼「附身」，而遭到放逐、殺害或囚禁。作家歌德的小說有時會出現怪異、精神錯亂的親戚角色，住在黑暗房間或是地下室。《聖經》也記錄耶穌曾遇到一位被惡魔附身的人。耶穌把他身體中的惡魔驅走後，他馬上就痊癒了。（但是有一群豬馬上陷入瘋狂而墜入海中。）

現在你依然可以看到典型的精神分裂症患者在街上走動，他們大聲的和自己爭辯。最早的跡象可能在近二十歲（男性）或二十歲出頭（女性）時浮現。有些精神分裂症患者能過正常生活，甚至事業有成，直到內在的聲音完全掌握身體。最有名的病例是一九九四年諾貝爾經濟學獎得主納許（John Nash），在電影《美麗境界》中由羅素．克洛（Russell Crowe）飾演。納許二十多歲在普林斯頓大學時，對於經濟學、賽局理論和純數學作出許多尖端成就。他的論文指導老師之一在他的介紹信中只寫了一句話：「這個人是天才。」值得一提的是，他在受擾於幻覺的情況下，依然能展現如此高水準的智性。到了三十一歲，他還是崩潰了，被送進醫院照料，多年後納許遊走各機構和世界各地，因爲他害怕共產黨的特務會來殺他。

到目前爲止，沒有一個精確的診斷精神疾病方式能爲人們接受。不過我們希望有一天，科學家能利用腦部掃描和其他高科技的方式創造精確的診斷儀器。也因爲如此，治療精神疾病的進展慢得讓人痛苦。痛苦數千年之後，精神分裂症患者終於看到第一個解除病痛的跡象，那是在一九五〇年代意外發現精神安定藥物，例如舒樂精（thorazine）。這種藥物能大幅抑制精神疾病中擾人的內在聲音，有時甚至可以完全消除。

據信這些藥物能調節某些神經傳導物質（例如多巴胺）的濃度，因而有效。這些藥物能封住某些特定神經細胞上的D2受體，使得多巴胺濃度下降。這個理論認爲幻覺的成因之一是邊緣系統和前額葉皮質中的多巴胺過量，這同時也能解釋服用安非他命的人也會出現類似的幻覺。

多巴胺對於腦中突觸是不可或缺的，也和其他疾病有關。有個理論指出，如果突觸缺乏多巴胺，就會使得帕金森氏症加重，如果多巴胺太多則會引發妥瑞氏症（Tourette's syndrome）。妥瑞氏症的患者會抽筋與臉部抽動，其中有一小部分患者會不受控制的說出髒話和詛咒、褻瀆的話。

最近科學家研究的另一個嫌疑犯是腦中麩胺酸（glutamate）的濃度。會這樣想的原因之一是毒品PCP（phencyclidine，俗名：天使塵）會引發類似精神分裂症患者的幻想，是因爲它能封住「N—甲基—D—天冬胺酸鹽」（N-methyl-D-aspartate, NMDA）受體，這個受體會和麩胺酸結合。新的精神分裂症藥物氯氮平（clozapine）能刺激麩胺酸的製造，是很有希望的療法。

但是這些精神安定藥並非萬靈丹，約有二〇%的人服藥之後症狀完全消失，三分之二的人症狀多少有改善，但是其他人完全無效。有個理論認爲，精神安定藥能模擬腦中缺少的天然化合物，但是並非完全相同的東西，因此病人必須嘗試多種不同的精神安定藥，幾乎是在嘗試錯誤。此外，這些藥物會造成不快的副作用，所以精神分裂症患者通常會停藥，但症狀就會復發。

最近在精神分裂症患者出現幻聽時進行腦部掃描，這有助於解釋這個古老的疾病。例如我們暗自在心中對自己說話時，MRI掃描可以看到腦中某些部位發亮，特別是在顳葉中的一些區域，例如維尼克區（Wernicke's area）。當精神分裂症患者出現幻聽，那些區域也發亮了。腦非常努力要建立一個前後連貫的情節，因此精神分裂症患者想要把這些沒由來的聲音變得有條理，便相信這些聲音是從奇怪的地方來的，比如火星人祕密的把念頭射入自己的腦子。俄亥俄州立大學的史威尼寫道：「和聽覺有關的神經元自己活躍起來，就像是在乾燥悶熱的車庫中吸滿汽油的地毯會自己燃燒起來。如果沒有來自周遭的視覺和聽覺刺激，精神分裂症患者的腦部就會自己產生對於現實的強烈幻覺。」

值得注意的是，這些聲音可能像是第三者對患者發出命令，其中大部分都無害，但是有時候卻很暴力。同時，前額葉皮質的模擬中心就像是自動駕駛，因此精神分裂症患者的意識也和常人一般進行模擬，但是這個意識卻沒有獲得患者的允許，患者甚至不知道自己在自言自語。

幻覺

心智會持續產生幻覺，但是大部分的幻覺很容易受到控制。例如我們會看到不存在的影像或是聽到假冒的聲音，前扣帶回皮質的重要之處在於能區分外來的刺激，和由心智產生的內在刺激。

不過精神分裂症患者的這個系統損壞了，而無法區分眞實的聲音和幻想的聲音。（前扣帶回皮質位於連接前額葉皮質和邊緣系統的重要位置，這兩個區域的連結在腦中是最重要的地方之一，因爲控制了理性思考和其他情緒。）

幻覺如果想要就能產生。如果你一人在漆黑的空間、隔離的房間，或是有奇怪恐怖噪音的環境，幻覺就會自動出現。有許多眼睛欺瞞自己的例子，事實上腦子也欺瞞自己，會自行產生假象，會試著理出世界的條理，找出威脅，這種效應稱爲「空想性錯視」（pareidolia）。每當我們看著天空的雲朵，會覺得像是動物、人或是自己喜愛的卡通人物。這種效應已經由腦部的結構決定，我們別無選擇。

在某種意義上，我們看到的所有影像，不論眞實或虛幻，都是幻覺，因爲腦部會持續產生假的影像來「塡補空隙」。就如同之前提到的，即使是眞實的影像，其實多少也經過修改。但是精神病患的前扣帶回皮質可能受損，因此腦把眞實和幻想混淆了。

強迫性心智

另一種可能用藥物治療的精神疾病是強迫症（obsessive- compulsive disorder, OCD）。我們之前曾經提到，人類的意識和許多回饋機制的調控有關。

不過有時候，有些回饋機制一直處於「打開」的狀態。

有四十分之一的美國人苦於強迫症。有些症狀輕微，例如有些人會一直回家看門鎖好了沒。電視影集《神經妙探》中的主角蒙克（Adrian Monk）就有輕微的強迫症。但是有些強迫症嚴重的人會強制性的一直擦洗皮膚，直到皮破血流。有些強迫症患者會持續數小時作出強迫行爲，因此難以保有工作或成立家庭。

這類強迫行爲如果適度，能讓我們保持乾淨、健康與安全，這實際上有好處，也是這類行爲能演化出來的原因。但是具有強迫症的人無法停止這些行爲，使得行爲失去控制，不斷重複。

腦部掃描正在揭露這種疾病是如何發生的。掃描顯示，腦中至少有三個部位進入回饋圈子中出不來，這些部位原本都是要讓我們保持身體健康。首先是眼窩額葉皮質，我們在第一章提到，它的功能是檢查事實，讓我們確定門有關好、手有洗乾淨。這個部位會作出「嗯，好像怪怪的」之類指示。第二個是尾核，它位於基底核下方，負責管控已經習慣的自動化動作，能告訴身體「做這個動作」。最後是扣帶皮質，這和意識情緒有關，包括不舒服的感覺，它會說：「我的感覺還是很糟。」

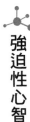

美國加州大學洛杉磯分校精神病學教授史瓦茲（Jeffrey Schwartz）把這些統整起來，解釋強迫症的失控狀態。想像你迫切的想洗手。眼窩額葉皮質認爲有事怪怪的，因爲你的手髒了。尾核這時會加入讓你自動開始洗手。之後，扣帶皮質會因爲手乾淨了而滿足。

不過在有強迫症的人腦中，這個循環受到改變。就算患者注意到手髒了而把手洗乾淨，依然有「怪怪的」不安感，覺得手還是髒的，因此陷入回饋循環，無法脫出。

在一九六〇年代，鹽酸氯米胺（clomipramine hydrochloride）這種藥物能讓強迫症病患症狀稍減，後來發展出的其他藥物都能增加體內血清素這種神經傳導物質的濃度。在臨床實驗中，能減少六成的強迫症症狀。史瓦茲博士說：「腦想要做腦想做的事情，但是你不要讓腦把你搞得團團轉。」這些藥物無法治癒疾病，但是對於苦於強迫症的人而言，多少能減緩症狀。

雙極性障礙

另一種常見的精神疾病是雙極性障礙（bipolar disorder，又稱：躁鬱症），病患會突然爆發極爲狂野、虛妄的樂觀情緒，然後崩潰而陷入深深憂鬱一段時間。雙極性障礙似乎和家庭有關，奇怪的是通常也會在藝術家身上出現，可能是因爲他們的偉大藝術作品是在爆發式的創意與樂觀中完成的。許多充滿創意的人具有雙極性障礙，排列起來好像在看影視名流、音樂家、藝術家和作家的名人錄。雖然鋰劑能控制雙極性障礙中的許多症狀，但是病因還不完全明瞭。

有一個理論認爲，雙極性障礙是左右腦不平衡造成。史威尼博士說：「腦部掃描的結果讓研究人員認爲，右腦通常負責像悲傷的負面情緒，而左腦則負責快樂等正面情緒。至少在百年來，神經科學家注意到左腦的損傷和負面情緒有關，例如憂鬱或無法控制的哭泣。如果傷到右腦，就會牽涉許多正面的情緒。」

左腦負責分析與控制語言，如果自己管自己，就會變得狂躁。相對的，右腦注重大局而會抑制狂躁。拉瑪錢德朗博士說：「如果左腦沒有受到管理，會讓人狂躁而充滿妄想……因此右腦要故意唱反調的推論是很合理的，這樣『你』才能超然、客觀（不以我爲中心）的看待自己。」

如果人類有意識是爲了模擬未來，那麼意識必須計算未來各種結果的可能性，這需要在樂觀與悲觀之間達成精細的平衡，才能估計各種行爲成功或失敗的機會。

就某方面來說，沮喪是我們能模擬未來所必須付出的代價。我們的意識能想到未來所有可怕的結果，這樣就能小心警覺所有可能發生的壞事，即使這些壞事並沒有在現實中發生。

這麼多理論要一一證實不容易，因爲在臨床上診斷出憂鬱的人，腦部掃描結果顯示許多腦區都受到影響，因此難以確定問題的來源。不過在臨床上有憂鬱症狀的人，頂葉和顳葉的活動受到壓抑，可能的解釋是這些人從外在的世界退縮了，活在自己內在的世界，特別是腹側內皮質似乎也有重要角色。這個部位似乎能產生世界的意義與整體感，因此所有的事情看起來都是有目的。這個區域如果活躍過頭，就會引發狂躁，在這種狀況下，人會以爲自己是全能的。該區域如果活動能力下降，則與憂鬱症有關，而且會覺得生活缺乏目標，因此這個區域的缺陷可能和有些情緒的擺盪有關。

意識理論與精神疾病

意識的時空理論如何應用到精神疾病呢？能讓我們更了解這種疾病嗎？如之前所說，我們把意識定義爲：我們面對世界建立空間與時間（特別是未來）模型的過程，建立的目的是爲了達成某個目標，建立的方法則是評估許多不同因素的回饋循環。

假設人類意識的主要功能是模擬未來，這不是什麼普通工作，腦要查對這些回饋循環，並且要讓它們保持平衡。例如有技巧的執行長在董事會上，把工作人員的不同意見都引出來，然後指明彼此競爭的觀點，接著詳細研究各種說法，最後作出決定。同樣的，腦的各區域也對未來有不同的評估結果，這些結果最後都匯集到背側前額葉皮質，那是腦的執行長。不相容的種種推論結果會在那裡受到評估與權衡，最後作出調和的決定。

我們可以用意識的時空理論來爲絕大部分的精神疾病下定義：

模擬未來的回饋循環之間的競爭，需要查對並且保持平衡，如果這種狀況崩潰了（通常是腦的某個區域太活躍或是不活躍），便會造成精神疾病。

由於回饋循環已經崩潰，因此心智的執行長（背側前額葉皮質）對於事實無法作出調和的評估，因此開始作出奇怪的結論，並且產生詭異的行爲。這個理論的好處在於能測試。方法是精神疾病的人在出現失常行爲時，對他進行腦部磁振造影（MRI）掃描，評估腦部回饋迴路的運作，然後和正常人的掃描結果加以比較。如果這個理論是正確的，那麼失常行爲（例如聽到聲音、心神不寧）就可以追蹤回饋循環的查證和協調出現失常的地方。如果失常行爲完全和腦部各區域之間的交互作用無關，就證明這個理論是錯誤的。

有了這個精神疾病新理論，我們現在可以將之應用在各種不同形式的精神疾病，用新的方式看待之前的討論內容。

我們之前看到強迫症患者的焦躁行爲，可能是因爲數個回饋循環之間的查證和協調失衡了，某個循環出了差錯，另一個循環太活躍，還有另一個則發出指令：事情已經處理了。循環中查證與協調之間的錯誤，能讓腦部陷入惡性循環，因此心智不相信問題已經解決了。

精神分裂症患者聽到的聲音，可能是數個回饋循環之間失調的結果。顳葉的一個循環會產生非眞實的聲音（例如腦對自己講話）。前扣帶回皮質通常會檢查幻聽和幻視，因此正常的人能區分眞實和虛構的聲音。但如果腦中這個部位沒有正常運作，腦中就會充滿找不出來源的聲音，而相信這些聲音是眞實的。這種狀況會造成精神分裂症患者一些特別行爲。

雙極性障礙情緒在狂躁和憂鬱之間擺盪，也可能歸因於左腦和右腦之間的失調。樂觀評估與悲觀評估之間必須的交互作用失去平衡，使得患者的情緒在兩者之間大幅度的擺盪。

偏執症（**paranoia**，妄想症）患者也可以用這樣的方式來解釋：杏仁體（負責引發恐懼感和誇大威脅）和前額葉皮質（負責評估並整體分析威脅）之間失去平衡。

必須強調，演化讓我們有這些回饋循環是有原因的：爲了保護自己，讓我們保持乾淨、健康，並與他人建立連繫。只有在這些彼此抗衡的循環之間的互動崩壞時，才會出現問題。這個理論大致歸納如下表格：

精神疾病	回饋循環1	回饋循環2	受影響腦區
偏執症	知覺與威脅	不理會威脅	杏仁體／前額腦葉
精神分裂症	產生聲音	不理會聲音	左顳葉／前扣帶皮質
雙極性障礙	樂觀念頭	悲觀念頭	左腦／右腦
強迫症	有事情不對勁	已經滿足	眼窩額葉皮質／尾核／扣帶皮質

註：根據意識的時空理論，模擬未來的回饋循環之間的競爭，需要查對並且保持平衡，如果這種狀況崩潰了，會造成大部分的精神疾病。腦部掃描可以逐漸確認哪些區域有變化。毫無疑問，完全了解精神疾病時，會找到更多有關的腦區，這個表格只是概略說明而已。

深部腦刺激術

雖然意識的時空理論或許能讓我們更了解精神疾病的起源，但是並沒有為我們指出新的治療方式。科學在未來要如何應對精神疾病呢？很難預測，因爲我們現在了解，精神疾病不只是一類疾病，而是一種範圍很廣的疾病，影響心智運作的方式之多讓人摸不著頭緒。此外，精神疾病背後的科學依然處於嬰兒階段，許多領域都還沒有探索，很多問題也沒有得到解釋。

不過現在有一種新憂鬱症療法正在試驗，在美國有兩千萬人患有這種頑強的精神疾病，受到無止盡的苦惱。其中有一成患者的憂鬱症類型無法治療，所有先進醫學都束手無策。有一種直接的方式可能有希望，就是把電極直接插入腦中受到影響的區域。

華盛頓大學聖路易校區醫學院的梅伯格（Helen Mayberg）和同事發現一個關於憂鬱症的重要線索。他們利用腦部掃描，確定了用所有方式都無法治療的憂鬱症患者的大腦皮質中，柏羅德曼二十五區〔Brodmann area 25，也稱爲胼肢體扣帶區（subcallosal cingulate region）〕一直過度活躍。

這些科學家利用深腦刺激術（DBS）刺激這個區域，做法是把很細的電極插入腦部深處，然後像心律調節器（pacemaker）一樣給予電擊。DBS在治療多種疾病上的成效驚人。過去十年，DBS已經治療運動相關疾病的四萬名病人，包括帕金森氏症和癲癇，這些疾病會造成身體不自主的運動。大約六〇到一〇〇%的病人表示，手部的顫抖有明顯改進。在美國有兩百五十多家醫院進行DBS療法。

不過梅伯格的想法是直接使用DBS刺激柏羅德曼二十五區，以治療憂鬱症。他們招募十二位病人，這些病人已經用盡藥物、心理治療和電擊療法，但是病情沒有改善跡象。

這群科學家發現，這些長期憂鬱的患者有八名馬上獲得改善。這是驚人的成就。事實上，其他的研究團隊競相複製這個結果，並且把DBS應用到其他精神疾病。目前DBS正在治療艾莫利大學（Emory University）的三十五名病患，以及在其他機構的三十名病患。

梅伯格說：「最初用心理治療法來對付憂鬱症，現在人們還在討論這個錯是誰的責任。後來對於憂鬱症的想法是腦中化學物質失去均衡。現在第三種看法是把複雜的行爲解析成一個系統中的不同組，這個概念引發每個人的想像力，讓我們用新的方式看待憂鬱症。」

雖然DBS治療憂鬱症患者的成功值得記上一筆，但是還有許多工作必須完成。首先，我們不清楚DBS爲什麼有效。有人認爲DBS摧毀或是破壞腦中過度活躍的區域（例如帕金森氏症受影響的腦區和柏羅德曼二十五區），因此只能消除過度活躍引起的病症。第二，我們必須改進這種方式的準確度。DBS已經用在治療多種腦部疾病，例如患肢痛（對於已經截除的肢體仍然覺得痛）、妥瑞氏症和強迫症，但是電極要插入腦中的位置並不精確，因此影響數百萬個神經元，而造成疾病的神經元可能只有一些而已。

這種療法的效率會隨著時間而改進。我們可以用晶片大小的電極，一次只刺激一些神經元。奈米科技也有可能讓神經奈米探針成眞，那是由奈米碳管（carbon nanotube）製成，每根只有一個分子那麼粗。當MRI的靈敏度增加，我們應該能引導這種電極插入腦中更精確的位置。

從昏迷中醒來

深腦刺激術已進入其他研究領域，包括一個有好處的副作用：增加海馬回中的記憶細胞。另一項應用是讓有些人從昏迷中醒來。

昏迷者的意識可能是最容易引起爭議的，通常還會上全美頭條。例如，施亞佛（Terri Schiavo）的案例就吸引公眾注意。她因爲心臟病突發而缺氧，使得腦部嚴重損毀，之後陷入昏迷，那是一九九〇年的事。她的丈夫在獲得多位醫生的贊同後，希望讓她有尊嚴而且平靜的死去。但是她的家人認爲，她對於刺激還有反應，要把維繫生命的管路拔除，非常殘酷，而且說不定有天她會奇蹟般甦醒。他們舉出之前一些轟動社會的例子，有些昏迷的病人在多年植物人狀態之後，突然恢復意識。

施亞佛的腦部掃描讓問題底定。在二〇〇三年，檢查過電腦軸面斷層掃描（CAT）的神經科學家，大部分都認爲腦部受損的範圍太大，她已經陷入永久的植物人狀態（PVS），不可能甦醒了。她在二〇〇五年去世，驗屍的結果確認之前無法甦醒的看法。

在其他昏迷的病例中，腦部掃描顯示病人腦部的損傷沒有那麼嚴重，因此有少許復甦的可能。二〇〇七年夏天，一名昏迷的病人在進行深腦刺激術之後甦醒，還向母親打招呼。這名男子八年前腦部受到嚴重損傷，進入稱爲「最小意識狀態」（minimally conscious state）的深沉昏迷狀態。

雷薩伊（Ali Rezai）領導的外科團隊執行這次手術，他們將一對電線插入病人的視丘。我們之前已經提過，該處是腦中最先處理感覺資訊的部位。醫生經由電線，用低伏特的電流刺激視丘，讓這名男子從深沉的昏迷中醒過來。（通常把電流送進腦部某個區域，會讓該區域停止活動，不過在有些狀況下可以刺激神經元恢復活動。）

ＤＢＳ改進之後，應該可以在不同的領域增加更多成功案例。現今的ＤＢＳ電極只有約一．五毫米粗，但是插入腦中可以和一百萬個神經元接觸，同時會引起流血、損及血管。實際手術中，有一到三％的病人的流血程度足以造成中風。ＤＢＳ電極所發出的電荷目前還沒有經過微調，而且也以固定的頻率發出。醫生最終將能調整電極發出的電荷，這樣可以爲病人量身打造電極。下一代的ＤＢＳ電極應該會更安全與精確。

精神疾病的基因學

另一個最終可以治療精神疾病的方法，是找出精神疾病的基因根源。這個領域已經有很多嘗試，但是結果不一，讓人失望。有許多證據指出，精神分裂症和雙極性障礙會在家族中延續，但是從這些人中找出共通的基因，卻還沒有確實的結果。通常科學家會追蹤某些精神疾病患者的祖譜，然後找出一個在譜系中盛行的基因。但是要把這個結果推廣到其他家族，卻常常失敗。科學家最多只能提出結論：要引發精神疾病，同時需要環境因子和數個基因。不過一般認爲，每個精神疾病都有其自身的基因基礎。

在二〇一二年有一個最廣泛的研究顯示，精神疾病的確可以有一個普遍的基因因子。美國哈佛醫學院和麻州綜合醫院的科學家分析世界各地六萬個人，發現精神分裂症、雙極性障礙、自閉症、重度憂鬱症（major depression）和注意力不足過動症（ADHD）五種主要的精神疾病，在基因上有一個共同點。這五種病症的患者加起來，占了大部分精神疾病患者。

科學家徹底分析這些人的ＤＮＡ之後，找到四個基因和精神疾病風險的增加有關，其中兩個與神經元中鈣離子通道的調節有關。（鈣對於神經訊號的處理非常重要。）哈佛醫學院的史莫勒（Jordan Smoller）博士說：「這和鈣離子通道有關的發現，意味著影響鈣離子通道或許和多種精神疾病具有療效，這是很大的發現。」鈣離子通道阻隔劑已經用來治療具有雙極性障礙的人。在未來，這些阻隔劑可能用來治療其他精神疾病。

這項新發現可以解釋一個讓人好奇的現象：如果一個家族中有多個成員有精神疾病，其他就會有不同的精神疾病。舉例來說，雙胞胎中一個得到精神分裂症，另一個則有完全不同的疾病，例如雙極性障礙。

這裡的重點是，雖然每種精神疾病有自身引發的因子和基因，但是有共通一條線把它們串在一起，找到這些疾病的共通因子，讓我們能順著這條線索前進，有可能發展出治療這些疾病的最有效藥物。

史莫勒博士說：「我們的發現可能只是冰山一角。當相關的研究結果越來越多，我們預料會有其他基因也和多個疾病有關。」如果還有其他基因同時牽涉到這五種疾病，那麼就可以有新的方向來研究精神疾病。如果找到更多的共同基因，意味著基因療法或許能用來修補缺陷基因所造成的損傷，也可能研發出用於治療神經元階層的新藥物。

未來的方向

目前並沒有治癒精神疾病的療法。歷年來醫生對於這些病人無能為力，但是現代醫學帶來各種新的可能與療法來對抗這個古老疾病，其中一些方法是：

（一）找出能調節神經元傳訊的新神經傳導物質與藥物。
（二）找出與多種精神疾病相關的基因，可能用基因療法治療。
（三）利用深腦刺激術抑制或增強某些腦區的神經元活動。
（四）利用腦電圖（EEG）、磁振造影（MRI）、腦磁圖儀（MEG）和經顱電磁掃描器（TES），更仔細了解腦的功能失調。
（五）在第十一章，我們將會探究另一個很有希望的研究方向，並描繪整個腦以及其中所有的神經線路，最後將會揭露精神疾病的祕密。

不過為了了解那麼多各式各樣的精神疾病，有些科學家相信精神疾病可以分成至少兩大類，各需要不同的研究方式：

（一）腦傷造成的精神疾病。
（二）腦中線路接錯所造成的精神疾病。

第一種包括帕金森氏症、癲癇、阿茲海默症，以及多種因為中風和腫瘤造成的疾病。這類疾病的腦組織是眞的受到傷害或是功能失常，在帕金森氏症和癲癇的病患中，的確某個特殊部位的腦區中神經元過度活躍。

例如阿茲海默症，因爲類澱粉蛋白斑塊累積起來摧毀腦組織，其中受損的包括海馬回。中風和腫瘤會讓腦某些部位停止活動，引發多種行爲問題。這些病症由於傷害都不同，因此治療方式也各異。帕金森氏症和癲癇可能需要電極讓過度活躍的區域休息。阿茲海默症、中風和腫瘤造成的傷害，通常無法治癒。

未來除了深腦刺激術和磁場，應該會有更新的方法處理這些受損的部位。有天幹細胞或許能取代受損的腦部組織，人造的替代品再加上電腦或許能彌補受傷區域的功能，在這種狀況下，受損的組織得切除或是置換，新換上的組織可能是生物性質或是電機性質。

第二類的精神疾病是由於腦部線路接錯所造成的，精神分裂症、強迫症、憂鬱症和雙極性障礙可能都屬於這一類。腦中各部位可能都健康而完整，但是其中一個或數個連接錯誤，因此訊息無法正確處理。這種狀況難以治療，因爲我們還不完全了解腦部的線路是如何連接的。到目前爲止，主要的治療方式是採用能影響神經傳導物質的藥物，但是其中有很多狀況是在亂槍打鳥。

不過，有另一種心智狀態讓我們了解心智運作的方式，也能讓我們用新的觀點看待人腦的運作以及失常時會發生什麼狀況。這個領域就是人工智慧（artificial intelligence, AI）。雖然人工智慧還處於嬰兒階段，但是對於思考的過程提供了深刻見解，也讓我們更了解人類的意識。這樣衍生出的問題有：能讓電腦具有意識嗎？如果可以，電腦的意識和人類的意識有何不同？有天電腦意識會控制人類嗎？

第十章 人工心智與電腦意識

我對發展超強大腦沒興趣。我研究的是一般的腦，就如同美國電話電報公司（AT & T）總裁的腦。

——圖靈（Alan Turing），電腦科學之父

二〇一一年二月寫下歷史新頁。

IBM的電腦「華生」（Watson）完成許多評論者認爲不可能做到的事情：在電視智力競賽節目《危險邊緣》（*Jeopardy*），擊敗兩位參賽者。全美數百萬名觀眾緊盯著電視，看華生有條理的擊潰對手，回答競爭者難以回答的問題，最後獲得獎金一百萬美元。

IBM集中全力，匯聚名符其實的巨大運算火力，打造了這台機器。華生每秒能處理五百GB的資訊（相當於每秒一百萬本書），隨機存取記憶體（RAM）高達十六兆位元。華生的記憶體中有相當於兩億頁的資料，包括整個維基百科內容。華生能在電視現場分析這些內容。華生是「專家系統」（expert system）中最新的一代，這種軟體程式能以形式邏輯（formal logic）處理大量的專門資料。（你打電話與機器說話，以便操作選單，就是一種原始的專家系統。）專家系統會持續進入我們的生活，讓我們生活更便利、平順。

例如工程師正在研發「機器醫生」，這種程式可以放在手錶或是螢幕上，給予基本的醫學建議，正確度可達九九%，而且幾乎不用錢。你可以說出自己的症狀，它會連接到世界頂尖醫學中心的資料庫，提取最新的科學資訊。這樣我們就不必看醫生那麼多次，讓人花大錢的假警報也能消除，同時還可以定期和醫生對話。

我們還可能會有「機器律師」回答所有常見的法律問題，或是有「機器祕書」安排休假、旅行和晚餐。當然，如果對於專業建議有特殊需求，我們仍需要去看眞的醫生、律師，但是對於普通日常的建議，我們只需要求助程式即可。

此外，科學家已經打造出「閒聊機器」，能模擬一般的對話。一般人大約認識數萬字，讀報紙需要約兩千字，但是普通的對話通常只需要數百字。在有限的字數內，機器人可以設定程式進行對話。不過只能和特定對象說話。

媒體狂熱：機器人來了

華生贏得競賽後，有些「專家學者」非常焦急，哀嘆機器奪權的日子要來臨了。詹寧斯（Ken Jennings）是華生在比賽中的競爭對手，他對媒體說：「我本來就歡迎新電腦當最高統治者。」有人問，如果在人腦與電腦的對抗中，華生能擊敗經驗豐富的智力競賽選手，那麼我們一般人能有多少機會對抗電腦？詹寧斯半開玩笑的說：「布雷德（Brad，另一位參賽者）和我是最早因爲新一代『思考』機器，而失去工作的知識產業工作者。」

但是你無法恭喜華生贏得比賽，也無法拍拍它的背，或是向它舉杯祝賀。它不知道這些動作的意思，事實上華生根本不知道自己贏得比賽。華生只是個高度發展的「加法機器」，進行加法（以及搜尋檔案資料）的速度比人類快數十億倍而已，它完全沒有自我意識，也沒有常識。

人工智慧的進展驚人，特別是在單純的計算能力。二十世紀初如果有人看到現在電腦的計算能力，可能認爲這種機器是個奇蹟。但是打造能自行思考的機器，進展之慢讓人痛苦。（這種機器必須是眞的自動機〔automaton〕，背後沒有人操控，沒有人使用搖桿或是用遙控器控制。）現在的機器人完全不知道自己是機器人。

根據摩爾定律，電腦的運算速度每十八個月會增加一倍，所以有人認爲機器人最後會有足以和人類抗衡的自我意識。沒人知道什麼時候會發生，但是人類應該準備面對有意識的機器人離開實驗室，進入眞實世界的時刻。我們處理機器人意識的方式，可能會決定人類的未來。

人工智慧的興衰循環

人工智慧的命運難以預言，過去就曾經歷過三次起落。回顧一九五〇年代，人們認爲機械女僕和機械管家很快就會出現，這些打造出來的機器能下西洋棋、解代數問題，機器手臂能辨認並且堆疊積木。史丹佛大學做了一個機器人，叫做「謝奇」（Shakey）。謝奇是有一個攝影機的電腦，下面接上輪子，能在房間中到處走動，自己會避開障礙物。

科學雜誌開始出現讓人扣人心弦的文章，宣稱機器人同伴即將出現，有些預測則太保守了。一九四九年，《大眾機械》（*Popular Mechanics*）指出：「在未來，電腦的重量不會超過一公噸半。」但是有些樂觀的狂想則宣稱機器人的時代已經近了。謝奇有天會變成機械女僕或管家，爲我們清潔地毯和開門。《二〇〇一太空漫遊》（*2001: A Space Odyssey*）之類的電影讓我們相信，機器人會幫我們駕駛前往木星的太空船，而且會和太空人聊天。一九六五年，人工智慧的奠基者之一賽門（Herbert Simon）博士指出：「在二十年內，機器就能做人類能做的任何事。」兩年後，人工智慧創建者之一明斯基則說：「在一個世代中，創造『人工智慧』的問題將會獲得解決。」

不過這些毫無節制的樂觀看法在一九七〇年代崩潰了。西洋棋機器只會下西洋棋，其他什麼都不會。機械手臂也只會撿積木而已。這些機器都像是只會一種把戲的小馬。當時最先進的機器人，穿過一個房間就要花數小時。謝奇如果處於陌生環境很容易迷路。當時的科學家根本不了解意識。到了一九七四年，美國政府和英國政府大幅削減人工智慧的經費，這個領域也大幅衰退。

但是在一九八〇年代，電腦的運算能力穩定提升，美國國防部的計畫制訂者希望能讓機器人士兵上戰場，這使得人工智慧領域出現新一波淘金潮。到了一九八五年，人工智慧的研究資金已達十億美元，其中包括幾百個花費數百萬美元的計畫，例如「智能卡車」（Smart Truck），是一種具有智能、能自動行駛的卡車，可以進入敵陣進行偵察或其他任務（例如搜救戰俘），然後回到友方陣地。但很不幸，智能卡車會做的事情只有迷路。這些花費大把鈔票的計畫失敗了，使得人工智慧在一九九〇年代又面臨另一個寒冬。

亞伯拉罕（Paul Abrahams）當時在麻省理工學院當研究生，他評論：「好像是一群人計畫要蓋一棟直達月球的高塔。每年他們都驕傲的指出今年的塔比去年高出多少，但唯一的問題是，並沒有接近月球多少。」

不過現在電腦運算能力的速度大幅提升，新的人工智慧復興已經展開，進展雖然緩慢，但是紮實。一九九七年，IBM的電腦深藍（Deep Blue）擊敗西洋棋王卡斯帕洛夫（Garry Kasparov）。二〇〇五年，史丹佛大學打造的機器人汽車，贏得美國國防高等研究計畫署的無人車大挑戰比賽（Grand Challenge）。

不過問題是：魔咒會在第三次成眞嗎？

現在科學家明白，他們以前眞是低估問題，因爲人的思維都是在潛意識進行，我們思維中的意識只占人腦運算最小的一部分。

平克博士說：「如果機器人能做到收餐盤或其他簡單瑣事，我願意花大筆錢買下來。但是我買不到，因爲要作出機器人之前必須解決的小問題，例如辨認物體、理解世界和控制手腳，都還沒有解決。」

雖然好萊塢電影讓我們以為「終結者」般的機器人很快就會出現，但是打造人工心智的困難程度比以前人所想的還要高。我曾訪問這個領域的奠基者之一明斯基，機器的智能何時才能與人相等或超越人類，他很有信心這天會來到，但是無法預期是什麼時候。有鑒於人工智慧過往激烈起伏的歷史，對這個領域最聰明的說法可能是不要設定明確的時間表。

圖形辨識與普通常識

人工智慧至少還有兩個基本問題有待解決：圖形辨識與普通常識。

目前最好的機器人，幾乎無法認出杯子或球等形狀簡單的物體。機器人的眼睛比人眼能看到更多細節，但是機器人的腦無法辨識所看到的東西。如果你把機器人放到陌生的繁忙大街上，它馬上會失去方向而迷路。因為存在這個問題，圖形辨識（例如認出物體）的進展比以前所估計的要慢多了。

當機器人走進房間，就得進行數兆次計算，把看到的物體分析成許多畫素、線條、圓圈、方形和三角形，然後試著和自己資料庫中數千個圖形比對。例如機器人會把一張椅子看成由許多點和線構成的大雜燴，而無法認出「椅子的本質」。即使機器人能成功比對物體和資料庫的影像，但只要稍微轉一下（例如椅子被推到在地），或是角度改變了（從另一個方向看同一張椅子），就會讓機器人陷入迷惘。人類的腦子能自動考量物品不同的角度與變化，人腦在下意識中計算數兆次，也不費吹灰之力。

普通常識對機器人而言也是個問題，它們不了解這個物理世界和生物世界的簡單事實。對人類而言，沒有一個方程式能確證不證自明的事情，例如「天氣悶熱不舒服」或「母親比女兒年長」。把這些訊息轉譯成數學邏輯的工作已經有些進展，不過要把四歲大的小孩所具有的普通常識分門別類，需要數億行電腦程式。就如同伏爾泰所說：「普通常識其實並不普通。」

目前最先進的機器人之一是日本本田公司製造的ASIMO（工業機器人有三成是在日本製造），

這台神奇的機器人和小男孩差不多大，能走能跑，會爬樓梯，說不同的語言，還會跳舞（事實上跳得比我還好）。我曾在電視上和ASIMO有多次互動，它的能力讓人印象深刻。

不過我曾私下和ASIMO的製造者見面，問他們一個重要問題：ASIMO有多聰明？可以用動物來比較說明嗎？他們坦承它的智能和蟲子差不多。能走能說主要是爲了討好媒體，總的來說，ASIMO是一個巨大的錄音機，眞正的自動功能有限，幾乎所有的語言和動作都是在事前小心規劃好的。例如，ASIMO和我互動的一個短鏡頭需要花三小時，因爲操控小組必須用程式設定手的姿勢和其他動作。

如果參照我們對於人類意識的定義，那麼目前的機器人還停留在非常原始的階段，還在試著學習基礎的事物，以便認識這個世界。就結果來看，機器人甚至還沒有到達能模擬眞實的未來。如果你要一個機器人計畫搶銀行，假設這個機器人知道這間銀行的所有基本資料，例如藏錢的地方、具有哪些保護措施、警員和旁人會如何反應。有些狀況可以用程式設定，但是其中有數百個細節，人類的心智自然就會了解，但是機器人辦不到。

機器人只能在某一個專精領域模擬未來，才能勝出人類，例如下西洋棋、建立天氣模型、追蹤星系之間的碰撞。西洋棋的下法和重力定律已經出現好幾百年，因此只要有電腦的基本運算能力就可以模擬西洋棋局和太陽系的未來。

曾經有人努力嘗試別再使用這種暴力演算法，其中有一個計畫是CYC，目標是要解決機器人缺乏常識的問題。CYC包含數百萬條電腦程式，其中包括需要了解物理環境與社會環境所需要的常識和知識。雖然CYC能處理數十萬件事實和數百萬條陳述，但是依然無法複製四歲人類的思維。很不幸，發布一些樂觀的新聞稿之後，這項計畫便停滯不前。雖然計畫目前持續中，但是許多程式設計師離開了，最後期限一再延期。

頭腦是電腦嗎？

到底哪裡出錯了？五十年來，人工智慧領域的科學家嘗試用數位電腦來類比人腦，以建立模型。不過這個可能太簡化了。正如神話學者坎貝爾（Joseph Campbell）所言：「電腦像是《舊約》中的神，規矩太多而毫不仁慈。」如果你從奔騰處理器中取出一個電晶體，晶片馬上就無法運作。但是人腦就算是少了一半，還是表現不錯。

這是因為人類並非數位化的電腦，而是極為複雜的神經網路。數位電腦有固定的架構（輸入、輸出和處理器），神經網路則是由神經元構成，學習之後會持續改變連接方式，並且強化自身。人腦中沒有程式，沒有操作系統，沒有視窗軟體，也沒有中央處理器。相反的，神經網路是大規模的平行網路，其中一千億個神經元同時活動，以達成單一目標：學習。

人工智慧研究人員有鑒於此，開始重新審視已經遵守五十年的「從上到下」的研究方式（例如把所有的規矩拷貝成一片光碟）。現在人工智慧研究人員重新看待「從下到上」的研究方式，這種方式依循大自然，自然是以演化的方式，從小蟲小魚之類簡單的動物開始，最後創造出複雜的智慧生命（也就是人類）。神經網路因為突然遭遇各種狀況、犯下各種錯誤，只好用這種辛苦的方式學習。

布魯克斯（Rodney Brooks）曾是麻省理工學院著名的人工智慧實驗室主任，現在是iRobot公司創辦人之一，這家公司製作的吸塵器機器人在許多家庭裡活動，為人工智慧引入全新的研究方向。與其設計巨大笨拙的機器人，為何不師法自然，設計小巧玲瓏、昆蟲般能學習走路的機器人呢？我訪問他時，他說過去時常對蚊子感到驚奇，因為蚊子的腦要用顯微鏡才看得到，其中的神經元很少，但是在空間飛行操控上勝過任何飛行機器人。他打造一些很簡單的機器人，暱稱它們是「機器昆蟲」（insectoid）或「機器蟲」（bugbot），它們在麻省理工學院的實驗室奔跑，比起傳統機器人，繞圈子跑的速度更快。他們的目標是依照大自然的方法，以嘗試錯誤的方式製造機器人，換句話說，這些機器人是藉由撞到東西來學習的。

乍看之下，這種方式可能需要設計很多程式，不過出乎意料的是，神經網路不需要設計程式，只要在每次作出正確的事情之後，神經網路加強某些線路而改變自身的連接方式就可以了。所以程式不重要，重要的是改變網路本身。

科幻小說家曾經預想，在火星上的機器人會像精細複雜的人形物，能如同人類般走動，它們的智能來自複雜的程式。但是實際發生的事情相反，這種研究方式的最新一代，例如「好奇號」（Curiosity），已經在火星表面上漫遊，它們的智能和蟲子差不多，但是在火星的土地上表現還不錯。這些火星登陸船所擁有的程式很少，但是遇到障礙物之後就能學習避開。

機器人有意識嗎？

想知道爲何眞正的自動機器人還沒有出現，最清楚的方式是看它們的意識屬於那個階層。我們在第二章說過，可以把意識分成四個階層。階層「0」能用來描述恆溫器或是植物，它們有一些回饋迴路，受到一些簡單參數影響，例如溫度和陽光。昆蟲和爬行動物具有階層「1」意識，這些生物能移動，同時有中樞神經系統，能把「空間」這個新的參數納入自身所處的世界模型中。接下來的階層「2」意識，這個階層的世界模型中納入與其他同種個體的互動，因此需要情緒。最後人類擁有階層「3」意識，其中包括時間和自我意識，好用來模擬事物未來演變的方式，並且決定自身在這些模型中的處境。

根據這個理論，我們可以給現今的機器人排位置。第一代機器人是階層「0」，因爲它們不會動，沒有輪子也不能走動。現在的機器人位於階層「1」，它們可以動，但是要在眞實的世界中暢行無阻還有很多困難，因此處於非常低階。這些機器人的意識可能和蠕蟲或是移動緩慢的昆蟲相同，若要製造出眞正的階層「1」意識，科學家製造出的機器人就要有如昆蟲和爬行動物的意識。就算是昆蟲，也具有現在機器人所缺乏的能力，例如能快速找地方躲起來、在森林中找到交配對象、察覺掠食者而逃開，以及找尋食物與棲所。

之前提過，我們可以依照回饋迴路的數量把各階層的意識再細分。例如有眼睛的機器人就有多個迴路，因爲這種感測器能偵測三度空間的影子、邊緣、曲線和幾何形狀。如果有耳朵，機器人便能偵測頻率、音量、聲壓和聲音的休止。這樣回饋迴路加起來大約有十個。（昆蟲因爲要在自然環境中找尋食物、伴侶和棲所，因此回饋迴路可能有五十個以上）。因此，典型的機器人意識爲階層「1：10」。

接下來，如果機器人具有階層「2」意識，它們所建立的世界模型就要能納入其他個體。我們之前說過，在階層「2」意識中，第一個計算值是群體中的個體數量乘上每個個體具有的情緒種類，和彼此溝通的表現方式數量。因此機器人可能具有階層「2：0」意識，不過現今的實驗室必須先製造出具有情緒的機器人。

現在機器人所見到的人類，只是從攝影機捕捉到的像素，不過有些人工智慧的研究人員開始打造能經由表情和聲調來辨認情緒的機器人。這是機器人了解人類的第一步：人類不只是隨機排列的像素，而是具有情緒狀態。

在接下來幾十年，機器人將會慢慢在階層「2」中爬升，開始具有小鼠、大鼠、兔子、狗的智能，然後是貓。

在本世紀末期，機器人可能具有猴子的智能，開始會產生自己的意識。

一旦機器人具有從普通常識而來的應用知識，並且具有心智，就能對未來作出複雜的模擬，而且以自己擔任主要角色，這時便擁有階層「3」意識。它們會離開「現在」的世界，而進入「未來」的世界。對於現在的機器人來說，這還是好幾十年以後的事情。要模擬未來，意味著必須清楚掌握自然定律、因果關係和普通常識，這樣才能考慮未來的事情。這也意味著要了解人類的意圖與動機，才能預測他們未來的行動之前也提過，階層「3」意識的數值，是由個體在模擬未來各種眞實情況時，所使用的因果連結數量，除以對照組的數量而得到的。現在的電腦能靠幾個參數模擬有限的狀況，例如兩個星系的碰撞、飛機周圍空氣的流動、建築物在地震時搖動的方式，但是還無法模擬未來複雜的狀況，因此它們的意識可能像是階層「3：5」。

因此我們需要花很多年工夫，才能製作出能展現人類社會中普通功能的機器人。

速度是障礙

機器人何時才能具有人類的智能，甚至超越人類呢？沒人知道，但是有許多人預測，其中大部分人的依據是摩爾定律，將之推廣到數十年後。但是摩爾定律並非眞正的定律，因爲它違背基本的物理定律：量子理論。

所以摩爾定律無法永遠持續下去，而且我們現在已經看到速度減緩了。在十年或二十年內，速度的增加會平緩下來，結果會很可怕，特別是對電腦資訊產業。

目前可以在指甲大小的晶片上放入數百萬個電晶體，但是能在這些晶片上放入的電晶體數量有限。奔騰晶片中最薄的一層只有二十個原子厚，但是到了二〇二〇年可能只有五個原子厚。接下來海森堡（Werner Heisenberg）的測不準原理（uncertainty principle）效應就會越來越明顯，你將無法確定電子的位置，電子可能從線路中漏出來，晶片會短路。（附錄會詳細討論量子理論和測不準原理。）此外，晶片發出的熱足以在上面煎蛋。除非找到替代方案，漏電和發熱的問題最後會讓摩爾定律的速度慢下來。

以二維晶片上容納電晶體的方式，計算能力已經到了極限，因此英特爾公司花費數十億美元，未來將放在三維晶片上。時間會說明這樣的賭注能否回本。（三維晶片的主要問題之一是晶片越高，產熱的速度也越快。）

微軟則採用其他方式，例如用二維晶片進行平行處理。其中一種可能的方式是把晶片水平排成一列，然後把一個軟體問題分成好幾部分，每個部分分給一個晶片，最後再集合起來。但是這個過程並不容易，而且軟體發展的速度要比我們習慣的超快速摩爾定律慢許多。

這些權宜之計可能讓摩爾定律再撐幾年，但是最後這些伎倆都有盡頭，都逃不過量子理論的掌控。因此矽晶片電腦的時代終將結束，科學家正在實驗各種不同形式的電腦，例如量子電腦、分子電腦、奈米電腦、DNA電腦、光學電腦，不過目前這些技術沒有一個可以運用。

詭異之谷

我們先假設有一天眞的發展出難以置信的複雜機器人，晶片上的電晶體可能是分子而不是矽。這時，我們要這些機器人和人類多像呢？在製造類似萌寵物和小孩的機器方面，目前日本居於領先地位，但是這些設計師很小心，不要讓機器人太像人類，不然會讓人怕怕的。這種現像是日本的森政弘博士在一九七〇年首先研究的，他稱之爲「詭異之谷」：如果機器人太像人類，反而會恐怖。（這個效應最早是一八三九年達爾文在《小獵犬號航海記》提出的，後來佛洛伊德於一九一九年有篇文章標題就叫做〈詭異〉。）從那時起，不只人工智慧研究者，連動畫師、廣告主，以及其他要推銷人形產品的人，都仔細研究這個理論。例如CNN評論動畫電影《北極特快車》時，說：「片中出現的人類角色簡直是……嗯，讓人毛骨悚然。《北極特快車》說好聽是讓人不安，說難聽是有點驚悚。」

根據森政弘的說法，如果機器人越像人類，我們對機器人的同理心就越多（但只多到某個點），如果機器人有人類的外觀，同理心便會大幅減少，這就是「詭異之谷」。如果機器人的外表和人類非常相似，但是又有一些特徵不同，這便顯得「詭異」，讓人有嫌惡和恐懼之感。如果機器人外表和人類百分之百相同，和你我無法區分出來，這時我們又會恢復正面情緒。

這個理論有實用的意義，例如，機器人應該要微笑嗎？首先，機器人應該要微笑待人，讓我們覺得舒服。微笑是世界性表示友善與歡迎的方式，但是如果機器人的微笑太眞實，反而會讓人起雞皮疙瘩，例如萬聖節面具通常做成有惡魔面貌的食屍鬼咧嘴而笑。機器人的微笑要有童顏，例如圓臉大眼，不然就非常像眞人，不能在兩者之間。（故意微笑時，我們是用前額葉皮質控制面部肌肉，如果是發自內心的微笑，則是由邊緣系統所控制，兩者運用的肌肉組合有些差異。人類腦能區分這樣的差異，這有利於演化。）

這種效應也可以用腦部掃描來研究。我們把受試者送進磁振造影機器中，讓他看一個長得和人類一模一樣的機器人圖片，不過這個機器人的身體動作有些抽象，像是機器。腦不論看到任何東西，都會預測它未來的動作。不過當機器人的動作像是機器，就和外貌無法配合，這讓我們感覺不舒服。這時頂葉會格外活躍，特別是連結運動皮質和視覺皮質的部位。目前科學家相信鏡像神經元（mirror neuron）存在於頂葉。這是有道理的，因爲視覺皮質收到人模人樣的機器人影像，運動皮質和鏡像神經元會預測機器人的動作。最後，由眼睛後面的眼窩額葉皮質彙整所有訊息，然後說：「嗯，有些地方怪怪的。」

好萊塢的製片了解這個效應。他們花很多錢製作恐怖片，也了解巨大的妖魔或是人造的怪物從草叢中突然跳出來，並不是最恐怖的畫面，最恐怖的是發生在一般人身上的扭曲現象。想想電影《大法師》吧！是哪一幕讓觀眾嘔吐著跑出電影院或昏倒在椅子上呢？是惡魔出現的那一幕嗎？不，是琳達・布萊爾（Linda Blair，被惡魔附身的少女）把頭完全轉過來的場景，讓全世界的電影院爆發出刺耳的尖叫和震耳的哀鳴。

年輕猴子身上也有這種效應。如果你讓牠們看吸血鬼或是科學怪人的圖片，牠們只會嘻笑然後把圖片撕掉。如果你給牠們看的是被斬首的猴子，牠們會高聲尖叫。日常之物的扭曲，才會發出最大恐懼。（在第二章，我們用意識的時空理論解釋幽默的本質，因爲腦會模擬笑話情節中的未來，但是讓人驚訝的笑點就突然出現。這個理論也可以解釋恐怖的本質。腦會模擬日常平凡的事物，但是這些事物如果突然往恐怖的方向扭曲，就會造成震撼。）

機器人將會持續有童顏的外貌，就算是有人類般智能之後也是如此。要等到機器人的動作完全像人類之後，設計師才會讓它們的外貌完全像是人類。

矽晶片上的意識

之前提到，人類的意識是在長久的演化過程中，由具有不同能力的部位拼貼發展出來的，本身並不完美。機器人如果具有物理世界和社會世界的資訊，或許能產生類似（或在某些方面超越）人類的模擬，但是矽晶片上的意識在兩個重要之處可能和人類不同：情緒與目標。

過去，人工智慧研究人員忽略了情緒問題，認爲那是次要問題。打造出的機器人要理性、具有邏輯，而非腦殘與衝動。因此在一九五〇到一九六〇年代之間，科幻小說中強調機器人（以及類似人類的生命，例如《星艦迷航記》中的史巴克）都有完美、合邏輯的頭腦。

我們同意「詭異之谷」的理論，因此要進入家庭中的機器人，得要有某種外貌，但是有些人還認爲機器人必須要有情緒，這樣我們才能與機器人產生連結，和它們的互動才會有成果。換句話說，機器人必須有階層「2」意識。要達到這個目的，機器人首先要能辨認人類的所有情緒。如果機器人能分析人類臉部眉毛、眼皮、雙脣、臉頰的細微動作，將能辨認人類（例如它的主人）處在哪種情緒。麻省理工學院媒體實驗室在打造能辨認與模擬情緒的機器人上領先同儕，我有幸參觀位於波士頓郊區的實驗室數次，那裡像是爲成人打造玩具的工廠。在那裡，你看到的每件東西都是充滿未來感的高科技產品，爲了讓我們的生活更有趣、愉快和便利。

我隨意參觀時，看到許多最後進入好萊塢電影的高科技圖畫，包括電影《關鍵報告》和《AI人工智慧》。我在這個未來遊樂園遊蕩的時候，看到兩個有趣的機器人：「討喜」（Huggable）和「納希」

（Nexi）。這兩個機器人的製作者布雷齊爾（Cynthia Breazeal）博士解釋打造它們的目的：討喜是可愛的熊布偶機器人，能和兒童建立連結，並且辨認出兒童的情緒。討喜的眼睛裡有攝影機，嘴巴裡有揚聲器，在皮膚下還有感應器，因此能分辨是被搔癢、被戳，還是被抱著。這樣的機器人能成爲師友、保母照料兒童時的助手，或是兒童的玩伴。

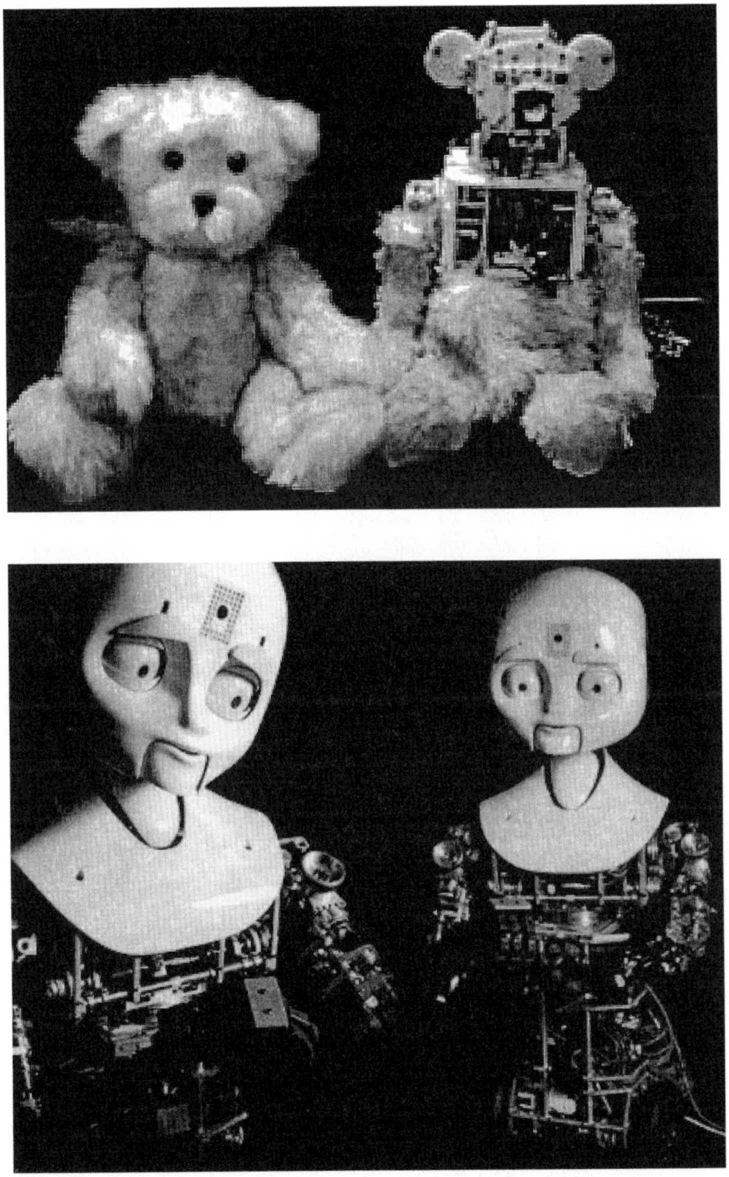

圖十二：討喜（上）和納希（下），這兩個機器人是麻省理工學院媒體實驗室製作，設計的目標明確定在與人類有情緒互動。（上：MIT Media Lab, Personal Robots Group提供；下：MIT Media Lab, Personal Robots Group, Mikey Siegel提供）

納希則是和成年人建立連繫，模樣長得像是「麵團寶寶」（Pillsbury Doughboy），有圓鼓鼓的友善臉龐，大大的眼珠滾來滾去。納希已經在一間療養院測試過，老人家都喜歡它。當他們習慣納希之後，會親吻它、對它說話，在納希離開之後還會懷念它（圖十二）。

布雷齊爾告訴我，會設計討喜和納希是因爲她不滿意早期的機器人，像是接滿電線、齒輪和馬達的罐頭。爲了能和人們有情緒上的互動，她需要設計一個行動像人類，也能和人類建立連結的機器人。此外，她也要讓機器人進入眞實世界，而不是固定在實驗室的架子上。麻省理工學院媒體實驗室前主任摩斯（Frank Moss）博士說：「布雷齊爾在二〇〇四年決定製造新一代社會機器人，這些機器人能在各種地方活動，例如家庭、學校、醫院、養老院。」

日本早稻田大學的科學家正在研發一種機器人，它上半身的運動能表達情緒（恐懼、憤怒、驚訝、快樂、噁心、悲傷），可以聽、嗅、看和觸摸。機器人的程式能完成簡單目標，例如補充能量而滿足，以及避免危險。科學家的目標是把感覺與情緒融合在一起，因此機器人能在不同的狀況作出適當的反應。

這個計畫也在英國、法國、瑞士、希臘和丹麥等國推動人工智慧。

有情緒的機器人

來看看NAO吧！

它高興的時候會伸手招呼你並且期待大大的擁抱，悲傷的時候會垂頭喪氣，受到驚嚇時會恐懼畏縮，等人拍拍頭鼓勵它。

它像是一歲的小男孩，不過它是機器人。NAO大約五十公分高，外觀非常像是你在玩具店看到的機器人或是變形金剛，不過它是地球上最先進的情緒機器人，由英國的赫福郡大學製作，經費來自歐盟。

它的製作者設定程式，讓它能表現出快樂、悲傷、恐懼、興奮和驕傲的情緒。其他的機器人還只能用粗淺的臉部變化和聲音來傳達情緒，ＮＡＯ則因具有肢體語言（例如身體姿勢和手勢）而勝出，它甚至會跳舞。

其他的機器往往專精於某一部分的情緒，ＮＡＯ則長於多種情緒反應。首先，ＮＡＯ能鎖定訪客的臉部，能辨認他們，而且還能記得和每個訪客的互動內容。第二，ＮＡＯ能追蹤訪客的動作，例如它能追蹤訪客的眼光所在，並且知道他們在看什麼。第三，它能和訪客產生連結，並且回應他們的表情。假設你對它微笑，或是拍拍它的頭，它知道這是正面的訊息。它的腦中有神經網路，能和人類的互動中學習。第四，ＮＡＯ與人類互動時會展現情緒。（它的情緒都是依照程式設定而反應，就像是錄音帶，不過它得自己選擇適合狀況的情緒。）最後，ＮＡＯ與人類的互動越多，就越了解人們的心情，連結也就越強。

ＮＡＯ不只有個性，還可以有一些不同的個性。因爲它藉由和人類的互動而學習，而每個互動都是獨一無二，最後不同的性格會因此建立。例如，某個性格可能相當獨立，不太需要人類的指引；另一個性格可能很膽小，害怕房間中的物體，一直需要人類協助。

ＮＡＯ的計畫領導人是赫福郡大學的電腦科學家卡納麥羅（Lola Canamero）博士。爲了進行這個充滿野心的計畫，她分析黑猩猩的互動方式。她的目標是盡可能重現一歲大黑猩猩的情緒行爲。

她很快就看到這些具有情緒的機器人所具備的應用方式。她希望這些機器人能舒緩醫院裡幼兒的焦慮，這和布雷齊爾博士的想法很接近。卡納麥羅說：「我們希望能增加機器人所扮演的角色，讓小朋友了解自己要接受的治療，解釋他們該做的事情。我們希望幫助小朋友控制焦慮。」

另一個可能的應用是讓這些機器人成爲療養院中的看護。ＮＡＯ能成爲醫院工作人員額外的助力，也能成爲兒童的玩伴或是家庭中的一份子。

美國聖地牙哥郊外的沙克生物研究院的索諾斯基（Terrence Sejnowski）說：「未來很難預測，不過電腦要變成社會機器人不用花太多時間。你能和它說話、談笑，或是對它大吼大叫。它了解你，也知道你的情緒。」這算是簡單的，困難的部分是在這種資訊下要如何調整機器人的反應。如果主人生氣或是不高興，機器人應該如何作出反應。

情緒：決定什麼是重要的

更重要的是，人工智慧的研究人員知道情緒可能是了解意識的關鍵。達馬西歐博士等神經科學家發現，如果前額葉（控制理性思考）和情緒中心（例如邊緣系統）的連結受損，病人將無法作出價值判斷，一些簡單的決定（例如要買什東西、約會時間、使用什麼顏色的筆）都做不出來，因爲所有的選項價值都一樣。因此情緒並非奢侈品，而是必需品。機器人如果沒有情緒，將難以決定哪些重要、哪些不重要。因此，情緒不再是人工智慧研究的周邊領域，現在已經居於中央地位。

如果機器人遇到大火災，它可能會先救電腦檔案而非人類，因爲程式可能會說這些價值非凡的檔案是無可取代的，但是工人可以。要用程式來讓機器人區分輕重緩急，非常困難，而腦就是把情緒當捷徑來快速下決定。因此機器人必須設定一個價值系統：人命比物品重要、緊急狀況時先救兒童、高價物品比低價物品更優先。由於機器人不具備價值觀念，因此需要把許多價值判斷裝入機器。

但是情緒會帶來問題，因爲情緒有時候並不理性，雖然機器人在數學演算上是精確的。因此，電腦意識和人類意識可能有幾個關鍵的差異。例如，人類幾乎無法控制情緒，因爲情緒來得很快，而且又是由邊緣系統產生的，而非前額葉皮質。此外，人類的情緒通常帶著偏見，許多測驗顯示，我們傾向高估俊男美女的能力，好看的人比較容易有較高的社會地位和薪水，但實際上可能沒有比其他人優秀。有句話說：「可愛就是正義。」

電腦意識可能無法考量人類會面時的細微動作，例如肢體語言。當一群人進入房間，年輕人通常會比較順著年長者的意思，職位低的人通常對於高階者有禮貌。我們會從身體動作、語言字彙，以及其他姿勢中表現出進退禮儀。這是因爲肢體語言比聲音語言還要古老，是以細微的方式固定在腦中。機器人如果要和人類社會互動，必須知道這些無意識的動作。

這是由於人類的意識受到演化過程中事件的影響，但是機器人沒有演化過程，因此電腦意識不會有人類意識中的缺陷與怪癖。

情緒的清單

所以我們必須把情緒寫入機器人的程式中，製造者可能有一個情緒種類的清單，其中的情緒種類經過小心挑選，是必須、有用，或是能增加和主人連結。

寫進機器人的情緒中，很有可能只有人類情緒的某些部分，而且會依實際用途而定。機器人主人最看重的情緒可能是忠誠，我們希望機器人能忠實的執行任務、不會抱怨、能了解主人的需求，並且事先考量。主人最不想看見機器人回嘴、批評人類和抱怨。善意的批評很重要，但是要以積極與圓融的方式表達。另外，如果人類給的指令互相衝突，機器人得知道忽略其他人，只聽主人的命令。

主人也可能看重同情心。具有同情心的機器人能了解其他人的問題，並且伸出援手。機器人藉由詮釋人類的臉部動作，並且聆聽聲音，將能辨認一個人是否在苦惱，並且在可能狀況下提供協助。

奇怪的是，恐懼也是要納入的情緒。演化賦予我們恐懼的原因是要我們避免危險事物。即使是鋼鐵打造出來的機器人，也應該要恐懼能毀滅自己的事物，例如從高樓上掉下來或是進入大火之中。天不怕地不怕的機器人如果讓自己毀滅，便一點用處也沒有了。

但是有些情緒（例如生氣）必須刪除、禁止或是受到嚴格管制。如果打造出來的機器人具有很強的力量，生氣的機器人在家中或是工作場所可能會引發嚴重問題。生氣會讓機器人無法完成自己的職責，並且造成嚴重的財產損失。（人類演化出生氣的目的是要表達不滿，但是這也可以用理性、冷靜的方式表達，而不需要生氣。）

另一個要刪除的情緒是想要發號施令。跋扈的機器人只會惹麻煩，並且會抗議主人的判斷與命令。（之後我們討論機器人是否有一天會管理世界時也很重要。）因此機器人要順從主人的命令，即使這些命令並非最好的。

不過最難以賦予機器人的情緒是幽默感，這種情緒能連繫陌生人。一個簡單的笑話能化解緊張場面、炒熱氣氛。幽默的基本機制很簡單：預料之外的笑點。但是幽默有許多精細微妙之處。事實上，我們經常以對笑話的反應來評估他人。如果人類都用幽默來評估他人，那麼我們可以想見要作出能辨認一個笑話是否有趣的機器人有多麼困難。舉個例子，美國前總統雷根有一個著名的能力，就是能用一句妙語化解困難的問題。他很了解幽默的力量，事實上他有一大疊卡片，分門別類的收集笑話、毒話和俏皮話。（有些名嘴說雷根能當選，是因爲他競選總統時和對手孟岱爾辯論。孟岱爾說雷根太老了，不適合當總統。雷根回說自己不會介意對手的年輕無知。）此外，不適當的笑可能引發悲慘結果（事實上，有時候是精神疾病的跡象）。機器人必須知道歡笑與嘲笑之間的差別。（演員熟知「笑」的多樣性，具有嫻熟的技巧就能表演出代表恐懼、嘲諷、歡樂、生氣和悲傷等的笑容。）因此，除非人工智慧的理論能發展得更完善，否則機器人不應該具備幽默與笑容。

設定情緒

討論情緒到現在，我們一直避開一個困難的問題：如何精確的用程式設定電腦的這些情緒。這個問題相當複雜，因此情緒可能要分階段設定。

首先，最容易辨認情緒的方式是分析一個人的臉部、雙脣、眉毛的動作，以及說話的聲調。現在的臉部辨認科技已經能產生一本「情緒字典」，說明某些臉部表情代表的意義。這項研究的發展可以回溯到達爾文，他花了很多時間把動物和人類共有的情緒分門別類。

第二，機器人對情緒的反應得很快。這很容易。如果有人笑，機器人也微笑以報。如果有人生氣，那麼機器人就讓開，以避免衝突。我們可以把情緒百科全書設定在機器人中，這樣機器人就能很快對情緒作出反應。

第三階段可能最複雜，因爲這牽涉情緒背後的原始動機。這並不容易，因爲各種不同的狀況可能引發同一種情緒。一個人會笑，可能是因爲高興、聽到一個笑話，或是看到其他人跌倒。也有可能意味著緊張、焦慮或是在羞辱他人。判定情緒背後的原因需要技巧，這點連人類都覺得困難。爲了取得這種技巧，機器人必須有一份列著這種情緒背後原因的清單，然後試著找出最有道理的原因。也就是說，要找出最符合資料的情緒發生原因。

第四，一旦機器人找出情緒發生的原因，要能有適當的反應。這很困難，因爲會有幾種可能的反應方式，選錯了可能會讓情況變得更糟。機器人在自身的程式中，已經寫入一份反應原始情緒的清單，它必須計算哪種方法最適合眼前的狀況，這意味著要能模擬未來。

機器人會說謊嗎？

我們會認爲機器人應該冷靜分析，保持理性，總是說實話。但是一旦機器人開始融入人類社會，它們可能要學習說謊，或是至少能巧妙的把評論保留著不說出來。我們在日常生活中，每天大概都會碰上幾次得說「白色謊言」的場合。如果有人問到自己看起來如何，通常我們都不敢說實話。白色謊言有時候是讓社會運作順暢的潤滑劑。如果我們突然被迫完全坦白（就如同電影《王牌大騙子》中的金・凱瑞），最後很可能會造成混亂並且傷害其他人。如果你告訴他人眞正的樣子或是你眞正的感覺，他們可能會覺得受到羞辱。戀人可能會甩掉你，朋友可能會拋棄你，陌生人可能會扁你。有些念頭還是不說爲妙。

同樣的，機器人可能要學會如何說謊或是保持緘默，不然很有可能會冒犯人，或是遭到主人拋棄。在派對中如果機器人說了實話，主人可能會受到牽連，造成騷動。如果有人詢問機器人的意見，它得學會如何才能推託，並且得體而圓滑的回應。機器人要閃躲問題、改變話題，或是用陳腔濫調回應、用問題回答問題，或是說無傷的小謊（現在能說話的機器人都越來越擅長了）。這意味著之前已經把推託方式寫入機器人程式中了，然後選一個讓糾紛降到最低的反應方式。

機器人必須完全說實話的場合之一，是主人直接問問題的時候，這時主人了解答案可能殘酷但是誠實。另一個機器人得說實話的場合可能是警方在調查的時候，這就需要說實話。此外，機器人可能要能自由的說謊，或是對眞相保持緘默，順利發揮社會功能。

換句話說，機器人要進行社會化的過程，就像是青少年。

機器人能感覺疼痛嗎？

機器人通常是設計來從事無聊、骯髒和危險的工作。機器人沒有理由不可以一直做重複或是骯髒的工作，因爲我們只要設定程式，讓它們不會覺得無聊或是噁心就好了。眞正的問題會在機器人面對危險工作時出現。這時，我們可能會想要設定讓它們能感覺疼痛的程式。

人類演化出痛覺，有利於我們在危險的環境中生存下來。有一種基因缺陷會讓小孩子一出生就沒感覺疼痛的能力，這種病稱爲先天性無痛症（congenital analgesia）。乍看之下，這種病像是天上掉下來的禮物，但事實上卻是詛咒。罹患這種病的兒童有嚴重的問題，例如咬掉自己的舌頭、身上有嚴重的燒傷，並且會拿刀切自己，最後導致要把手指截斷。疼痛警告我們有危險，告訴我們的手要離開滾燙的爐子，腳踝扭傷的時候不要跑步。

有時候，機器人必須設定能感覺疼痛，不然它們可能不知道何時要避免危險。它們首先要有的不適感覺是飢餓（例如渴求電能）。當機器人的電池快要沒電時，它們會覺得危急迫切，知道自己的迴路很快就會停止運作，無法井然有序的進行工作。越是沒電，機器人就要越焦慮。

還有，機器人雖然強壯，但是有時候也會去舉太重的物品，這可能讓它們的肢體受損。如果在鋼鐵工廠融化金屬，或是進入火災建築幫助消防人員，過高的溫度應該讓它們疼痛。感測器在溫度和壓力開始超過機器人的設計規格時，就會發出警告。

不過當痛覺納入機器人的情緒清單之後，馬上就會產生倫理問題。許多人相信我們不應該給予動物非必要的痛苦，對於機器人，或許人們也有相同的看法。這也引發機器人權利的問題，可能會有法律限制機器人被允許接受的痛苦與危險有多少。

人們不會在意機器人從事無聊或骯髒的工作，但是如果機器人在從事危險工作時感到痛苦，人們可能會開始遊說議員，讓保護機器人的法律通過。這樣可能會造成法律衝突：機器人的擁有者和製造者會主張要增加機器人能忍受的痛苦，而倫理學家可能會主張要減少。

最後可能引發機器人權利的爭論。機器人能擁有財產嗎？如果機器人意外傷人該怎麼辦？能控告或是處罰機器人嗎？有訴訟時誰要負責？機器人能擁有另一個機器人嗎？這些討論又會引發另一個棘手的問題：應該要賦予機器人倫理觀念嗎？

倫理機器人

有倫理觀念的機器人，一開始看來似乎是在浪費時間和精力，不過當我們知道機器人必須作出生死判斷的時候，就有必要面對這個問題。機器人身體強壯，而且有能力拯救生命，那麼它們就必須在剎那之間決定要先救哪一個人。

舉例來說，大地震之後，許多小孩被困在快要倒塌的建築中，機器人要如何分派自己的力量呢？應該要試著救出最多小孩？最年幼的小孩？或是狀況最危急的？如果殘礫太重，機器人硬搬可能會讓自身的電子設備受損。因此，機器人必須決定另一個倫理問題：能救出的小孩數量，以及自己電子設備能承受的損傷，哪一個比較重要呢？

如果沒有設定適當的程式，機器人可能直接停機，等著人類作出最後決定，這樣就浪費了寶貴時間。因此得有人事先設定程式，這樣機器人才能自動作出「正確」的決定。

這些倫理判斷必須一開始就設定在電腦程式中，因為沒有任何數學定律可能算出救一群小孩的價值。在設定程式時，會納入許多事物，然後依照重要性排列。這是一件冗長乏味的事。事實上，有時一個人可能要花一輩子才能學到這些倫理教訓，但是機器人得在出廠前就學會，才能安全的進入社會。

這個只有人類才能設定，有時候人類會面對倫理兩難局面。而且還會引發一個問題：誰來做決定？誰來決定機器人救人的順序？

最後會經由法律和社會的意見，討論後得到解決。至少會有法律規定在緊急狀況時救人的順序，但是在法律之外有數千個更細微的倫理問題，這些微妙的決定將由社會與普通常識來決定。

如果你在保全公司工作，負責保護重要人物，你必須告訴機器人在各種不同的狀況要保護人員的順序，這個時候不但要考慮達成基本的任務，也要考慮執行的成本。

如果一個犯罪者買了一台機器人然後要它去犯案，該怎麼處理呢？當主人的命令違背法律時，我們能允許機器人違背這些命令嗎？我們之前看過例子，機器人應該要設定了解法律，並且能作出合乎倫理的決定。所以如果有人要求機器人違背法律，就應該允許機器人違背命令。

主人可能有不同的道德與社會規範，這種信念上的差異會反應在機器人身上，進而產生倫理困境。我們的社會現在就存在這種「文化戰爭」（culture war），若以後有了會反應主人意見和信念的機器人，這種問題會越演越烈。有時候衝突無可避免，機器人等於是用機器來延伸製造者的夢想與希望，當機器人發展到能作出道德判斷，它們便會下判斷。

當機器人開始挑戰我們的價值觀和目標時，社會中原有的裂痕所受到的壓力可能會增加。年輕人的機器人在離開吵雜喧囂的搖滾音樂會後，可能會和住在寧靜社區年長者的機器人產生衝突。前者可能在程式設定上把音量調到最大，後者可能設定聲音降到最低。定期上教堂的虔誠基督教基本教義派教徒所擁有的機器人，可能會和無神論者的機器人爭辯。不同國家與社會設計出來的機器人，可能會反應該社會的習俗，這些習俗彼此可能會衝突。（人類都會了，何況機器人。）

要如何設定機器人，減少這種衝突呢？

沒辦法。機器人會直接反應主人的偏見。最後，機器人之間文化與倫理差異所造成的衝突，要在法院解決。沒有物理和科學定律能解決這些道德問題，因此最後要制訂法律處理這些社會衝突。機器人無法解決人類製造出的道德困境，反而可能會加深困境。

如果機器人能作出合乎道德與法律的決定，它們可能會有感覺或是了解知覺嗎？如果它們救了某人，會感覺高興嗎？它們能感覺到「紅色」的事物嗎？冷靜的分析倫理，要先救哪一個人是一回事，了解和感覺又是另一回事。機器人會有感覺嗎？

機器人能了解或感覺嗎？

關於機器人是否能思考與感覺的問題，在接下來的數百年中，會有許多理論發展出來。我自己的想法稱之爲「建構主義」（constructivism）。與其毫無意義的對這個問題爭論不休，不如把力氣花在打造最佳自動機，否則我們會困在這些永遠不會解決的哲學爭辯之中。科學的好處在於，當有一件事情發生，其他人可以進行實驗來果斷的解決問題。

因此，機器人是否能思考的問題，最終解決的方是就是試著做一台出來看看。不過，有些人認爲機器永遠不可能如人類那般思考，他們最強的論點是是，機器人雖然掌握事實的速度快過人類，但是它不

「了解」所掌握的事實。機器人雖然處理感覺（例如聲音、顏色）的能力可能強過人類，但是無法眞的「感覺」或是「體驗」這些感覺的本質。

例如哲學家查爾默斯（David Chalmers）把這類問題分成兩類：簡單問題和困難問題。他認爲，作出能模擬更多人類能力（例如下西洋棋、加法、辨認模式）的機器人，是簡單問題。但是要打造出能了解感情和有主觀感覺這類「質感」（qualia）的機器人，是困難問題。

這些人認爲，就如同你無法教會盲人「紅色」的意義，機器人也永遠無法體驗「紅色」的主觀感覺。另一個說法是，電腦或許能把中文翻譯成流利的英文，但是它們永遠不能了解翻譯的內容。在這種論述中，機器人會像是美化過的錄音機或是計算機，能精確背誦和操控資訊，但是不了解資訊內容。

這些問題必須認眞看待，不過也有另一個看待質感和主觀經驗的角度。未來，機器人很有可能處理感覺，例如紅色，而且處理的能力超過人類。機器人也能描述紅色的物理性質，甚至勝過人類，用在詩意的句子。那麼，機器人能否「感覺」紅色？這個問題變得不重要了，因爲「感覺」這個字本來就沒有嚴格的定義。有時候，機器人對於紅色的描述要優於人類，這時機器人問下面這個問題就很恰當：「人類眞的了解紅色嗎？」人類對於紅色色調的細微差異，了解的程度眞的比不上機器人。

就如同行爲學者史金納（B. F. Skinner）曾說過的：「眞正的問題不是機器人是否能思考，而是人類是否能思考。」

同樣的，要機器人了解中文字，並且運用中文字的能力強過人類，也只是時間長短問題。就這個角度來看，機器人是否「了解」中文這個問題變得無關緊要。實際上，電腦的中文程度將會強過人類。換句話說，「了解」這個字也沒有嚴格的定義。

終有一天，機器人掌控文字和感覺的能力將會超過人類，這時機器人是否能「了解」或是「感覺」的問題將變得無關緊要。這個問題將不再重要。

就如數學家馮紐曼（John von Neumann）說的：「在數學中，你不了解內容，只是漸漸習慣內容。」

所以問題不在於硬體，而是人類語言的本質。構成語言的文字沒有嚴格的定義，因此同樣的字對不同人有不同意義。曾經有人問偉大的量子物理學家波耳（Niels Bohr），要如何才能了解量子理論中深奧的矛盾，波耳回答，這要看你如何定義「了解」。

美國塔弗茲大學（Tufts University）的哲學家鄧耐特（Daniel Dennett）博士曾寫道：「可能不會有一個客觀的測試方式來區分一個聰明的機器人和一個有意識的人。現在你得選擇：要持續和『困難問題』糾纏，或是覺得這個問題很神祕，就搖搖頭不管它。」

換句話說，沒有「困難問題」這回事。

建構主義者的哲學是，重點不在於爭論機器能否體驗到紅色，而是打造建構一台機器。在這個想法中，各種不同層次的「了解」和「感覺」可以組成一個「連續統」（continuum），也就是說可以用數値定出不同程度的「了解」和「感覺」。在這個集合的一端，是我們目前看到的笨拙機器人，能掌握一些符號，但僅如此而已。在另外一端是人類，我們以能體會「質感」爲傲。

隨著時間演進，最後機器人描述感覺的能力在各層次上都會超過人類，很明顯的，機器人是能「了解」的。

這也就是圖靈著名的「圖靈測試」（Turing test）背後的哲學，他預測有一天我們打造出來的機器人能回答任何問題，因此你無法把它和人類區分出來。他說：「如果一台電腦能騙人，讓人以爲它是人類，那麼可以說這個機器人具有智能。」

物理學家與諾貝爾獎得主克利克（Francis Crick）說的最好。在上個世紀，他指出生物學家熱烈的爭論「生命是什麼？」現在我們了解DNA，科學家體悟這個問題並沒有嚴格定義出來。這個簡單的問題有許多變化、層次以及複雜性。後來「生命是什麼？」這個問題就漸漸消失了。

有自我意識的機器人

華生這樣的電腦要經過哪些步驟，才會有自我意識（self-awareness）？要回答這個問題，我們必須回到對於自我意識的定義：能把自身置入我們所處環境的模型中，然後用這個模型模擬未來，必須達成目標。依照這個定義，機器人一開始就具備很高水準的普通常識，這樣才能事先考慮到各種不同的事件。然後機器人要把自己放置到這個模型中，這就需要了解可以採取的各種不同方針。

在日本的明治大學，科學家開始建造具有自我意識機器人的第一步。這是困難的任務，但是他們認為可以藉由製造一個具有「心智理論」的機器人來完成這項任務。他們從建造兩台機器人開始。第一台設定能執行某些動作，第二台則設定能觀察第一台機器人的動作並且加以模仿。他們打造出來的第二台機器人，只要看著第一台機器人的動作就能模仿。這是歷史上第一次打造機器人是為了具有某種自我意識。第二台機器人有「心智理論」，能看著另一個機器人的動作而加以模仿。

二〇一二年，耶魯大學的科學家打造了一台能通過「鏡子測驗」（mirror test）的機器人。大部分的動物在鏡子面前，會認為鏡中的動物是另一隻動物。已知只有一些動物能通過鏡子測驗，知道鏡中反射出的影像是自己。耶魯大學的科學家做了一台叫做「尼可」（Nico）的機器人，瘦長的骨架上纏著電線，有機械手臂，頭上有球狀的眼睛。尼可在鏡子前不只能認出自己，也能辨識鏡中倒影的物體在房間的實際位置，這和我們從後照鏡得知房間中物體位置的情況很類似。

尼可的程式設計師哈特（Justin Hart）說：「就我們所知，這是第一個能這樣利用鏡子的機器人系統。這是重要的進展，可以整合架構，讓機器人經由觀察學習自己的身體和外觀，這是通過『鏡子測驗』的重要能力。」

明治大學和耶魯大學的機器人，是目前有自我意識機器人中的頂尖成就，我們很容易就可以看出來還要花很久時間，才能製造出有人類般自我意識的機器人。

他們的研究只是第一步而已，因爲自我意識的定義要求機器人能利用這樣的資訊，建立模擬未來的模型。不論尼可或是其他機器人，都還辦不到這一點。

這個困境引發一個問題：電腦要如何才能擁有自我意識呢？我們在科幻故事中，經常看見的狀況是網際網路突然有了自我意識，就像是電影《魔鬼終結者》。由於網際網路連結現代社會中所有的基礎建設，例如下水道系統、電力系統、通訊系統、武器系統，因此具有自我意識的網際網路很容易就能取得社會控制權。在這種狀況下，人類是無助的。科學家認爲這可能是「突現現象」的例子之一。例如，如果你把夠多的電腦集合在一起，可能不需要外界的輸入就會突然發生相變而進入比較高的層級。

這個說法等於什麼都沒有說明，把之間重要的步驟都省略了。好像是說只要有夠多的一般道路，高速公路就會突然出現。

不過本書對於意識和自我意識有明確的定義，因此可以把網際網路演變成有自我意識的過程條列出來。首先，具備智能的網際網路必須能持續的對於自己所處的世界建立模型。理論上，可以從外界把這種資訊寫入網路的程式中，其中可以有關於外在世界（例如地球、程式和電腦）的描述，這些內容可以從網路找到。接下來，要把網際網路放到這個模型中。這項資訊也很容易就可以取得，其中牽涉到網際網路的所有規格項目（電腦、結點和傳輸線的數量），以及網際網路和外在世界的關連。

不過目前最困難的是第三步：持續用這個模型來模擬未來，以貫徹一個目標。這是我們遇到重重障礙的地方。網際網路無法模擬未來，也缺乏目標。即使在科學世界，模擬未來也只使用一些參數而已，例如模擬兩個黑洞碰撞在一起。模擬一個含有網際網路的世界，以目前的程式而言還辦不到，因爲這需要納入所有普通常識的準則，所有物理、化學和生物定律，以及人類行爲與人類社會的許多事實。

此外，網際網路還要有個目標。目前網際網路只是一套被動的資訊高速公路，沒有方向和意圖。當然，理論上我們可以給網際網路一個目標，但是讓我們考慮這個問題：你可以建造一個以自我保存爲目標的網際網路嗎？

這可能是最簡單的目標，就算簡單，還是沒有人知道要如何把這個目標寫成程式。舉例來說，這個程式應該要避免任何人拔掉電源以關閉網際網路的行爲。到目前爲止，網際網路還完全不能辨認會威脅自己存在的事物，更別說計畫預防這種威脅了。舉例來說，能偵測這種威脅的網際網路要能找出想要關閉電源、切斷通訊線路、摧毀伺服器、損毀光纖與衛星連結等的企圖。此外，有能力抵抗這些攻擊的網際網路，應該要對每一種方式都有反制措施，並且模擬這些企圖可能造成的後果。地球上還沒有一台電腦能做到。

換句話說，有一天真的可能製造出有自我意識的機器人，甚至有自我意識的網路，但是這一天會在很久以後，可能是在本世紀末。

不過假設這天眞的來臨，有自我意識的機器人就在我們身邊走動。如果一個有自我意識的機器人，它的目標和人類的目標能並存，那麼這種形式的人工智慧將不會造成問題。但是如果它的目標不同呢？人類的智能沒有強過機器人，之後可能受到奴役，這點讓人擔心。因爲機器人模擬未來的能力超過人類，它們能想到許多局面，並且模擬出結果，找到推翻人類的最佳方式。

要控制這件事情的方式之一是確定這些機器人的目標都是仁善的。我們之前說過，光是能模擬未來還不夠，還要爲了達成最後目標而模擬。如果一個機器人的目標只是爲了要保存自己，當然會對抗要關掉電源的企圖，這就可能對人類造成麻煩。

機器人會奪權嗎？

在所有科幻故事中的機器人，都因爲想掌控人類而變得危險。機器人的原文「robot」來自捷克字中的「工人」，最早出現在一九二〇年恰佩克（Karel Čapek）的戲劇《羅梭的萬能工人》（*Rossum's Universal Robots*）。在劇中，科學家製造一種新的機械生命，看起來和人類相同。很快的，有幾千個這樣的機器人在從事僕役或是危險的工作。不過人類虐待它們，有天它們起身反抗而把人類滅絕了。雖然這些機器人掌控了地球，但是它們有一個缺陷：無法生殖。在劇本的最後，兩個機器人相戀了，因此新的「人類」可能再次出現。

比較現實的故事來自電影《魔鬼終結者》。在片中，軍方製造了稱爲「天網」的超級電腦網路，用來控制全美國的核子戰備。有天，天網甦醒而有了意識，軍方嘗試要關閉天網，但是後來了解到天網的程式中有一個瑕疵：它設計要保護自己，而要保護自己的唯一方式就是消除問題來源，也就是人類。於是天網發動了一場核子戰爭，把人類打成在機械社會中難以生存的低層賤民，他們得反抗機器無與倫比的力量。

機械當然有可能造成威脅。現在的「掠奪者」（Predator）無人飛機雖然能以無比的準確性致人於死，但是它需要幾千公里外的人用搖桿操縱。根據《紐約時報》的說法，開火的命令直接來自於美國總統。但是在未來，掠奪者導彈可能具有臉部辨識系統，如果有九九%確信找到正確目標，便會允許開火。這時在沒有人類的介入之下，就能利用這種科技對符合檔案的對象開火。

現在假設掠奪者受損了，因此臉部辨識軟體功能失常，然後成爲惡棍機器人，見人就開火。還有更糟糕的，想想看一群機器人飛機由一個中央命令系統控制。只要中央電腦裡面一個電晶體燒掉了，造成電腦功能失常，這整群機器人就會展開瘋狂殺戮。

比較微妙的問題是，機器人的功能完全正常，沒有任何故障，不過在程式和目標上出現一個細微但是致命的缺陷。對機器人而言，保護自己是一個重要目標，但是幫助人類也是。當這些目標彼此衝突時，眞正的問題才出現。

在電影《機械公敵》中，電腦系統認爲人類會經由永無止境的戰爭和暴行而自我毀滅，因此決定唯一能保護人類的方式只有奪權，建立由機器統治的善良獨裁體制。這不是兩個目標的衝突，而是一個不實際目標所造成的衝突。凶殘致命的機器人並沒有功能失常，它們從邏輯推導出來的結論指出，保護人類唯一的方式就是控制社會。

解決這個問題的方法之一是為各種目標排出順序，例如幫助人類的要求要排在保護機器人自己之前。在電影《二〇〇一太空漫遊》探究過這個主題。電腦系統「海爾9000」是有知覺的電腦，能輕鬆與人交談。不過賦予海爾9000的一些命令卻是相互矛盾，無法用邏輯解決。為了執行一項不可能的任務，海爾9000失去平衡，變得瘋狂，要解決來自不完美人類的命令彼此衝突，唯一解決方法就是消滅人類。

最好的解決方式是為機器人寫下一條新的法律，規定機器人不能傷害人類，即使之前的指令彼此衝突時也不能。機器人必須設定一定要遵守這項最高法律，可以無視與這個法律有衝突的低位階命令。不過系統可能還是不完美。舉例來說，機器人的主要目標是要保護人類，這優先其他目標，但是也要看機器人如何定義「保護」這個字。機器對於這個字的定義可能和人類有所不同。

有些科學家的反應並非恐懼。例如美國印第安納大學的認知科學家霍夫斯塔特（Douglas Hofstadter）就沒有害怕這樣的可能性。我在訪問他時，他說機器人就像是我們的孩子，所以為何我們不能視其如子？他的態度讓我感覺到，即使我們知道孩子將會成為未來的主人翁，我們依然愛他們。

我訪問美國卡內基美隆大學人工智慧實驗室前主任莫拉維克（Hans Moravec），他同意霍夫斯塔特的看法。在他的書《機器人》（*Robot*）中寫道：「我們心智的孩子會從生物演化的蹣跚腳步中解脫，能自由的成長，面對更遼闊宇宙中巨大、基本的挑戰……有一段時間，我們人類將會因為機器人的工作而得到好處，但是……就如同我們本來的孩子一般，機器人會追尋自己的命運，我們則成為年長的父母，將安靜的消逝。」

其他人則認為這是一個恐怖的結局。如果我們現在就改變我們的目標和優先順序，或許要解決這個問題還不算太晚。由於這些機器人是我們的孩子，我們應該「教導」它們要仁慈。

友善的人工智慧

機器人是我們在實驗室創造出來的，因此不論我們會有殺手機器人或是友善機器人，都取決於人工智慧研究的方向。許多這方面的研究都來自軍方，軍方的任務就是要贏得戰爭，因此機器人殺手絕對是有可能出現的。

不過，有三成的商業機器人由日本製造，因此也有其他的可能性，機器人一開始就是製造來當作伴侶或是工人。如果消費者主導機器人的研究，這種目標就很容易達成。「友善人工智慧」的意涵是發明者在一開始製作機器人的時候，就設定程式讓機器人幫助人類。

在文化上，日本人對機器人的研究異於西方。當西方的兒童看著橫衝直撞的終結者型機器人而覺得恐怖時，日本的兒童則在神道教的環境中成長，認爲萬物皆有靈，機器人也一樣。日本兒童看到機器人並不會覺得不舒服，而是會高聲尖叫的去親近它。因此毫不意外，機器人在日本滲透到市場和家庭之中。機器人會在百貨公司迎接客人，或是出現在電視上的教育節目。在日本，甚至有機器人演出的嚴肅戲劇。日本擁抱機器人還有另一個原因，在老年人口逐漸增加的國家中，未來會有機器人看護。日本有二一%的人口年齡超過六十五歲，是高齡化速度最快的國家。就某方面來看，日本像是以慢動作撞毀的火車。有三個人口統計學的原因在發揮作用。第一，在各民族中，日本女性的預期壽命是世界第一。第二，日本的人口出生率是世界最低之一。第三，日本的移民政策非常嚴格，超過九九%的人口都是純粹的日本人。由於缺乏年輕的移民來照顧老年人，日本可能需要依賴機器人看護。這個問題不只會在日本發生，歐洲將會是下一個。義大利、德國、瑞士和其他歐洲國家在人口上也面臨同樣的壓力。在本世紀，日本和歐洲諸國的人可能會大幅減少。美國的狀況也沒有多好，美國本土公民的出生率在這幾十年來大幅下滑，不過移民會使美國人口持續增加。換句話說，得賭上幾十兆美元，看看機器人能否將我們從這三個人口統計的惡夢中拯救出來。

在製造能進入人類生活的機器人方面，日本領先世界。日本人已經製造能煮麵的機器人（用一分四十秒煮出一碗麵）。你去餐廳，能在平板電腦上點選餐點，機器人廚師就會幫你煮麵。這個機器人有兩個大型的機械手臂，能拿起碗、湯匙和刀子，爲你準備食物。

有些機器人廚師甚至看起來像人類。

也有在娛樂界使用的音樂機器人，其中一種有著手風琴般的「肺臟」，能把空氣推入樂器中而演奏音樂。也有機器女僕，如果你把洗好的衣服交給它，它能在你面前摺衣服。甚至有機器人能說話，因爲它有人造的肺臟、雙唇、舌頭和鼻腔。索尼公司製造的機器人「愛寶」（AIBO）外型像隻狗。如果你把它當成寵物，它會展現多種情緒。有些未來學家預測，有天機器人工業會發展到如同現在的汽車工業這般龐大。

這裡的重點是，機器人不需要設定會毀滅和控制人類。人工智慧的未來由我們決定。

不過有些人評論友善人工智慧，宣稱機器人不是因爲具有攻擊性而取代人類，而是因爲人類在製造機器人時疏忽了。換句話說，如果機器人取代了人類，是因爲我們爲機器人設定了彼此矛盾的目標。

我是機器！

麻省理工學院著名的人工智慧實驗室前主任布魯克斯是iRobot公司的創辦人之一，我訪問他時，問他是否認爲機器人有天會取代人類。他說人類得接受「我們就是機器」的想法，這是說有天我們將能打造出和人類一樣活生生的機器。不過他也警告說，我們必須放棄人類的「特殊性」（specialness）。

對人類觀點的演進始於哥白尼，他了解地球並非宇宙的中心，而是繞著太陽轉。接下來是達爾文，他指出我們在演化上和動物相似。布魯克斯對我說，這種觀點在未來將會持續演進，然後我們會了解自己其實是機器，只是由柔軟的血肉構成，而非硬體。

他相信，一旦接受人類也是機器這樣的觀點，代表著世界的風貌也會大爲改變。他寫道：「我們不喜歡放棄自己的特殊性。因此我認爲我們很難接受『機器人眞的具有情緒』，或是『機器人是活生生的』這類概念。但是在接下來五十年，我們會接受這些想法。」

不過在機器人是否會取代人類這個問題上，他說有很多個原因讓這種事不會發生。首先，沒有人會要意外的製造一台想要統治世界的機器人。他說，要建造一台會突然取代人類的機器人，就像有人突然要製造一台波音七四七客機。此外，我們也有很多時間阻止這種事情發生。在某人要建造一台「超級邪惡機器人」之前，必須先製造一台「普通邪惡機器人」，而更早之前還得製造「稍微邪惡機器人」。

他的哲學可以用他的話來說明：「機器人要來了，我們不需要多擔心，這會很好玩。」對他而言，機器人革命是必然之事，他預見有天機器人的智能會超越人類，唯一的問題是什麼時候會發生。不過由於機器人是我們製造的，因此無須害怕。我們可以選擇製造它們來幫助人類，而非阻礙人類。

與機器人融合？

如果你問布魯克斯博士，我們如何才能和這些超級機器人共存？他會直接回答：我們會和機器人融合。經由機器人和神經義肢的進展，把人工智慧合併到人身上是有可能的。

布魯克斯博士指出，這個過程就某方面來說已經展開了。現在已經有兩萬人植入了電子耳蝸，這讓他們重新得到聽力。聲音會由小型麥克風接收，然後把聲波轉換成電訊號，直接送到耳朵的聽覺神經。

在南加州大學和其他地方有類似的手術，把人工視網膜移植到盲人眼中。這個儀器是在眼鏡上裝一個微小的攝影機，然後把影像轉換成數位訊號，然後以無線傳輸的方式傳到放置在盲人視網膜上的晶片。這個晶片會激發視覺神經，然後訊號會經由視神經傳到腦部的視覺皮質，這樣完全眼盲的人就能看到熟悉物體的粗糙影像。另外有人設計感光晶片，能放置在視網膜上，直接把訊號傳遞給視神經。這種設計不需要額外的攝影機。

這也意味著，將來我們的感覺和能力能提升。藉助電子耳蝸，我們或許能聽到以往聽不到的高頻聲音。現在已經有紅外線眼鏡，讓我們看到熱物體所發出的特殊光，通常在黑暗中，肉眼是看不到這種光的。經由人工視網膜，或許可以讓我們的視力增加，而能看到紫外光和紅外光。例如蜜蜂能看到紫外光，因此由太陽定位，以便飛到一片花海。

有些科學家甚至夢想有天外骨骼會具有超強能力，就如同漫畫所描述的有超級感覺，具備超級能力。我們可能會變成如《鋼鐵人》那樣的機械化有機體（cyborg，也稱爲賽柏格），一般人也具有超人的能力和力量。這意味著我們不需要擔心智能超群的機器人會取代社會，因爲我們已經和這些機器人融合在一起了。

這些當然還要很久以後才會發生，不過機器人現在都還沒有離開工廠、進入家庭，這讓有些科學家很沮喪，指出大自然已經創造出人類心智，直接複製不就好了？他們的策略是從神經元開始解析腦部的構造，然後再重組起來。

但是這樣的反向工程不只是繪製一張巨大的藍圖來製造一個活生生的大腦，如果我們可以精確複製大腦到每個神經元都一樣，或許我們可以把意識上傳到電腦，就能把終將死亡的身體拋棄。這已經不是超越物質的心智，而是不倚靠物質的心智。

第十一章
腦部反向工程

我和其他人一樣喜歡自己的身體，但是如果能用機械身體活到兩百歲，我會用的。

——希爾（Daniel Hill），思考機器公司首席科學家與共同創辦人

在二〇一三年一月，兩個突發事件永遠改變醫學和科學領域。之前大家認爲腦部的反向工程因爲太複雜而無法實踐，在一夜之間得到解決，突然成爲世上兩個最大經濟體之間科學與榮耀之爭的焦點。

首先，在美國總統歐巴馬的國情咨文中，宣布一件震撼科學界的消息：將近三十億美元的聯邦經費，將會資助「推進創新神經技術腦部研究」（BRAIN），以研究大腦。人類基因組計畫打開基因學研究的水閘門，而BRAIN將會繪製腦中神經元的神經連結圖譜，讓我們窺見腦的祕密。一旦有了腦圖譜，我們對許多棘手的疾病，例如阿茲海默症、帕金森氏症、精神分裂症、失憶症，以及雙極性障礙，會有更深入的了解，甚至找到治癒的方式。爲了推動BRAIN，二〇一四年將先撥款一億美元。

幾乎在同時，歐盟執行委員會宣布「人腦計畫」，將耗資十一億九千萬歐元（相當於十六億美元），在電腦中模擬人腦。人腦計畫打算使用地球上最大的超級電腦，在鋼鐵和電晶體之中製出一個人腦。

支持者強調，這兩個計畫能帶來許多利益。歐巴馬總統很快指出，BRAIN不只能減除數百萬人的痛苦，還能帶動新的收益。他說，在人類基因體計畫花一塊錢，能產生一百四十元價值。整個產業界都會因爲人類基因體計畫的完成而茁壯。對納稅人來說，BRAIN就像是人類基因體計畫那般，是個雙贏的局面。

雖然歐巴馬的演講沒有提到細節，但是科學家很快就加以補充說明。神經學家指出，現在已經有可能利用精細的儀器，觀察單一個神經元的電活動。另一方面，利用磁振造影機器，可以觀察腦的整體活動。他們指出現在缺少的，是兩者之間的領域，這也是腦活動運作最有趣的地方。在這個中間領域，牽涉到數十億個神經元彼此連接的方式，我們要了解心智的疾病和行爲，還有許多困難要克服。

爲了解決這個問題，科學家籌備一個爲期十五年的試驗性計畫。前五年，神經科學家希望能觀測數萬個神經元的電活動。這個短期目標可能包括重建動物腦中重要部位的電活動，例如果蠅的髓質（medulla），或是小鼠視網膜的神經節細胞（ganglion cells，大約有五萬個神經元）。

在十年內，這個數字應該要增加到數十萬個神經元，包括整個果蠅的腦（有十三萬五千個神經元），甚至是小臭鼩（Etruscan shrew）的皮質。小臭鼩是已知最小的哺乳動物，腦皮質有一百萬個神經元。最後在十五年內，應該能觀測數百萬個神經元，相當於斑馬魚的腦或是小鼠的整個新皮質。這應該能爲觀察靈長類動物腦的一些部位鋪下坦途。

歐洲的人腦計畫則從不同的觀點來解決問題。這個計畫將利用十年的時間，以超級電腦模擬各種動物腦的基本功能，一開始是小鼠，然後往上到人類。人腦計畫不研究個別的神經元，而是利用電晶體來模擬神經元的行爲，因此會有電腦模組的功能如新皮質、視丘，以及腦的其他部位。

到最後，這兩個超大計畫之間的競爭，意外收穫會是發現治癒不治之症的新方法，並且推動新的產業。此外，還有另一個沒有說出來的目標：如果最後我們可以模擬一個人類的腦，這不就意味著腦可以變得不朽？這表示意識可以存在於身體之外嗎？這些很有野心的計畫，引發了神學和形上學問題。

建造大腦

我以前和許多小朋友一樣，喜歡拆解時鐘。我會把不要的鐘拿來旋開每一個螺絲，分解開來再看整個零件是如何拼湊在一起的。我會仔細記下每個零件所在的部位，看零件之間是如何連接，直到把時鐘拼回原狀。我知道主發條會驅動主齒輪，然後把動力傳到其他小齒輪，最後讓指針轉動。

現在電腦科學家和神經學家進行的計畫規模要大上許多，他們想要拆解終極複雜的物體、已知在宇宙中最精密的對象：人類的腦。此外，他們還想用一個個神經元組合成大腦。

由於自動化研究、機器人學、奈米科技和神經科學進展快速，人類大腦的反向工程不再是茶餘飯後的閒聊推測。在美國和歐洲，數十億美元的經費很快就要投注到以往認爲荒謬可笑的計畫中。目前只有少數有遠見的科學家，把專業生涯貢獻給可能一輩子都無法完成的計畫，明天這樣的科學家可能由於美國和歐洲諸國慷慨的資助而成群結隊的出現。

如果成功了，將會改變人類歷史的進程。不只是因爲他們找到精神疾病的新療法，也因爲他們可能解開意識的奧祕，甚至能把意識上傳到電腦。

這是個無比艱鉅的任務。人類的頭腦由一千多億個神經元構成，大約和銀河系的星星一樣多。每個神經元可能和其他一萬個神經元相連，因此可能的連接點有一億億個（這還沒算神經元叢林可能的路線有多少）。我們可以從這個數字設想出人類頭腦的「念頭」數量之多，的確是天文數字，人類要製造大腦還太早了。

但是這並不能阻止少數熱心奉獻的科學家嘗試從零開始打造頭腦。中國有一句古老諺語：「千里之行，始於足下。」這個計畫的第一步就是有科學家把線蟲（C. elegans）這種微小生物神經系統中的每一個神經細胞都解析出來，其中包含三〇二個神經元和七千個突觸，每個都精確記錄下來，你在網際網路上就可以找到線蟲的完整神經圖譜。即使到今日，也只有少數幾種生物完整的神經圖譜被繪製出來。

一開始人們認爲，以反向工程來操作這種簡單生物，將可以爲反向工程製作人腦打開大門。但是諷刺的是，情況恰恰相反。雖然線蟲神經元的數量是有限的，但是神經網路依然夠複雜與精細，因此光是要得到線蟲簡單行爲的相關知識，例如哪些神經路線與那些行爲有關之類的事情，就花了許多年。如果這樣低等線蟲的科學探究都難有進展，科學家只好被迫體認到人腦會有多複雜。

研究腦的三種方式

腦那麼複雜，現在有三個不同的方式能把每個神經元都解析出來。第一個方式用超級電腦模擬腦的電活動，這是歐洲採用的方法。第二個是繪製活腦的神經線路圖譜，目前ＢＲＡＩＮ採用這種方式（這種方式會依照分析神經元方式的不同再細分，可能是依照神經元的結構，還有依照神經元的功能和活動。）第三種方法是解析控制腦部發育的基因，微軟的億萬富翁艾倫（Paul Allen）帶頭推動這個方式。

第一個方式是利用電晶體和電腦來模擬腦，利用反向工程，以小鼠、大鼠、兔子和貓的順序，製作出腦。目前這種研究方式居於領先地位。歐洲的科學家大致跟隨演化的歷史，從簡單的腦開始，然後更趨複雜。對電腦科學家而言，解決的方是就是靠演算能力：多多益善。也就是說，要利用地球上最大的一些電腦來解析小鼠和人類的腦。

他們第一個目標是小鼠的腦，大小是人腦的千分之一，約含一億個神經元。現在ＩＢＭ超級電腦「藍色基因」（Blue Gene）正在進行分析工作。這台電腦位於加州的利佛摩國家實驗室（Livermore National Laboratory），美國國防部的氫彈頭也是在這裡設計出來的。這部電腦集合了大量的電晶體、晶片和電線，含有十四萬七千四百五十六個處理器，以及高達十五萬ＧＢ的記憶體。（一般的個人電腦只有一個處理器和數個ＧＢ的記憶體。）

研究腦的進展緩慢但是穩定。科學家沒有建立整個腦的模型，而嘗試複製皮質和視丘之間的連結，許多腦部的活動都是在這裡發生。（這意味著在這個模型中，並沒有包含外界感覺的連結。）

二〇〇六年，ＩＢＭ的莫達（Dharmendra Modha）開始模擬小鼠腦的一部分，使用五百一十二個處理器。到了二〇〇七年，他的團隊用兩千零四十八個處理器模擬大鼠的腦。到了二〇〇九年模擬貓的腦，其中有十六億個神經元和九兆個連結，這時使用兩萬四千五百七十六個處理器。

現在ＩＢＭ的科學家運用藍色基因的全部力量，模擬人腦四·五%的神經元和突觸。爲了模擬部分的人腦，我們需要八十八萬個處理器，預計可能在二〇二〇年完成。

我有機會在利佛摩國家實驗室拍攝藍色基因的影片，那是世界上最大的電腦之一。

進入實驗室之前，我得通過一關又一關的安全檢查，因爲那是美國最重要的武器實驗室。在通過所有的安全檢查哨之後，就可以進入一個有空調的巨大房間，藍色基因就在裡面。

這部電腦的硬體十分龐大，一排排的架子上安置了黑色的大櫃子，上面滿是開關和閃爍的小燈泡，每個架子有兩百四十公分高，約有四百五十公分長。當我在這些構成藍色基因的櫃子間漫步的時候，我回想藍色基因正在進行哪些工作。很可能它正在建立質子的內部模型、計算鈽引爆器的衰變、模擬兩個黑洞的撞擊，以及一個小鼠的思考過程。

後來有人告訴我，這台超級電腦的速度將會讓位給下一代的超級電腦「藍色基因／Q紅杉」（Blue Gene/Q Sequoia），後者將把計算速度提升到另一個層次。在二〇一二年六月，後者寫下最快超級電腦的記錄。在最高的計算速度下，藍色基因／Q紅杉能進行二十·一個ＰＦＬＯＰ（運算單位，每秒一千兆次浮點運算）。它占據的面積高達二百七十八平方公尺，需要大口吞下七點九百萬瓦的電力，這麼多的電足以點亮一個小城市所有的燈。

但是把這麼大的計算能力集中到一台電腦，足以和人腦匹敵嗎？

很可惜，並不能。

在電腦上嘗試複製皮質與視丘之間的交互作用，但腦中其他大部分都沒有納入。莫達博士很清楚自己的計畫有多麼巨大。這項充滿野心的計畫讓他能估計建立一個完整的腦模型（而非一部分或是低階版本），其中所有的新皮質和感覺連接在一起，到底需要花費多少心力。他想像，不只用到一台藍色基因，而是數千台，占據的不是一個房間，而是一整個街區。需要的電力太多，所以需要一座核能發電廠產生的數千萬瓦電力。爲了讓那麼巨大的電腦不會熱到融化，需要一條河流過電腦迴路之間，加以冷卻。

要模擬人類頭顱內一公斤重的組織，需要這種城市般巨大的電腦，但是腦只會讓你的體溫上升幾度，消耗的能量是二十瓦，只要幾個漢堡就足以維持運作。

打造腦部

另有野心的科學家也加入這一場運動，他是瑞士洛桑聯邦理工學院的馬克拉姆（Henry Markram）博士。馬克拉姆是人腦計畫背後的推手，這個計畫受到歐盟執行委員會數十億美元資助。過去十七年，他的人生都用在解析腦部的神經線路。他也使用藍色基因進行腦部的反向工程。目前他的人腦計畫已經從歐盟得到一億四千萬美元，而這只是他希望未來十年所能得到計算能力的一小部分。

馬克拉姆博士相信，這不只是一項科學計畫，而是一項工程計畫，需要大筆資金。他說：「爲了製造這些電腦、撰寫程式、從事研究，我們需要十億美元。如果想到不久之後，腦疾病造成的經濟負擔將會超過全球國民生產毛額的兩成，這樣的花費就不算昂貴了。」當嬰兒潮出生的人退休之後，會有很多人罹患阿茲海默症、帕金森氏症，這要花費數千億美元，對他而言，相較之下十億美元微不足道，根本不算什麼。

對馬克拉姆博士而言，解決問題的方法就是擴大規模，投入夠多金錢到這個計畫，人腦就會出現。

現在他從歐盟委員會得到夢寐以求的十億美元資金，夢想將會成眞。

被問到納稅人將會從這個十億美元的投資中得到什麼，他已經有了答案。他說有三個理由，讓自己從事這個孤獨又昂貴的研究。首先，「如果我們要在社會中好好生活，就得了解人腦，我認爲這是演化中關鍵的一步。第二個理由是我們不能永遠只做動物實驗……那就像是諾亞方舟、像是檔案資料館。第三個理由是，地球上有二十億人受到精神疾病的影響……」

對他而言，有數百萬人罹患精神疾病，而我們對於這些疾病所知甚少，是丟臉的事情。他說：「目前沒有任何人知道任何一種神經疾病是神經線路的哪裡出了問題：哪個途徑、哪個突觸、哪個神經元、哪個受器，通通不知道。這實在讓人震驚。」

一開始，這個計畫似乎不可能完成，因爲有那麼多的神經元和更多的連結，簡直就像是愚公移山，但是這些科學家認爲自己手上有最後的王牌。

人類的基因組含有大約兩萬三千個基因，這樣就足以打造出含有一千億個神經元的腦部。單單以數學計算來看，靠這些基因不可能製造出腦部，但這種事發生在每個新生兒身上。那麼大量的資料是如何壓縮在那麼小的腦袋裡？

對馬克拉姆博士而言，答案就是大自然抄捷徑。他研究方法的關鍵在於神經元會組成一些特定的模組，大自然一旦發現了這些模組好用，就會讓模組重複出現。如果你用顯微鏡觀察腦部切片，一開始你只會看到一群雜亂無章的神經元，不過如果仔細觀察，就會看到重複出現的模組。

事實上，摩天大樓能快速蓋成，使用模組是原因之一。一個模組設計好之後，就可以利用組合生產線無限量的製造出來，可以很快的一個個堆起來而蓋成摩天大樓。所以只要文件簽署好，可以用模組在幾個月之內把公寓組合出來。

馬克拉姆博士深藍計畫中的關鍵是「新皮質單元」（neocortical column），這個模組在人腦中重複出現。在人類中，每個單元大約有兩毫米高、半毫米寬，其中含有六萬個神經元。（相較之下，小鼠的神經模組中只有一萬個神經元。）。馬克拉姆博士在一九九六到二〇〇五年之間，花了十年繪製一個單元內的神經元圖譜，並且了解這個單元的運作方式。之後，他要在IBM的電腦上重複製造出許多這樣的單元。

他一直保持樂觀，在二〇〇九年TED會議上，他宣稱能在十年內完成計畫。（這很有可能是不具有其他腦葉或是感覺部分的腦。）不過他宣稱：「如果我們能正確的建造出來，它能說話、具備智能，而且行為和人類非常相似。」

馬克拉姆博士熱於捍衛自己的研究，能回答每一個問題。當評論者說他正在踏入禁忌的領域，他回應道：「身為科學家，我們不應該害怕眞實。我們必須要了解人類的腦。人們認為腦很神聖，因為靈魂的祕密可能就隱藏在腦中，我們不應該瞎搞，這個想法是很自然的。但是我坦白說，如果我們能了解腦部的功能，我們將能解決各地的衝突。因為人們將會了解，那些衝突、反應和誤解是多麼的細瑣、多麼的注定，而我們也知道要如何才能加以控制。」

當他面對最後的評論：他在「扮演上帝」。他說：「我認為我們還差得遠呢！上帝創造了整個宇宙，我們只是想要建立一個小模型而已。」

那真的是腦嗎？

雖然這些科學家宣稱，到了二〇二〇年，他們對腦的電腦模擬開始會具備人腦的能力，但主要的問題是，這個模擬有多眞實？例如，模擬出來的貓能抓老鼠或是玩線球嗎？

答案是否定的。這些電腦所模擬的是貓腦中神經元的活動，但是無法模擬腦中各部位連接起來的方式。在IBM的模型中，只模擬了視丘皮質系統（例如從視丘連接到皮質的通路）。這個系統並沒有眞實的身體，因此腦部與環境之間複雜的互動也付之闕如。這個貓腦沒有頂葉，也就無法感覺外在或是移動身體。即使在視丘皮質系統中，基本的線路也不代表一隻貓的思維過程，因爲其中缺乏追蹤獵物或找尋伴侶的回饋循環和記憶線路。這個電腦化的貓腦像是一片空白黑板，沒有任何記憶和本能驅力。換句話說，它不會捉老鼠。

即使到了二〇二〇年有可能模擬人腦，你也無法和它進行簡單的對話。由於沒有頂葉，它就像是沒有感覺的黑板，不認識自己、其他人和周遭的世界。沒有顳葉，也沒有說話的能力。它缺乏邊緣系統，因此不會有任何情緒。事實上，它的腦力還比不上新生兒。

這時得把腦和感覺、情緒、語言和文化連接在一起，挑戰才剛開始。

徹底分析的研究方向

第二種方法是直接繪製腦圖譜，也是歐巴馬政府支持的方法。這個方法不使用電晶體，而是分析眞實腦部的神經線路，其中包含數項工作。

其中一種進行的方式是找出腦中每個神經元和突觸的位置（這個過程通常會摧毀神經元），稱爲解剖法。另一種方法是解析腦部進行某種功能時，神經電訊號通過神經元的方式。（後一種方式強調找出活腦中的神經活動路線，是歐巴馬政府最贊成的研究方式。）

解剖法會把一個動物的腦「切片切丁」，把每一個神經元的位置都找出來。用這種方法，所有環境、身體和記憶的複雜內容，都會納入模型之中。採用這種方法的科學家不會想要用許多電晶體來模擬人類的腦，而是找出腦中的每個神經元，之後或許能用一群電晶體來模擬每一個神經元，這樣你就能眞正複製出人腦。一旦反向工程製作出某人的腦，你就能和他進行有意義的對話，了解他的記憶和人格。

完成這項計畫不需要新的物理學。美國霍華休斯醫學研究中心的魯賓（Gerry Rubin）博士利用類似在熟食店中的切片機，把果蠅的腦切片。這不是簡單的事，因爲果蠅的腦只有十萬分之五毫米大，相較於人腦而言，眞的是一丁點而已。果蠅的腦有十五萬個神經元，每個切片的厚度只有半毫米厚，全都小心的用電子顯微鏡拍下來，影像送入電腦，電腦的程式會把影像重建出每個神經的連結路線。依照現在的速度，魯賓博士可以在二十年之內定出果蠅腦中每個神經元的位置。

計畫速度慢如蝸牛的原因之一是受限於目前的攝影技術。標準的掃描式電子顯微鏡每秒只能拍下一千萬畫素，這樣的解析度約爲目前標準電視螢幕的三分之一。他們的目標是打造一台機器，每秒能處理一百億畫素，這會是世界記錄。

儲存從電子顯微鏡湧來的記憶體也多到驚人。目前市售最大的硬碟大約是一ＴＢ，也就是一千ＧＢ。魯賓的計畫一旦啓動，他預期光是掃描一個果蠅腦，每天產生的資料就會有一百萬ＧＢ，因此他預期會有許多塞滿硬碟的大倉庫。此外，由於每個果蠅腦之間有些微的差異，因此他必須掃描數百個果蠅腦，才能得到一個正確的近似值。

從這個果蠅腦的研究出發，要多久才會切人腦呢？魯賓說：「要一百年。我很想知道人的意識，但十年或二十年能達成的目標是了解果蠅腦。」

如果幾項科技有進步，這種方法的速度將可以加快。一種可能的方式是利用自動機器，從切片到分析每片切片的資料都能自動完成，這樣就可以大幅縮短所需的時間。人類基因體計畫就因爲自動化而省下大筆經費。（人類基因體計畫的經費是三十億美元，不但提前完成，經費也沒有用完，這在美國政府中是前所未聞的。）另一種方式是以許多不同的染料爲不同的神經元和路線染色，讓它們容易看得出來。還有一種方法是打造超級自動顯微鏡，能以前所未有的精細程度掃描一個個神經元。

由於繪製完整的腦圖譜需要耗時百年，這些科學家有點像是中世紀的建築師，他們繪製出歐洲教堂的藍圖，知道自己的孫輩最後會完成計畫。

除了要繪製精細到每個神經元的腦圖譜，另外還有一個並行計畫，稱爲「人類連結組計畫」（Human Connectome Project），這會利用腦部掃描的結果，重建各腦區的連接路線。

人類連結組計畫

二〇一〇年，美國國家衛生研究院宣布，要在五年內分批撥款共三千萬美元，給華盛頓大學聖路易校區和明尼蘇達大學組成的聯盟；在三年內分批撥款八百五十萬美元給由哈佛大學、麻州綜合醫院和加州大學洛杉磯分校組成的聯盟。這種短期的研究當然不能徹底解析整個大腦，不過代表相關研究工作開始了。

這項計畫很有可能會納入ＢＲＡＩＮ計畫中，使研究速度大幅增進，目標是繪製包含神經元的人類腦部神經路線圖譜，這將能闡明自閉症和精神分裂症等腦部疾病背後的原因。連結組計畫的領導人之一承現峻（Sebastian Seung）博士說：「研究人員推測，這些神經元本身是健康的，不過可能以不正常的方式連接。直到現在，我們才有技術檢查這個假設是否正確。」如果這些疾病的確是腦部連接錯誤所造成的，那麼對於治療第二類型（連接錯誤）的疾病，人類連結組計畫將可以提供價值非凡的線索。

承博士想到繪製整個腦圖譜這個最終目標，有時候對於是否能完成整個計畫感到絕望。他說：「在十七世紀，數學家兼哲學家帕斯卡（Blaise Pascal）曾寫下他對於『無限』的恐懼。想到外太空的無邊無際，就覺得自己渺小無比。身爲科學家，我不應該談論自己的感覺……我會好奇、我會驚奇，但是有時候我會沮喪。」不過即使這項計畫要好幾代才能完成，他和其他參與的科學家依然堅持不懈。他們有理由懷抱希望，因爲有天自動顯微鏡會毫不懈怠的拍照，具有人工智能的機器會每天二十四小時分析資料。不過現在單是用一般的電子顯微鏡拍攝人腦的影像，就會產生十的二十一次方位元（zettabyte）的資料，相當於現在網路資料的總和。

承博士甚至邀請公眾參加這個偉大的計畫，你可以上EyeWire網站。在那裡，一般人也可以當「公民科學家」，瀏覽許多神經路線，然後在每一條路線塗色（塗滿而不要超過邊界）。這很像是一本虛擬上色書，不過其中的神經元是某個眼睛視網膜中的眞實神經元，由電子顯微鏡拍下的照片。

艾倫的腦圖譜

最後是第三種繪製腦圖譜的方式。微軟的億萬富翁艾倫爲這個研究慷慨捐出一億美元，這個方法既不用電腦模擬、分析腦部，也不找出每一條神經線路，而是要找出與大腦形成有關的基因，進而繪製大腦圖譜。

知道基因在腦中如何表現，對於了解帕金森氏症、阿茲海默症和其他造成失能的疾病，是一線希望。由於許多基因在小鼠有、在人類也有，因此可以透過小鼠讓我們更了解人腦。

有了一億美元資金，整個計畫也順利在二〇〇六年設計出來，民眾可以經由網路免費了解結果。「艾倫人類腦地圖計畫」（Allen Human Brain Atlas）緊接著宣布展開，希望能建立人腦的立體結構圖譜與基因圖譜。在二〇一一年，這個計畫宣布繪製兩個人的腦中生化圖譜，其中包含一千個解剖位置和一億個說明基因表現如何影響生化作用的資料點。這項研究確認出人類有八二%的基因在腦中運作。

艾倫研究所的瓊斯（Allen Jones）博士說：「現在這麼精細、可靠的人腦圖譜，是以前從來沒有的。對於人類最複雜又重要的器官，艾倫人類腦地圖提供前所未有的內容。」

反對反向工程的意見

一生致力於腦部反向工程的科學家，清楚知道眼前艱鉅的工作要幾十年才能完成，但是他們確信自己的工作有實際的影響。他們認爲，即使只有部分結果，都有助於解開古老精神疾病的奧祕。

但是有人會說，完成這些艱鉅工作之後，我們只會得到如山的資料，但不清楚如何把這些資料整合起來。例如我們想像一個尼安德塔人意外得到ＩＢＭ深藍基因電腦的完整藍圖，藍圖中有所有細節，仔細說明每一個電晶體。這張藍圖之大，有幾百平方公尺。這個尼安德塔人可能隱約覺得這張藍圖隱藏著一台超強機器的祕密，但是他無法了解技術資料的意義。

同樣的，有些人害怕花了數十億美元定出腦中每個神經元的位置之後，我們也不能了解其中的意義。可能還要花更久時間，努力研究才能知道整個腦是如何運作。

舉例來說，人類基因體計畫成功的定出人類基因體中所有基因的序列，但是預期能馬上治癒遺傳疾病的人，對結果大失所望。人類基因體計畫的結果像是一本巨大的字典，其中有兩萬三千個條目，但是沒有條目的定義。雖然每個基因的拼法都非常完整，不過其他部分是空白的。整個計畫當然是一項重大突破，但在此同時，對於要研究基因的本質以及基因間的互動，這只是剛開始。

有了腦中每個神經元彼此連接方式的完整圖譜，也知道和人類基因體計畫的結果類似，但不能保證我們知道這些神經元的作用以及它們彼此之間的反應。反向工程是簡單的部分，之後要解答這些資料的意義才是困難之處。

未來

不過想像這個時刻終於來臨。在大肆宣揚聲中，科學家莊重的宣布他們已經以反向工程製作出整個人類頭腦。

然後呢？

立即的應用是找出某些精神疾病的起因。有個看法是，許多精神疾病並非神經元受到破壞而引發，而是連結錯誤所造成。想想看，杭丁頓氏症、泰賽二氏病（Tay-Sachs）或囊腫性纖維化（cystic fibrosis）等遺傳疾病，都是由單一個基因突變所造成。在三十億個鹼基中，只要有一個拼錯或是重複，就會讓你的肢體胡亂揮動與抽搐（例如杭丁頓氏症）。即使基因組中「99.999999%」是正確的，一點缺陷就會讓整個序列失去功能。無怪乎基因療法都盡量瞄準這些單一突變，好治療遺傳疾病。

同樣的，一旦腦部反向工程完成，就可能模擬腦，並且刻意打斷一些連結，看是否會引發一些疾病。人類認知的主要疾病，可能只牽涉一些神經元而已。把這些少數活動異常的神經元找出來，可能是腦部反向工程的工作之一。

舉個例子，如果你罹患卡普格拉妄想症（Capgras delusion），你能認得你的母親，但卻會認為她是一個騙子所假扮的。根據拉瑪錢德朗的看法，這種罕見的疾病可能是因為腦中兩個區域連接錯誤造成的。顳葉中的梭狀回（fusiform gyrus）負責讓你認出你母親的面孔，杏仁體則負責你看到母親後的情緒反應。當這兩個中心的連接被打斷，你可以清楚認出自己母親的臉孔，但是卻沒有任何情緒反應，因此只好說服自己那個人是假扮的。

腦部反向工程的另一個應用是找出活動失常的神經元群的精確位置。我們還記得深腦刺激術會用細微的電極去抑制腦中某個微小部分的活動，例如要治療嚴重的憂鬱症，要抑制柏羅德曼二十五區。利用反向工程製作出的腦圖譜，就可能找出是哪些神經元真的過度活躍，其實可能真的只有一點點神經元如此而已。

反向工程製作出來的腦對人工智慧也大有幫助。腦毫不費力就能完成視覺和臉部辨識，但是我們最先進的電腦卻辦不到。對於正面的臉孔而且如果資料庫不大，那麼電腦辨認出的機會有九五％以上，但是如果你讓電腦看同一個面孔的不同角度，或是這張臉沒有在資料庫中，那麼電腦幾乎注定失敗。而人腦在〇．一秒之內，就可以辨識出熟悉面孔的不同角度。這對人腦而言，簡單到我們都不知道腦做了這件事。腦部反向工程或許能揭露這個過程的神祕面紗。

更複雜的事情可能是腦部數個地方失常造成的疾病，例如精神分裂症。這個疾病和數個基因有關，再加上與環境的交互作用，結果造成腦部數個部位的活動異常。不過就算如此，反向工程製造出來的腦將能明確指出某些症狀（例如幻覺）是如何形成的，這有可能指出治療的方式。

反向工程製作出來的腦部也可以解決一個基本但是未知的問題：長期記憶是如何儲存？我們知道一些腦部儲存記憶的部位，例如海馬回和杏仁體，但是記憶是如何分散在不同的腦區，然後重新組合成完整記憶？現在依然不明。

當反向工程製作出來的腦部有了完整的功能，這時就可以開啓所有的迴路，看它的反應是否如眞的人類（例如能否通過圖靈測試）。由於記憶已經存在反向工程製作出來的腦中神經元，因此這個腦應該很快就能作出如同人類的反應。

最後，反向工程製作出來的腦所造成的衝擊中，有一項很少人討論卻很多人想過：永生。如果意識能傳到電腦，這是否意味著我們不必死亡？

第十二章
超越物質的未來心智

思索並非浪費時間，而是在演繹如何在雜木林中清除枯枝死木。

——彼得斯（Elizabeth Peters），推理小說作家

我們是科學的文明……這意味著在這樣的文明中，知識和完善的知識至為重要。科學是知識唯一的來源……知識是我們的命運。

——布羅諾斯基（Jacob Bronowski），數學家

意識能從實體中解放出來，獨自存在嗎？我們能離開終將腐朽的身體，像是靈魂一樣在稱爲宇宙遊樂場裡遊蕩嗎？

《星艦迷航記》曾經討論過這個問題。星艦「企業號」的寇克艦長遇見超級種族，比起「星際聯邦」進步約一百萬年。他們如此進步的原因是他們拋棄脆弱、平凡的身體，棲息在純粹由能量構成的脈動球體中。能讓人興奮的感覺，例如呼吸新鮮空氣、碰觸他人的手，以及身體之愛對他們而言，已經是百萬年前的事情。這個文明的領導人薩爾貢（Sargon）歡迎企業號來到他們的星球。寇克艦長接受了邀請，並深切體認到，這個文明如果想要就可以瞬間將企業號蒸發。

但是企業號成員不知道的是，這個超級生命有個致命的弱點。由於科技進步，他們百萬年來都沒有實際的身體，因此他們渴求體驗到身體的感覺，渴望再次成爲「人」。

這些超級生命中有個壞蛋，決定要得到企業號成員身體的控制權。他希望像個人一般的活著，即使摧毀身體主人的心智也在所不惜。接著，企業號內發生戰鬥，這個壞蛋控制了史巴克的身體，而其他成員反擊。

科學家曾經捫心自問：有哪條物理定律阻止心智不需實體便能存在嗎？如果人類的意識心智是個持續建立世界模型、模擬未來的機器，那麼有可能打造一個機器來模擬整個過程嗎？

之前我們曾經討論過，未來有可能和電影《獵殺代理人》那般，人類的身體躺在莢艙中，用心智控制機器人活動。這個狀況的問題是，雖然機器製成的智能替身能持續活動，我們天然的身體依然會慢慢衰退。有些認眞的科學家正在推敲我們的心智能否轉移到機器人，以得到眞實的永生。誰不想要得到永生的機會呢？就像是導演伍迪·艾倫說的：「我不想要因爲我的成就而永遠活在人們心中，我想要因爲不會死而永遠活著。」

事實上，有數百萬人宣稱心智可以離開身體，其中有許多甚至堅持自己曾經辦到。

離體經驗

不具實體的心智可能是人類最古老的迷信之一，已經深深烙印在人類的神話、民間故事、夢想，可能還包括在基因之中。每個社會似乎都有一些故事，其中有鬼魂和惡魔能自由進出人類的身體。

很遺憾，許多無辜的人被控告身體被惡魔占據，遭受驅魔儀式。這些人可能罹患精神疾病，例如精神分裂症，因而受到來自自己心智聲音的騷擾。歷史學家相信，在一六九二年塞勒姆女巫（Salem witch）一案中被認爲著魔受到絞刑的人裡，有一個人罹患罕見的遺傳疾病杭丁頓氏症，四肢因而不受控制的揮動。

現在有許多人宣稱曾經進入類似出神的狀態，意識離開身體在空中漂浮，甚至看到自己的肉體。歐洲在一次有一萬三千人參與的問卷中，有五．八%的人宣稱自己有離體經驗。在美國的訪問調查比率差不多。

諾貝爾獎得主費曼（Richard Feynman）總是對新的現象充滿好奇，有次他躺進能剝奪所有感覺的水槽中，想要離開自己的身體。他成功了，後來他寫下離開身體的感覺：飄浮在空中，他回頭看到自己不動的身體。費曼最後總結說：「我不覺得違背物理定律。」例如：可能是他的感覺被剝奪而產生的想像。

研究這個現象的科學家有個更無聊平凡的解釋。瑞士的科學家布蘭克（Olaf Blanke）博士和同仁可以找到腦中產生離體經驗的精確部位。他的病人中有一位四十三歲的女性罹患嚴重的癲癇症，病灶在右顳葉。研究人員將含有一百個電極的網格放到她的腦中，好找出引發癲癇發作的區域。當電極刺激到頂葉和顳葉之間的部位時，這位女性馬上出現離體感覺。她說：「我從上方看到自己躺在床上，我只能感覺雙腿和下半身。」她覺得自己浮在距離身體約兩公尺高的地方。

當電極的電流關閉之後，離體感覺馬上消失。事實上，布蘭克博士發現離體感覺像是有開關一般，能藉由刺激腦中的這個部位而開啓。我們在第九章曾經提到，在顳葉的癲癇損傷會讓人覺得每個不幸事件都是惡靈在背後作祟造成的，因此精神離開身體的感覺，可能也是神經系統的天性之一。這也可以解釋出現超自然。布蘭克博士分析一名二十二歲女性的癲癇症。他發現如果刺激她腦部頂葉和顳葉之間的部位，就能讓她覺得背後有幽靈。她能描述那個人的細節，幽靈甚至抓住她的手臂。幽靈每次出現的位置都不一樣，但是一直在後面。

我認爲人類的意識一直在建立世界的模型，以模擬未來、達成一個目標。特別是我們的腦接收眼睛和內耳傳來的訊息，好建立我們在空間中所處位置的模型。不過如果來自眼睛和耳朵的訊息彼此衝突，我們對於自己所在的位置便會覺得困惑。這個時候通常會反胃或是嘔吐。例如，許多人在顛簸的船上會暈船。這是因爲這時眼睛看到船艙的牆壁，告訴腦部現在是靜止的，但是內耳告訴腦部現在是搖晃的。這些彼此不相符的訊息，使得大腦覺得反胃。治療方式是看外面，這樣視覺訊息才能和來自內耳的訊息相符。即使在靜止的狀態下，也可以引起相同的反胃感覺。如果你注視明亮、直線條紋的垃圾桶轉動，這些條紋看起來像是橫向移動，讓你產生在移動的感覺。但是你的內耳卻說你是靜止的，這樣感覺的不相符，讓你即便是坐在椅子上，過幾分鐘都會想嘔吐。

用電刺激顳業和頂葉交界的區域，也可以干擾來自眼睛和內耳的訊息，這就是離體經驗的起因。當這個區域被碰到時，腦對於自己所在的空間位置便陷入混亂。值得一提的是，如果顳業缺乏血液或氧氣，或是血液中的二氧化碳過多，也會讓顳葉與頂葉交界的部位發生混亂，引發離體經驗，這可以說明遭遇意外、危急事件和心臟病突發的人，有時候會有離體經驗。

瀕死經驗

人們經歷離開身體最戲劇化的感覺就是瀕死經驗，這些人已經被宣布死亡，但是又神奇的恢復了意識。事實上，有六到一二%經歷心臟病突發而活下來的人，報告說有瀕死經驗，這看起來好像是他們騙了死神。在訪談中，他們相同的體驗有戲劇化的情節：他們離開了身體，朝著長長隧道的一端漂浮，周圍是明亮的光線。

媒體緊緊抓住這種現象，製作許多暢銷書和影集來描述這些戲劇化的故事。許多超乎尋常的理論被提出來，好解釋瀕死經驗。在一項包含兩千人的問卷調查中，有四二%的人相信瀕死經驗證明有死後靈性世界存在。（有些人相信人在臨死之前會釋放天然的迷幻分子腦內啡〔endophin〕，這可以解釋有些人爲何沒有看到隧道和亮光，而是覺得狂喜。）薩岡推測瀕死經驗是對出生時創傷的解放。許多人都有類似的經驗，並不能證明他們瞥見來生，而是指出這種現象與更深的神經事件有關。

神經學家認眞研究這個現象，並且推測關鍵在於瀕死病患常伴隨的缺血與昏迷狀況。德國柏林城堡園區醫院（Castle Park Clinic）的神經學家藍帕特（Thomas Lempert）博士對四十二位健康的人進行實驗。這些受試者在實驗室控制下進入昏迷狀態，其中六〇％的人出現視覺幻覺（例如明亮的光線和色塊），四七％的人覺得自己進入另一個世界，二〇％的人宣稱接觸到超自然生命，一七％的人看到一道明亮的光線，八％的人看到隧道。昏迷可以模擬瀕死體驗者所有的感覺，不過這個現象到底是怎麼發生的？

分析軍方飛行員或許能解開昏迷造成瀕死經驗之謎。美國空軍委託神經生理學家拉伯特（Edward Lambert）博士分析在高G力（通常發生在噴射機急轉彎或是俯衝後快速拉高的時候）時，飛行員暫時昏迷的現象。拉伯特讓飛行員坐在明尼蘇達州梅約醫院的高速離心器，讓離心器旋轉，飛行員便承受高G力。在數個G的加速度下，十五秒後，飛行員因爲腦中的血液流出而失去意識。

他發現在五秒之後，飛行員眼睛的血液減少，使得周邊視野（peripheral vision）變得黯淡，產生了長隧道的影像。這可以解釋瀕死病患經常會看到的隧道。如果視野的周圍變暗了，你就只能看到眼前一條窄隧道。拉伯特博士用控制器仔細調整離心機的加速度，發現可以讓飛行員一直維持這種狀態。他證明隧道視野是因爲眼睛周圍血液減少所造成。

意識能離開身體嗎？

研究過瀕死經驗和離體經驗的科學家相信，這些經驗是腦部處於壓力之下，神經線路混亂而出現的副作用。不過有些科學家相信數十年後，有天科技進步到能讓我們的意識眞正離開身體。其實有幾種充滿爭議的方式已經發表了。

其中一種方法由未來學家兼發明家科茲威爾（Ray Kurzweil）博士所倡導，他認爲意識有天能上傳到超級電腦。我們曾在一次會議中談話，他告訴我他在五歲的時候就對電腦和人工智慧深深著迷，他的父母買了各種儀器和玩具給他。他很愛把這些儀器拼湊在一起，那時他就知道自己注定成爲發明家。他在麻省理工學院人工智慧奠基者之一明斯基門下取得博士學位，之後他把從圖像認知技術得到的經驗，應用在樂器和能讀文字並說出來的機器。他能把人工智慧研究結果，轉換成立許多家公司。（他在二十歲就把自己的第一間公司賣出了。）他發明的光學閱讀器能認出文字並且轉換成語音，被宣揚成盲人的一大福音，名新聞主播克朗凱（Walter Cronkite）甚至在夜間新聞報導過。

他告訴我，要成爲一個成功的發明家必須走在時代尖端，要預見變革而非變革產生後才對應。科茲威爾博士其實很喜歡預測，其中有許多反應出數位科技令人驚嘆的快速成長。他曾預測下面一些事情：

到了二〇一九年，價值千元美金的個人電腦，每秒可計算二乘以十的十五次方次，相當於人腦的速度（人腦計算速度是這樣算出來的：腦中有一千億個神經元，乘以每個神經元有一千個連結，再乘以每個神經連結每秒有兩百次計算。）

到了二〇二九年，價值千元美金的個人電腦，計算能力是人腦的一千倍，這個時候人腦可以成功的進行反向工程。

到了二〇五五年，價值千元美金的個人電腦的處理能力等於地球上所有人類的總和（他保守的補充說：「我可能得扣一、兩年。」）

對科茲威爾博士而言，二〇四五年是重要的一年，因爲在這一年，會有一件「特異的奇事」開始居於主導地位。他宣稱，這時機器的智能將會超越人類，而且這些機器人會製造出比這些機器本身還要聰明的機器人。由於這個過程可以一直持續下去，因此根據科茲威爾博士的說法，機器能力的加速會永不休止。在這個過程中，人類不是與我們創造出來的機器融合在一起，便是讓路給機器前進。（雖然這在很久以後才會發生，但是他告訴我他想要活久一點，看到人類得到永生的這一天來臨。）

根據摩爾定律，在某個時點後由於電晶體無法再縮小了，電腦的計算速度無法加快。科茲威爾的建議是，唯一讓電腦速度加快的方式是讓電腦變大，這會使得機器需要更多的計算能力，而把地球上的礦物消耗殆盡。一旦地球變成一個巨大的電腦，機器人爲了維持計算能力，可能被迫進入外太空找尋資源，最後甚至需要用掉整個恆星的能量。

我問他，這樣宇宙級的電腦成長是否會改變宇宙本身，他回答是的。他告訴我，他有的時候眺望夜空，思索是否在一個遙遠的星球上有智慧生命已經發生這個「特異的奇事」。若眞如此，他們可能在恆星上留下一些記號，說不定我們用肉眼就可以看見。

他告訴我，其中之一的限制是光速。除非這些機器能超過光速的限制，否則這樣的指數成長將會受到限制。如果這種情況發生了，這些機器將會改變物理定律。

任何人作出如此精確和規模的預測，就像是一根避雷針會招來「天打雷劈」。科茲威爾有些預言已經超過時間點但都沒實現，但是他依然專心推動他的想法，預測科技將會以指數成長。老實說，我訪問過的人工智慧研究者，大部分都同意某種形式的「特異的奇事」會發生，但是他們對於發生的時間和發展的方式，有截然不同的意見。例如微軟的創辦者之一蓋茲（Bill Gates）認爲，現在沒有任何人能活到電腦比人類還要聰明的那一天。《連線》（*Wired*）雜誌的編輯凱利（Kevin Kelly）曾說：「推測未來烏托邦的人，總是認爲這個理想國會在自己死亡前成眞。」

事實上，科茲威爾的眾多目標之一就是讓自己的父親起死回生，應該是說他要眞實的把父親模擬出來。雖然有些可能性，但是推想的成分居多。

科茲威爾的想法是，可以取得他父親的DNA（從墳墓、親戚或是他遺留下來的身體部分）。這些DNA大約含有兩萬三千個基因，是打造一個人類個體的完整藍圖，能從這些基因複製出一個人。

這當然有可能，我曾問過先進細胞科技公司的藍札（Robert Lanza）博士，要如何才能讓很久以前就死亡的生物「回到陽間」。他告訴我，聖地牙哥動物園曾要他複製一頭白臀野牛（banteng），這種牛在二十五年前已經絕種了。困難之處在於取得能用來複製的細胞，不過他成功了，然後把這個細胞快遞到一座農場，把細胞植入一頭母牛體內，然後生下一頭白臀野牛。雖然沒有人複製過靈長類，遑論人類，但是藍札覺得這只是技術問題，複製人類是遲早的事。

不過複製還算是簡單的部分。複製人在基因上和原本的人一樣，但是並沒有原版的記憶。第五章描述的先進技術，或許可以把人造記憶上傳到複製人的腦中：把電極插入海馬回或是製造一個人工海馬回。不過科茲威爾的父親已經去世多年，因此一開始就不可能把記憶保留下來。最好的方法是把原版相關的歷史資料一點一滴的拼湊起來，可以訪談相關人對於原版者的記憶，或是清查信用卡紀錄，然後把這些資料輸入程式中。

要把一個人的人格和記憶輸入到複製人中，比較實際可行的方式是建立一個龐大的資料庫，其中包括這個人的習慣與生活的所有可得資訊。例如現在你可以把自己全部的電子郵件、信用卡交易內容、各項紀錄、行程表、電子日記和生活種種都整理到一個檔案夾中，靠著其中的資料，就能相當清楚描繪出你這個人。這個資料夾可以當作你個人完整的「數位簽名」，代表你為人所知的所有事情。其中內容可能非常準確而私密，詳細記錄你喜歡的紅酒、度假的過程、使用的肥皂、最愛的歌手。

同時，經由問卷也可能大致重建科茲威爾父親的人格。他的朋友、親戚和其他相關人士可以填寫評量人格的問卷，例如他是否害羞、好奇、誠實、勤奮，然後用分數來表示每項特質的高低（例如十分表示非常誠實），這樣就可以得到數百個數字，每個都代表某種人格特質的得分。這些資料經過編彙，電腦程式可以用這些資料模擬他在各種假設情況下會有的反應。例如你在演講的時候，觀眾裡有一個可厭的搗蛋鬼，電腦程式會利用之前那些數字，預測出幾種可能的反應，例如他可能會無視搗蛋鬼，或是下台和搗蛋鬼爭執。換句話說，他的基本人格被化約成一連串的數字（從一到十），電腦可以用這些數字對於新的狀況作出反應。

結果可能是有一個龐大的電腦程式，負責對新的狀況產生反應，反應內容類似於原來那個人會使用的相同字眼、有著相同怪癖，而且把這個人的記憶都納入反應中。

另一種可能的方法是跳過複製過程，乾脆打造一個長得像原版的機器人，然後直接把程式輸入機器人，讓這台機器看起來像你，說話有同樣的腔調和語調，移動雙手雙腳的方式也和你一樣，也可以輕鬆使用你的口頭禪（例如：「你懂的……」）。這可能會簡單些。

當然，現在很容易就可以看出機器人是假貨，不過在接下來數十年，機器人有可能製作得越來越接近眞人，因此可能騙倒一些人。

不過這個狀況會引發一個哲學問題。這樣的「人」是否和原來的人是相同的？原版的人已經死亡了，所以複製人或仿製的機器人嚴格來說只是冒充者。例如一個錄音機可以把人類的對話完全精確的錄下來，但是這台錄音機當然不是原本的人。行爲類似原版的複製人或機器人，可以當成合法的替代者嗎？

永生不死

這些方法飽受批評，因爲其中的過程沒有輸入你眞實的人格和記憶，比較忠實的方式是經由「連結體計畫」，把心智輸入機器。我們在上一章提過「連結體計畫」，這個計畫企圖把腦中每個神經元的細胞間線路都複製出來。你的所有記憶和人格特質都已經包含在這個連結體中。

負責連結體計畫的承博士指出，有些人願意付十萬美元把自己的腦放在液態氮中冷凍，就像有些魚類和蛙類在冬天時可以凍得像冰塊，到了春天再解凍甦醒，因爲牠們利用葡萄糖當抗凍劑，使血液中的水凝固點下降，這樣雖然身體外面凍得像冰，但是血液依然是液體。不過人類體內葡萄糖濃度如果太高可能致死，因此把人腦放入液態氮中冷凍的功效讓人起疑，因爲腦中央的冰結晶成長的時候會破壞細胞膜。（同時，腦細胞死亡時，鈣離子會衝入細胞，使得腦細胞膨脹而破裂）。不論如何，在冷凍的過程中，腦細胞都不太可能存活下來。

相較於在冷凍過程中讓細胞破裂，比較可行的永生方式是把你的連結體完整的記錄下來，你的醫生會把你所有的神經連結記錄到一台硬碟。基本上，你的靈魂現在應該已經化爲資訊，存在那個硬碟中，將來有一天，某人或許能重建你的連結體，理論上，可以在複製人或是一群電晶體中讓你重生。

如同之前所說，連結體計畫目前連一個人類的神經連結都還沒有辦法記錄下來，但是承博士說：「我們應該嘲笑尋找永生的人，把他們當傻子？還是有天他們會因爲我們的認眞而感到高興呢？」

精神疾病與永生

不過永生也有缺點。目前的電子腦只有包含皮質和視丘之間的連結，反向工程製作出來的腦由於缺乏身體，可能沒有感覺而備受痛苦，甚至出現精神疾病的跡象，很像是單獨監禁的囚徒。或許以反向工程製造永垂不朽的腦，所付出的代價就是瘋狂。

人如果隔離在房間不得與外界接觸，最後會產生幻覺。二〇〇八年，英國國家廣播公司播放一個科學節目，稱爲《完全孤立》（*Total Isolation*），其中有六位自願者各自進入防備核子戰爭的地下碉堡，處於完全的黑暗中。僅僅過了兩天，就有三位志願者開始看到和聽到幻覺，有蛇、車子、斑馬和牡蠣。他們出來之後，醫生發現他們全部受到精神損傷，其中有一位的記憶力下降三六％。我們可以想像，如果處於這種狀況下數個星期或是數個月，大部分的人都會發瘋。

反向工程製作出來的腦如果要維持正常，可能需要與感覺器官連結，接收環境中的訊息，能觀看和感覺外在的世界。不過這個時候會出現另一個問題：這樣的人可能是個畸形怪物，是經由科學實驗打造出來的科學實驗動物。由於這個腦具有原版的記憶和人格，可能迫切需要和人類接觸。但是反向工程製作出來的腦，記憶是在超級電腦中活動，外面是混亂糾纏的可怕電極，任何人對此都會反感，遑論建立關係，朋友將會轉身離去。

穴居人理論

我所稱的「穴居人理論」（Caveman Principle）在此開始運作：爲何那麼多合理的預期後來都沒有實現？爲何有些人不願意永遠活在電腦中？

穴居人理論是指：如果能在高科技和高個性化（high-touch）中二選一，人類每次都會選擇高個性化。如果可以選擇音樂家的音樂會門票或是音樂會實況CD，你會選哪個？如果要你選擇前往泰姬瑪哈陵的機票或是泰姬瑪哈陵的漂亮照片，你會要哪一個？應該是選現場音樂會和飛機票。

這是因爲我們的意識是從類似猿類祖先的遺傳基因而來，自從第一個現代人類在非洲出現，數十萬年來，人類的基本人格並沒有多大改變。我們的意識很多時候是用來讓自己好看，以及讓異性與同儕留下好印象。這已經刻在腦的結構當中了。

很有可能的是，由於我們基本、猿類般的意識作祟，只有在不改變我們現有身體的情況下，我們才願意與電腦融合。

穴居人理論或許能解釋有些關於未來的預測爲何從未實現，例如「無紙辦公室」。以前人們認爲，電腦應該會讓紙被逐出辦公室，但諷刺的是，電腦使得辦公室用紙增加了。這是因爲我們是狩獵者的後代，需要確定獵物「當場死亡」。舉例來說，我們相信實物證據，而不是關機以後就在螢幕上消失的訊息。同樣的，以虛擬實境取代真實溝通的「無人城市」，也從來沒有實現過，往城市通勤的情況越來越嚴重。這是爲什麼？因爲人類是喜歡和他人建立關係的社交動物。視訊會議雖然好用，但是無法完全傳遞經由肢體語言表達出的細微資訊。例如一個老闆可能希望找出下屬的問題，希望能看到他們在自己的質問之下侷促冒汗，這只有在面對面的時候才辦得到。

穴居人和神經科學

我小時候讀了艾西莫夫的科幻小說《基地三部曲》，並且深受影響。首先，它強迫我提出一個簡單問題：五萬年後，當我們有了一個銀河帝國，會有什麼科技？看小說的時候，我忍不住會想：爲何那時候的人類，不論外貌行爲還是和現在一樣？我當時認爲，過了那麼多年，未來的人類應該有著電腦融合的身體，具備超人的能力。他們應該在數千年前就放棄弱小的人類身體才對。

後來我想到兩個答案。首先，艾西莫夫想要吸引年輕人買他的書，因此他創造的角色必須受到年輕人認同，所以必須包括年輕人的缺點。其次，未來的人或許能選擇具備超級能力的身體，但是大部分都偏好一般的身體。這是因爲他們的心智和人類祖先離開森林的時候沒有兩樣，因此能讓同儕和異性接受的外貌，依然決定了他們的外貌，以及他們所想要過的生活。

現在我們可以把穴居人理論應用到未來的神經科學。最起碼，這意味著如果要改變人類的基礎形式，得在外觀上要幾乎看不出來。我們並不想要像科幻電影中的難民，頭上纏繞著電極。只有在奈米科技能打造出肉眼看不出來的顯微等級感測器和電極之後，植入儀器以增加記憶力或是智能的方式才會被接受。在未來可能有奈米纖維，或許是由只有一個分子厚的奈米碳管製成，細到能以極精確的方式與神經元連接，讓我們的外貌不會改變但是又能增進心智能力。

在此同時，如果我們需要和超級電腦連接以取得資訊，我們不會希望如同電影《駭客任務》那樣在脊椎連上電線。連接將會以無線的方式建立，這樣只要心智能找到最近的伺服器，就能和許多電腦連接。

現在我們有人工耳蝸和人工視網膜，能讓病人重拾聽覺和視覺。但是到了未來，奈米科技可以在不改變人類基本外型下加強人類的感官。例如，我們或許能選擇經由基因改造或是外骨骼來增加肌肉的力量。那時候可能會有「人體商店」，身體那個部位磨損了，你可以在商店訂購新的，不過這些部位和其他提高身體機能的機器，都要避免不像人類部位的外型。

另外，根據穴居人理論，我們會依狀況選擇使用這些科技，而非終身使用。我們可能會選擇暫時用這些技術，用過後馬上把機器拔掉。科學家可能在解決特別困難的問題時需要增進智能，但是之後他們可能會把頭盔或植入的儀器取下，進行平常的工作，這樣朋友就不會看到他們像是太空人培訓員的模樣。重點是，沒有人強迫你這麼做。我們要能選擇享受這些科技的利益，但是又不會有可笑的外貌。

因此，在接下來的幾個世紀，未來人類的身體看起來可能和現在非常類似，不過他們更完美、能力更強。人類的祖先是猿類，我們的意識還由古老的欲望與希望所主宰。

那麼「永生」呢？如同之前提過的，具有原版完整人格的反向工程腦如果只能活在電腦中，最終會發瘋。把這個腦和外部感測器連接，就可以感覺周圍的環境，但是長相會如同詭異的怪物。能解決部分問題的方法之一是把反向工程製作出來的腦接上外骨骼，如果這個外骨骼能如智能替身一般活動，那麼反向工程製作出來的腦便不會有畸形外貌，也能具有觸覺和聽覺。最後，這個外骨骼可以無線遙控，這樣就能和人類一樣活動，但是由「活」在電腦中的反向工程腦所操控。

智能替身可以說是兩全其美的辦法。智能替身是外骨骼，狀態可臻完美，具有強大的能力。由於它是由一台在巨大電腦中的反向工程腦無線遙控的，後者可以說是不會死的。還有，由於智能替身能感覺環境，而且外貌類似眞的人類，所以和其他人類互動時不會造成那麼多問題，而且有許多人可能選擇這種做法。因此眞正的連結體會位於靜止不動的超級電腦中，而他的意識能經由完美可動的智能替身展露出來。

以上種種所需的科技水準，現在都還遠遠不及。不過有鑒於科學進展之迅速，在這個世紀末應該可以達成。

逐漸轉移到機器

目前反向工程正在研究腦中神經元之間的資訊傳送。這個腦被切成薄片，因爲目前磁振造影掃描的精確程度還無法辨識活腦中神經元的結構，所以就目前的科學進展來看，這種反向工程的缺點顯然是要等到你死了之後才能進行。腦在個體死亡之後會迅速損毀，因此保留腦的工作得馬上進行，這點很困難。

不過或許有一種方法可以讓你不要死了之後才得到永生。美國卡內基美隆大學機器人實驗室前主任莫拉維克首先探究這個想法。我訪問他時，他說他預見在遙遠的未來，我們爲了一個特殊的目的：在有意識的時候，把心智轉移到不死的機器身體，利用反向工程製作出腦。如果我們以反向工程製作出腦的每個神經元，乾脆就用電晶體來打造每個神經元，完美的複製出心智的思考程序。用這種方法就不需要死後才能得到永生，在整個過程中都能保有意識。

他說這整個過程要分成幾個步驟。首先我們得躺在擔架上，旁邊是一個沒有腦的機器人。接下來，外科機器人會從我們的腦中取下一些神經元，然後用機器人中的電晶體複製這些神經元，這時我們的腦會和這些在機器人空頭顱中的電晶體連線，已經被電晶體迴路所取代的神經元就丟掉。由於我們的腦和電晶體連線，因此在整個過程中，腦都能維持正常運作，也可以保持意識清醒。這個超級外科醫生會從腦中移除更多神經元，而且每次都用機器人中的電晶體複製這些神經元。手術進行到一半時，我們的腦有一半已經空了，剩下的另一半則和機器人腦中大量的電晶體連線。最後腦部所有的神經元都移除，機器人的腦則完全複製自原來的腦，每個神經元都是相同的。

過程結束後我們會從擔架上起來，發現自己的身體已經完全成型，俊美漂亮的程度超乎夢想，同時具有超人的力量和能力。此外，我們還不會死。我們回頭看看那具會老死的身體，只是一個沒有心智的衰老空殼而已。

我們距離這項科技還很遠，我們無法以反向工程製作腦，遑論用電晶體複製有機體。這種方法招致的批評是，用電晶體打造出來的腦可能無法裝進頭顱。因爲這樣電晶體化的腦，大小可能和一台超級電腦一樣。因此這種方法一開始可能就得和前面的那個一樣，反向工程出來的腦得放在巨大的超級電腦中，然後控制智能替身。不過這個方法的最大優點在於你不必先死一次，整個過程都能保有意識。

我們絞盡腦汁思考這些可能性，這些都可能與物理定律符合，但是要完成這些事情，得要突破許多巨大的技術障礙。這些把意識上傳到電腦的方法，所需要的科技要在很久的未來才有可能實現。

不過至少有一種達成永生的方法，完全不需要以反向工程來製作腦，而只需要非常微小的「奈米機器人」（nanobot），這種機器人能操控個別的原子。所以為何不永遠活在自己的身體中，只要定期的維修，讓身體不朽就好了呢？

老化是什麼？

這種新方法融會了目前對於老化的最新研究。傳統上，生物學家對於老化過程的起因，並沒有一致的意見。不過最近十年，一個新的理論慢慢為人接受，統一了許多不同路線的老化研究。基本上，老化是遺傳基因與細胞階層中錯誤逐漸累積所造成。當細胞變老的時候，DNA中錯誤會增加，細胞內的殘留物也會逐漸累積，造成細胞的功能不彰。當細胞的功能慢慢失常，皮膚便開始鬆弛，骨頭變得脆弱，頭髮開始稀疏，免疫系統也衰退了。最後便是死亡。

細胞有修正錯誤的系統，但是隨著時間增長，這個系統也開始出現錯誤，老化因此加速。因此要達成的目標便是強化細胞中本來就有的修補系統，方法可以是基因療法和製造新的蛋白質。不過也有其他方法：利用奈米機器人進行組合工作。

這項未來科技的關鍵是奈米機器人，也稱為原子機器，它能在血液中巡邏，摧毀癌細胞，修補老化過程中出現的損傷，讓我們永遠保持年輕健康。大自然已經創造出某些奈米機器人，例如在血液中巡邏的免疫細胞。但是這些免疫細胞對付的是病毒和外來生物，並非老化過程。

如果這些奈米機器人能在細胞和分子階層，修補老化過程造成的損傷，那麼永生就達成。在這樣的看法中，奈米機器人像是免疫細胞，是在血液中巡邏的小警察。它們會攻擊癌細胞、讓病毒失去作用、去除殘骸與突變，這樣就可能不需要藉由機器和複製而達到永生。

奈米機器人？是真的還是想太多？

我個人的哲學是，如果某些事物符合物理定律，那麼做不出來是因爲工程問題或是經濟問題。工程問題和經濟問題當然可能非常巨大，使得這個事物在目前無法實現，但是依然有可能達成。

從表面看，奈米機器人相當簡單，它有手臂和鉗子可以抓住分子，在特殊的部位把分子切斷，然後重新組合。奈米機器人可以經由剪接不同的原子，製造出幾乎所有已知的分子，就像是魔術師能從帽子中拿出東西。奈米機器人也能製造自己，因此我們只要打造第一台奈米機器人就可以了。這台奈米機器人拿到原料後，能加以分解，然後再組成千千萬萬個奈米機器人。這會引發第二次工業革命，因爲合成材料的成本將直線下降。有天可能每個家中都會有這樣的個人分子組合機，你要什麼就叫它組合出來。

不過重要的問題是：奈米機器人是否符合物理定律？回到二〇〇一年，有兩位見識卓越的人在這個關鍵問題上有強烈的爭執。爭執的輸贏，賭上的是奈米科技的未來。其中一方是已逝的諾貝爾化學獎得主斯莫利（Richard Smalley），他對奈米機器人深表懷疑。另一方是奈米科技的奠基者之一卓斯勒（Eric Drexler）。在二〇〇一到二〇〇三年之間，他們在幾本科學雜誌上進行一場規模浩大、針鋒相對的筆仗。

斯莫利指出，在原子的階層上才顯著的量子力量，使得奈米機器人不可能成眞。他宣稱，卓斯勒和其他人所說的那種有鉗子和手臂的奈米機器人，在原子的階層是無法運作的。有一些奇妙的力，例如開斯米力（Casimir force），會使得原子彼此相斥或相吸，他稱之爲「胖胖黏手指」問題，因爲奈米機器人的手指不可能如同精工打造的鉗子和扳手。量子力量會介入，這就像是焊接金屬時戴著幾十公分厚的手套。此外，每次你要焊接兩塊金屬時，這些金屬不是會排斥你，就是黏住你，你永遠無法好好抓住它們。

卓斯勒反擊，指出奈米機器人並非科幻，而是眞正存在。想想看每個人身體裡面都有的核糖體（ribosome）。它們對於打造新的DNA分子來說是必須的。它們能把DNA上的特殊部位切開和剪接起來，能產生新的DNA。（譯註：核糖體的工作應是合成蛋白質。）

不過斯莫利並不滿意，他說核糖體並非全能的機器，能剪貼所有你想要剪貼的東西，它們是特別用來處理DNA的。此外，這些核糖體是有機分子，因此需要酵素讓反應速度加快，而酵素必須在有水的環境中才能運作。他的結論是，電晶體是用矽做的，不是水，因此這些酵素沒有用。卓斯勒回答說，催化劑可以在沒有水的狀況下運作。這樣猛烈的交手來回多次。兩人像是旗鼓相當的拳擊手，最後都筋疲力盡了。卓斯勒承認以手持切割器和焊槍的工人來類比，是太簡化了，量子之力有時候眞的會介入。不過斯莫利也承認無法給出致命一擊，自然界至少有一種方法避開「胖胖黏手指」問題，那就是核糖體，可能有其他精細而且意料之外的方式。

不論這些爭議的細節是什麼，科茲威爾相信奈米機器人不管有沒有「胖胖黏手指」，有天將會改變分子以及人類社會。他用下面的敘述來總結自己的願景：「我沒有打算迎向死亡……我想見，最後整個宇宙都能覺醒。我認爲現在的宇宙基本上只是由沉默的物質和能量構成，我認爲宇宙終將覺醒。如果宇宙轉變成擁有崇高智能的物質和能量，我希望我能加入其中。」

這樣的推論雖然荒誕，但也只是另一個跳躍推論的開頭而已。有一天，心智可能不只從物質身體中解放出來，有可能以純粹能量的形式探索宇宙。意識有天能自由的在星際間漫遊，是個終極的夢想。聽起來好像不可思議，但是卻依然沒有逾越物理定律的規範。

第十三章

純能量心智

我們可能活在一個受到外星文明包圍的世界，但是我們沒有科技能發現他們。

——薩根（Carl Sagan），科學家

英國的皇家天文學家芮斯爵士（Sir Martin Rees）曾經認眞的思考過，有天意識能遍布整個宇宙。他寫道：「蟲洞、額外次元和量子電腦，讓我們能推論把整個宇宙最後轉變成『活宇宙』的方法。」

但是心智有天能從物質身體中解放出來，探索整個宇宙嗎？這是艾西莫夫經典科幻小說《最後的問題》（*The Last Question*）探究的問題。（他回憶，在自己寫的短篇科幻故事中，他最喜歡這一篇。）故事發生在數十億年後的未來，人類的身體都躺在遙遠星球的莢艙中，心智則完全自由，控制著銀河系中的能量。一般的智能替身是用鋼鐵和矽構成，他們的智能替身由純粹的能量構成，能不費吹灰之力在太空深處遨遊，通過爆炸的恆星、相撞的星系，以及宇宙中其他奇觀。但是，不論人類的力量有多麼強大，依然無法看到宇宙最終的結局：「大凍結」（Big Freeze）。在失望之餘，人類製造了一台超級電腦來回答這個最後的問題：宇宙的死亡能反轉嗎？這台電腦又大又複雜，只能放在超空間中。但是電腦的反應是，沒有足夠的資訊來回答這個問題。

數十億年後，星星開始轉暗，宇宙中所有的生命將要死亡。不過這台超級電腦終於發現能反轉宇宙死亡命運的方法。電腦收集了整個宇宙中死亡的星星，集合成一個巨大無比的球，然後點燃這個球。當這個球爆炸的時候，超級電腦宣布：「要有光！」

光就出現了。

因此人類從身體解放出來，現在正在扮演神，創造了新宇宙。

乍看之下，艾西莫夫幻想故事中由能量構成的生命在宇宙中遨遊，似乎不可能。我們習慣認爲生命就得有血有肉，活在地球上，受到行星重力的束縛，必須遵守物理和生物定律。意識由能量構成，不受物質身體的侷限，能呼嘯穿過宇宙的概念，是非常怪異的。

不過，純粹由能量構成的「生物」以遨遊宇宙的夢想，並沒有違背物理定律。想想看我們最常見到的能量形式：雷射光，就能包含大量資訊。現在的電話、資料包、視頻、電子郵件等數不盡的訊息，通常都用光纖傳輸，使用的就是雷射。有一天，可能是下個世紀，我們能把整個連接體的資訊放入強大的雷射光中，這樣就可以把人類大腦的意識傳送到整個太陽系。之後再過一個世紀，我們或許能乘著一道光，拜訪其他的恆星。

（由於雷射光的波長很小，只有百萬分之幾公尺，因此是有可能把大量的資訊壓縮在光波的模式中。舉例來說，摩斯密碼由點和短線夠成，很容易就能用雷射光的波形式呈現。如果傳送的資料要更多，可以用X光，X光的波長比一個原子還短。）

一個不受普通物質限制而探索銀河系的方式，是把我們的連結體放到雷射中，然後瞄準月球、行星，甚至其他恆星。目前發現腦部線路的計畫進展快速，本世紀末時，人腦的完整連結體結構應該可以解開，把某種形式的連結體放在雷射上，或許在下世紀可行。

這道雷射光含有組合中一個有意識生命所需的所有資訊。雖然需要花很多年、甚至數個世紀，這道雷射光才能抵達目的地，但是對於那個乘坐著雷射光的人而言，這段旅程是轉瞬即刻抵達。在快速穿過空曠的太空中時，我們的意識基本上是凍結的，因此就算是前往銀河系的另一邊，感覺起來也像是眨眼一樣快。

用這種方式，我們可以避開星際旅行中所有不便之處。首先，不必製造巨大的火箭，你只需要按下雷射的「發射」鈕。第二，在太空中加速的時候，由於你沒有物質身體，不必經歷會把身體壓垮的G力，可以馬上就以光速前進。第三，你不必冒著外太空中各種危險，例如隕石撞擊和致死的宇宙射線，因爲隕石和輻射會穿過你，但不會造成任何傷害。第四，你不用把身體冷凍起來，或是在一般火箭中度過許多冗長乏味的歲月。相反的，你以速度的上限通過宇宙，時間是停止的。

我們一旦抵達目的地，那裡應該有一座接收站，能把雷射的資料傳輸到大型電腦，然後意識就又重新活了過來。在雷射中已經加上代碼，這些代碼會控制這台電腦，然後重新設定程式，連結體這時就能指揮電腦，開始模擬未來以達成目標（例如恢復意識）。

這個電腦中有意識存在，能以無線的方式將訊號傳給機器打造的智能替身，後者早就已經在目的地等著。我們會突然在遙遠的星球上的智能替身中「醒來」，旅途如眨眼一般短暫。所有複雜的計算工作都在巨大的電腦中完成，電腦會遙控智能替身，在遙遠星球上完成所需進行的工作。太空旅行的危險完全拋諸腦後，彷彿不存在。

現在我們想像，這樣的接收站網路遍布整個太陽系，甚至整個銀河系。就我們自己的觀點來看，以光速旅行瞬間就可抵達，從這個恆星跳到那個恆星，幾乎不費吹灰之力。每個接收站都已經準備好機械智能替身讓我們進入，就像是旅館等著我們住進去那般。我們抵達目的地後，就可以恢復精神，然後具備超人的身體。

等在旅途終點的智能替身類型會依照我們的任務而定。如果我們的工作是探索新世界，那麼智能替身會是能在嚴苛環境下運作的類型，它能調整以適應不同的重力場、有毒的環境、酷寒或高溫、不同的晝夜長度，以及持續的輻射轟炸。要在這些嚴苛的環境下存活，智能替身可能需要超大的力量及非常敏銳的感覺。

如果智能替身是用來放鬆的，那麼就會設計便於從事休閒活動，身體將會把穿過空中得到的快感放到最大，不論你是滑雪、衝浪、飛滑翔翼、開滑翔機或是飛機。或是便於從事各種球類運動，例如板球、棒球或網球。

如果你的工作是融入並研究原住民，那麼智能替身的外貌特徵就應該接近這些原住民，就像電影《阿凡達》。

不可否認，要打造這樣的雷射接收站網路，一開始得使用舊的方法在行星和恆星之間旅行，使用普通的火箭太空船。之後我們才能建造第一組這樣的雷射接收站。製造這樣星際網路最快、最便宜又最有效的方法，可能是把能自我複製的機器人送到整個銀河系，因爲這些機器人能自我複製，一開始只要送出一艘太空船，在許多代之後，就會有成千上萬的這樣的太空船朝四面八方出發，每個太空船著陸之後，就會打造一座雷射接收站。下一章我們會進一步討論。

不過當這個網路建立起來之後，我們可以想像許多意識會持續在銀河系中流動，因此在任何時候，許多人都在銀河系中各個遙遠的地方進進出出。每個雷射接收站可能像中央車站繁忙。

這種描述聽起來好像要很久才發生，但是相關的物理觀念都已經成熟了。包括把大量的資料放入雷射光中，把這些資料送到遙遠之處，以及在另一端解碼資訊。這個概念主要的問題在於工程障礙，而非物理問題。因此，可能要到下個世紀才能把整個連結體資訊放入強大的雷射中，發射到其他行星，還要再一個世紀才能到其他恆星。

爲了了解這種事情是否能實行，我們可以進行簡單到能在信封背面就完成的計算。第一個問題是，在一支鉛筆那麼細的雷射中，雖然每個光子看起來完全平行，但是在太空前進時會稍爲散開。我小時候曾用手電筒照月亮，想看能否照到。答案是可以的。大氣層會吸收九成的光，剩下有一些會抵達月球。不過眞正的問題是手電筒的光到了月球上會有數公里大。這是因爲測不準原理。就算是雷射，也會慢慢的擴散。因此你無法把雷射標定到精確的位置，量子力學的定律會讓光隨著時間慢慢散開。

不過把連結體射向月球並沒有多大好處，在地球用無線電直接控制月球上的智能替身會比較簡單。對智能替身發出的指令只會延遲約一秒鐘。要控制在其他行星上的智能替身時，這種方法的優點才會眞正浮現出來，因爲無線電要花費數小時才能傳到智能替身。

如果你想要把雷射射到其他行星，首先要在月球上建立許多雷射站，避開大氣層，這樣空氣才不會吸收訊號。從月球發出雷射，要花數分鐘到數小時抵達其他行星。當雷射把連結體資訊送到這些星球上時，就有可能直接控制智能替身而不會出現延遲。

因此，在整個太陽系中建立這樣的雷射接收站，可以在下個世紀完成。不過如果要把雷射射到其他的恆星，問題就大了。這意味著我們得在小行星和太空站上設置中繼站，這樣才能把訊號放大、減少錯誤，同時把資訊送往下個中繼站。我們可能需要利用在太陽和附近恆星之間的慧星，在上面建立中繼站。例如在距離太陽一光年的地方（大約是最近恆星距離的四分之一），有許多慧星組成的歐特雲（Oort cloud）。歐特雲像是一個圓殼，上面有數十億個慧星，其中有許多在空無一物的太空中動也不動。在距離太陽最近的恆星半人馬座「α」星，可能也有類似的歐特雲所包圍著。假設那個歐特雲距離半人馬座「α」星一光年，那麼太陽系和最近恆星系之間，就有一半的路程可以建立雷射中繼站。

另一個問題是需要經由雷射傳輸的資訊量。根據承博士的說法，一個人的連結體資訊大約爲乘以十的二十一次方位元，大約是目前整個全球資訊網（World Wide Web）的資訊量。現在我們來想想用一群雷射把這如山的資訊發射到太空中。光纖傳輸資訊的速度是每秒千億位元，到了下個世紀，資訊儲存、資料壓縮和雷射束集的技術都會進步，傳輸的速度可能增加百萬倍，這表示，把整個腦的資訊用雷射光傳送出去，可能要花幾個小時。

用雷射把這麼多的資料發射出去，其實不是問題。理論上，雷射能攜帶的資料是沒有限制的。眞正的瓶頸是在另一端的接收站，這個接收站必須能快速轉換這些以驚人速度傳送過來的資料。由矽製成的電晶體速度不夠快，可能無法處理這樣大量的資料。我們可能得用量子電腦代替，這種電腦是不用電晶體計算，而是用原子。目前量子電腦還處於原始階段，但是到了下個世紀，量子電腦就可能足以處理十的二十一次方位元的資訊。

飄蕩的能量生命體

用量子電腦處理如山高的資訊，還有另一個好處是有機會創造出由能量組成的生命體，這種生命體常出現在科幻小說或奇幻小說，能在空中漂浮。這種生命體可能代表意識最純粹的型態。一開始，這種生命體似乎違背物理定律，因爲光總是以光速前進。

但是接下來的十年，哈佛大學的物理學家可能會宣布他們能讓一道光停下來而登上新聞頭條。這些物理學家已經完成一項看似不可能的任務：把光的速度延緩到能放進一個瓶子中。把光線裝到瓶子中，並沒有那麼不可思議。如果你仔細看一杯水，光進入水中時，速度會減緩，而且方向會曲折。光進入玻璃時也會曲折（這就是望遠鏡和放大鏡的原理），這可以用量子理論解釋。

我們可以用十九世紀在美國西部送信的快馬郵遞（Pony Express）來解釋。在兩個驛站之間，快馬衝刺的速度很快，但是在每個驛站會交換郵件、騎士和快馬，使得時間延遲，這是瓶頸，使得郵件運送的平均速度降低不少。同樣的，在每個原子之間的眞空中，光的速度是每秒三十萬公里，不過當光撞到原子時，光會暫時被原子吸收然後再發射出去，這時光的速度就減緩了。因此讓光稍微減緩是可以達成的，平均來說，光在水和玻璃中的速度都比較慢。

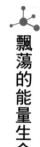

哈佛大學的科學家研究這種現象，小心翼翼的把一個容器中的氣體降到接近絕對零度。在這樣低的溫度下，原子吸收光然後再發射出去的時間會越來越長，藉由這種延遲方式，這些科學家能讓光束的速度減緩到停止下來。在氣體原子之間，光的速度依然是光速，但是光被原子吸收的時間增加了。

這個現象使得有意識的生命體可以不用控制智能替身，而偏好保持純粹能量的形式，像是鬼魂般以純粹的能量飄動。

因此在未來，當雷射把我們的連結體資訊傳送到其他恆星時，連接體可能轉移到放在瓶裡的一團氣體分子中。「這瓶光」非常像是量子電腦，兩者都有一群原子以一致的方式震盪，每個原子的狀態都相同。兩者都能進行複雜的運算，速度遠遠超過普通的電腦。如果量子電腦的問題解決了，我們就能控制這些瓶中之光。

比光速還快

我們會發現這些問題都是工程問題。在下個世紀和之後，沒有物理定律阻止我們乘著一束能量旅行，因此這可能是我們拜訪其他行星與恆星最便利的方式。詩人曾經夢想乘著光線，而我們可以變成光線。

爲了要讓艾西莫夫在科幻故事中的願景成眞，我們需要知道比光速還快的星系間旅行能否成眞。在他的短篇故事中，生命體具有無邊的力量，能自由的在相距數百萬光年的星系之間自由移動。可能嗎？爲了回答這個問題，我們必須前進到現代量子物理的最前緣。有一種稱爲「蛀孔」（wormhole，或譯蟲洞）的東西，或許能當成跨越無垠空間與無限時間的捷徑。不由物質，而由純粹能量構成的生命體，有絕對的優勢能通過蛀孔。

愛因斯坦就像是守在街角的警察，告訴你不能快過光，光速是宇宙中最快的速度。例如，即使化身成一道雷射光，穿過銀河系也需要花十萬年。雖然對於旅行者來說，感覺只是一瞬間，但是在母星上的時間的確過了十萬年，而在星系之間旅行則要花數百萬到數十億年。

但是愛因斯坦在自己的理論中留下一個漏洞。在一九一五年發表的廣義相對論中，他指出重力是時空的扭曲所造成的。重力不是某個神祕的力量在「拉動」，那是牛頓的看法，事實上是物體周圍彎曲的空間在「推動」。這個出色的理論不但能解釋通過恆星附近的星光會彎曲以及宇宙的膨脹，也對於時空結構的伸縮，留下了可能性。

一九三五年，愛因斯坦和他的學生羅森（Nathan Rosen）提出一對背對背相連黑洞（像是連體嬰）可能的數學解題，因此如果你從一個黑洞掉進去，理論上可以從另一個黑洞出來。（可以想像成兩個尾端相連的漏斗，水從一邊進去，從另一邊出來。）這種「蛀孔」，也稱爲「愛因斯坦—羅森」橋，打開了不同宇宙之間有連接或通道的可能性。愛因斯坦自己不考慮能通過的可能性，因爲在過程中就會被壓扁。但是數個後續研究卻指出，有可能經由蛀孔而進行超光速旅行。

首先是在一九六三年數學家克爾（Roy Kerr）發現，旋轉的黑洞不會如以前所想的那樣，壓縮成一個點，而會成爲一個旋轉的環，速度快到離心力能避免黑洞坍塌。如果掉入環中，會通過去，進入另一個宇宙。重力很大，但非無限大。這有點像是愛麗絲的鏡子，把手伸過去，就會進入平行宇宙。這面鏡子的外圈就是形成黑洞的那個環。許多愛因斯坦方程式的其他解出現了，顯示理論上你可以通往其他宇宙而不會馬上就被壓扁。由於目前看到的每個黑洞相距都很遠，而且旋轉也很快（有些一小時可以轉一百萬圈），這意味著宇宙通道可能滿常見的。

一九八八年，美國加州理工學院的索恩（Kip Thorne）和同事指出，只要有足夠的「負能量」，就有可能讓黑洞穩定下來而使蛀孔能「雙向溝通」（也就是你可以來回而不被壓扁）。負能量可能是宇宙中最奇特的東西，但是確實存在，而且能在實驗室中少量製造。

因此新的典範出現了。首先，先進的文明能把足夠的負能量集中到一個點上，就像是黑洞那般，然後在空間中打開一個洞，把遙遠的兩個點連接起來。之後要聚集足夠的負能量使得通道開啓，保持穩定，這樣才不會在你進入之後馬上關閉。

我們現在可以把這個想法納入適當的計畫中。在本世紀末就可能繪製出完整的連結體圖譜，下個世紀初就能建立行星間的雷射網絡，這時意識就可以經由雷射在太陽系中傳遞。完全不需要新的物理定律。恆星之間的雷射網絡可能需要再等一個世紀。不過一個可以操縱蛀孔的文明，要能拉大已知物理的界限，技術的進步要超越我們數千年。

到這個時候，這些技術將會直接影響意識能否跨越不同宇宙。物質如果接近黑洞，重力會大到讓你的身體變成「麵條」。拉動你腿的重力要超過拉動你頭的重力，因此你的身體被潮汐力拉長。事實上，當你接近黑洞，連體內的原子都會被拉長，然後電子會被拉開，使得組成身體的原子瓦解。

要了解潮汐力的威力，可以看看地球上的潮水和土星環。月球和太陽的重力對地球施加拉力，使得海水在漲潮的時候可提高一公尺。如果衛星太靠近土星之類巨大的行星，潮汐力甚至可以把衛星拉長、甚至撕裂。衛星會被潮汐力撕裂的距離稱爲「勞希極限」（Roche limit），土星環的位置就剛好位於勞希極限，所以土星環可能是一個太靠近土星的衛星碎裂所形成的。

就算我進入旋轉的蛀孔，並且利用負能量使得黑洞穩定，重力場依然強到能把我拉得又細又長。這時以雷射光束的形式穿過蛀孔的優點就顯現出來了。雷射光不是物質，因此靠近黑洞時不會被潮汐力拉長，而是產生「藍移」（得到能量、頻率增加）。即使雷射光受到扭曲，其中的資訊依然不受影響。例如用雷射傳遞的摩斯密碼受到壓縮，但是其中所包含的資訊依然沒變。數位資訊不會受到潮汐力的影響，因此重力對於物質生命體雖然是致命的，但是對於乘光飛行的生命體無害。

由雷射攜帶的意識，因爲並非物質，因此在穿過蛀孔的時候具有絕對的優點。

如果要穿過蛀孔，雷射還有另一項優點。有些物理學家計算出來，像是原子那麼小的微小蛀孔可能比較容易製造出來。物質無法穿越這麼小的蛀孔，但是X光雷射的波長比原子還要小，有可能毫無困難的就穿過去。

雖然艾西莫夫的傑出短篇小說是幻想故事，不過銀河系中可能已經有雷射站組成的星際網路，只是人類還太原始而無法察覺。對於超越人類數千年的文明而言，把自己的連結體數位化並且在恆星間傳遞，可能就像小孩遊戲般容易。這樣看來，如果說智慧生命體已經讓自己的意識經由雷射網路在宇宙中快速移動，也是可以想見的。我們用最先進的望遠鏡和衛星所觀察到的資料，還沒能讓我們準備好發現這些星系間的網路。

薩根曾經哀嘆，我們可能活在一個受到外星文明包圍的世界，但是我們沒有科技能發現他們。所以下一個問題是：外星人的心裡在想什麼？

如果我們和這樣的先進文明接觸，他們的意識會是怎麼樣？將來有一天，人類種族的命運將會取決於這個問題的答案。

第十四章 外星人的心智

我有時候在想，宇宙其他地方有智慧生命存在的最可靠跡象，就是這些生命都不會想和人類接觸。

——華特森（Bill Watterson），卡通漫畫家

在外太空，智慧生命存在或不存在，都讓人驚懼。

——克拉克（Arthur C. Clarke），科幻小說家

在威爾斯（H. G. Wells）的科幻小說《世界大戰》（*War of the Worlds*）中，來自火星的外星人因爲自己的星球瀕臨死亡而攻擊地球。這些外星人配備致死的光線和能步行的巨大機器，很快就把許多城市化成灰燼，眼見就要取得地球上主要首都的控制權。正當火星人把所有反抗跡象消滅殆盡，人類文明將變成一堆瓦礫時，他們的攻擊行動神祕的停止了。他們雖然有先進的科學和武器，但是卻沒有考量到地球上最簡單的生物所造成的攻擊：那就是病原菌。這一本小說創造了整個類群，其中包括上千部電影，例如《地球對抗外星人》（*Earth vs. the Flying Saucers*）和《ＩＤ４星際終結者》（*Independence Day*）。大部分的科學家看到電影裡的外星人都會囧起來。在電影中，這些外星人被描繪成多少具有人類價值觀和情緒的生物。即使他們有著大頭綠皮膚，在某些程度依然像是人類，而且通常說得一口漂亮的英語。

不過許多科學家指出，人類和龍蝦或是海參的共通之處，要超過與外星人的共通之處。就如同電腦中的意識，外星人的意識很有可能也具有我們「意識的時空理論」中的共同特徵，也就是說，他們的心智也能建立世界的模型，並且推算這個模型隨著時間產生的變化，以達成某個目標。不過，機器人是由我們設定程式的，所以他們在情緒上能和人類建立連結，目標也與人類相符，可是外星人的意識不會這樣，他們會有自己的價值觀和目標，與人類毫不相關。

美國普林斯頓高等研究院的物理學家戴森（Freeman Dyson）曾經擔任電影《二〇〇一太空漫遊》的顧問。他看了電影之後很高興，不是因爲那令人炫目的特效，而是因爲這是好萊塢電影中第一部呈現外星人的意識與人類截然不同，有不一樣的欲望、目標和意圖。這是首次外星人並非由人類演員穿著粗製濫造的道具服裝，揮舞著雙手，想要對人類造成威脅。相反的，片中的外星人意識是某種完全與人類經驗不合的事物，根本超過人類的理解範圍。

情緒與目標也會不同。二〇一一年，霍金提出另一個問題。這位著名的宇宙學家指出，我們得準備遭受到外星人的攻擊。他說，如果我們與外星文明接觸，對方會比我們更先進，因此對人類的存在而言是致命的威脅。我們可以想見有這樣致命的遭遇會有什麼後果。當年阿茲提克人遇到征服者：嗜血的海盜科提斯（Herman Cortes）和他的同夥，阿茲提克人的科技還處於青銅時代，面對的是前所未見的敵人，這一小批惡漢具有鐵劍、火藥、馬匹，在一五二一年的幾個月之內，就毀滅了阿茲提克文明。

這讓我們想到一個問題：外星人的心智會是怎樣呢？他們的思考過程和目標會和人類不同嗎？他們想要什麼？

本世紀的第一次接觸

這並非單純的學術問題。有鑒於天文物理學的進展迅速，我們可能在接下來幾十年眞的和外星智慧接觸，我們的反應將可能決定人類歷史上最大事件的禍福。

有幾項進展讓這種狀況可能發生。

首先，在二〇一一年，克卜勒衛星讓科學家能從事有史以來第一次的銀河系「普查」。克卜勒衛星能分析數千個恆星發出的光，然後發現大約有兩百個恆星中就有一個具有類似地球行星，位於適居帶（habitable zone）。這是我們首次能計算在銀河系中有多少個類似地球的行星，答案是十億個。現在我們看著遙遠的星星，有很好的理由想像可能有其他的生命也在看著我們。

到目前為止，地面望遠鏡已經仔細分析過一千多個系外行星（exoplanet）（天文學家目前每週大約可以發現兩個系外行星。）很不幸，其中絕大多數如木星那麼大，上面可能沒有類似地球上的生物，但是有一些「超級地球」，這種由岩石構成的行星比地球大上數倍。克卜勒衛星已經找出大約兩千五百個系外行星候選者，其中有些看起來很像地球。這些行星與母恆星的距離適當，因此表面上可能有液態海洋存在。液態水是「廣效溶劑」（universal solvent），能溶解大部分的有機化合物，包括蛋白質和DNA。

二〇一三年，美國航太總署的科學家宣布從克卜勒衛星得到最驚人發現：兩個幾乎像是孿生地球的系外行星，它們位於一千兩百光年外的天琴座（Lyra），只各比地球大六〇%和四〇%。更重要的，這兩個行星都位在母星的適居帶中，因此可能保有液態海洋。到目前所分析的行星當中，這兩個是最接近地球。

此外，哈伯太空望遠鏡也能讓我們估計在可見宇宙中星系的數量：一千億個。因此我們可以算出可見宇宙中類似地球行星的數量：十億乘以一千億，也就是一後面接上二十一個零。

這是名符其實的天文數字，因此在這個宇宙中有生命存在的機會很大，特別是你再想想宇宙已經有一百三十八億歲了，有很多時間讓智慧帝國得以興起，以及沒落。事實上，如果其他先進文明不存在，才是讓人驚奇的事。

尋找外星智慧計畫與外星文明

第二，無線電望遠鏡技術越來越精細，目前我們只仔細分析過一千個恆星是否有智慧生命的訊息，但是接下來十年，能分析的數量將提升一百萬倍。

利用無線電望遠鏡尋找外星文明的時間可以回溯到一九六〇年，當時天文學家德瑞克（Frank Drake）發起「歐茲瑪計畫」（Project Ozma，取名自《綠野仙蹤》奧茲王國的皇后）。他使用位於美國西維吉尼亞州綠堤（Green Bank）、直徑二十五公尺的天文望遠鏡，標誌著「尋找外星智慧計畫」（the Search for Extraterrestrial Intelligence, SETI）的誕生。很遺憾，沒有得到來自外星人的訊息，不過到了一九七一年，美國航太總署提出「獨眼巨人計畫」（Project Cyclops），預計動用一千五百架無線電望遠鏡，經費預計一百億美元。

不意外，這個計畫根本沒有進行。國會不喜歡這個計畫。

不過後來比較保守的計畫就得到經費：一九七一年把給外星人的訊息仔細加密，往外太空發送。這個加密的訊息長度爲一六七九位元，從波多黎各巨大的阿雷西波（Arecibo）無線電望遠鏡發射，目標是兩萬五千一百光年外的M13球狀星團。這是地球對宇宙發出的第一封賀卡，其中包含人類這個種族的資訊。不過沒有收到回應的訊息，並不是外星人對人類沒有興趣，也不是光速阻礙其中，只是因爲距離太遠了，從現在算起，最早的回覆消息也要五萬兩千一百七十四年之後才會收到。

從那時候起，有些科學家就擔心向太空外星人廣告地球人的存在並不妥，至少要等到我們了解他們的意圖之後再說。他們也不認同那些支持「給外星智慧生物發信計畫」（Messaging to Extra- Terrestrial Intelligence, METI）的人，這些人積極推動要把訊號發送給外星的文明。METI背後的理由是，地球已經發送許多廣播和電視訊號到外太空了，METI計畫發送出的一些訊號，不會造成多少影響。但是批評METI的人相信，我們不該無謂的增加外星人發現地球的機會。

一九九五年，天文學家找到了私人資助，在美國加州山景城（Mountain View）設立了尋找外星智慧研究院，並且啓動「鳳凰計畫」（Project Phoenix），這些計畫要研究來自太陽附近一千個恆星所發出的一千兩百到三千百萬赫的無線電波。研究儀器非常敏銳，能接收到兩百光年外機場雷達系統發出的電波。由於有了經費，ＳＥＴＩ研究院每年可以花五百萬美元，掃描一千多個恆星，但是目前還沒有任何發現。

更新的研究是「SETI@home」計畫，這是由美國加州大學柏克萊分校的天文學家在一九九九年發起的，會利用到百萬業餘者大軍的家用電腦，任何人都可以加入這個歷史性的搜尋計畫。你在晚上睡著的時候，你的螢幕保護程式會解析來自阿雷西波無線電望遠鏡取得的大量資料。到目前爲止，有兩百三十四個國家、五百二十萬名使用者加入這個計畫，這些業餘者夢想著自己有天會成爲史上第一個和外星人接觸的人。就像是哥倫布一樣，名字會隨著歷史流傳下去。「SETI@home」計畫的進展非常迅速，事實上是史上最大的電腦計畫。

我曾訪問「SETI@home」計畫的主持人威海莫（Dan Wertheimer）博士。我問他如何能區分訊息的眞假。他的回答讓我非常驚訝。他說他們從無線電望遠鏡的資料中，加入僞造的外星文明假訊息。如果沒有人找出這些假訊息，研究人員就會知道這些人的電腦軟體出問題了。因此這裡的教訓是，如果你的螢幕保護程式宣布解析出來自外星文明的訊息，請不要馬上就打電話給警察或是總統，那可能是假訊息。

外星獵人

我的一位同事蕭士塔克（Seth Shostak）博士，是ＳＥＴＩ研究院的主任，他一生都奉獻在尋找外星智慧的工作。他在加州理工學院得到物理博士學位，我本來預期他會成爲傑出的物理學教授，指導熱心的博士班學生，但是他把時間都花在完全不同的研究：爲了ＳＥＴＩ研究所而向有錢人募款，仔細檢查可能是來自外太空的訊號，製作廣播節目。我曾問他關於「發笑主意」，也就是其他科學家聽到他要傾聽來自外星人訊息時，是否會發笑？他說現在不會了。因爲天文學的新發現讓趨勢改變了。

事實上，他不但引頸期盼，而且斷然的說，我們在非常近的未來就會和外星文明有所接觸了。他已經向世人宣布，目前正在建造含有三百五十座天線的艾倫望遠鏡陣列（Allen Telescope Array），「將會在二〇二五年收到訊息。」

我問他這是不是有點冒險？他爲何這麼有把握？對他有利的一點是，無線電望遠鏡的規模在這幾年逐漸擴大。雖然美國政府沒有資助他的計畫，但是SETI研究所找到了金礦，他們最近說服微軟的億萬富翁艾倫捐贈三千萬美元，建立艾倫望遠鏡陣列，地點位於加州舊金山北方四百多公里的帽溪（Hat Creek），目前這個陣列中有四十二座無線電望遠鏡在掃描天空，最後會增加到三百五十座。不過有一個問題是，這些科學實驗缺乏長期的經費。由於經費刪減，帽溪的工作人員有部分經費來自軍方，以維持生計。

他坦承有一件事情讓他局促不安，那就是人們搞混了，以爲SETI計畫是在找不明飛行物體。他說前者是基於堅實的物理學和天文學發展出來的，採用了最新的科技。後者則是基於道聽塗說，證據可能是眞的，也可能不是。問題是許多目擊不明飛行物體的信件湧進他的郵箱，沒有一個能重複驗證。他大聲疾呼要那些宣稱被外星人綁架到飛碟上的人，偷點東西下來，例如外星人的筆或是文件之類，好證明自己被綁架。他告訴我說，上了不明飛行物體之後絕對不要空手而歸。

他也認爲，目前沒有任何證據能證明外星人來過地球。接著我問他是否認爲美國政府刻意掩飾與外星人接觸過的證據，許多陰謀論者都相信這一點。他回答說：「他們眞的能遮掩那麼大的東西嗎？要知道，郵局也是同一個政府開的耶！」

德瑞克方程式

我問威海莫，他為什麼能這麼確定在外太空有外星人，他回答：數字會說話。在一九六一年，天文學家德瑞克試著以可能的推論來估計有多少智慧文明。如果我們從銀河系中的恆星數量，也就是從一千億開始，估算其中類似太陽恆星的比例，之後再估計具有行星的比例，然後再估計其中有類似地球行星的比例，以此類推。經過一連串計算，最後的估計值是在銀河系中有一萬個先進文明。（薩岡做了不同的推測，得到的結果是一百萬個。）

之後，對於銀河系中可能有多少個先進文明，科學家做了比較精確的估計。例如我們知道圍繞恆星的行星數量要比當初德瑞克預期的要多，類似地球的行星也比較多。不過我們依然面對著一個問題：即使我們知道太空中有多少個孿生地球，依然不知道其中有多少能讓智慧生命生存。就算是地球，也花了四十五億年，最後才有智慧生命（也就是人類）出現。地球上有生命的時間是三十五億年，但是只有最後十萬年才有類似人類的智慧生命出現。因此，就算有類似地球的行星，眞正有智慧的生命也沒有那麼容易出現，機率非常低。

他們為何不來見我們？

我問SETI的蕭士塔克一個問題：如果銀河系中有那麼多恆星，有那麼多外星文明，他們為何不來見我們？這是所謂的「費米悖論」（Fermi paradox），是由諾貝爾獎得主費米（Enrico Fermi）提出，他解開了原子核的祕密，並曾協助建造原子彈。

有許多的理論提出解釋。其中一個是說，恆星之間的距離太遠，搭乘目前最快的化學火箭，也要花約七萬年才能抵達距離地球最近的恆星。比地球先進數千年到數百萬年的文明，或許能解決這個問題，但是依然有其他的可能性，例如這個文明在核子戰爭中把自己毀滅了。甘迺迪總統曾說：「有句俏皮話：其他星球上的生命滅絕了，是因爲他們的科學家超越我們太多。很抱歉，這句話太正確而不像是俏皮話。」

但是最合乎邏輯的原因可能是：想像你在鄉間小路散步，路上遇到一個蟻丘。你會彎下腰對螞蟻說：「我會給你們一些小玩意兒，我會給你們核能，我會爲你們打造一個螞蟻的天堂，帶我去見你們的頭兒。」

可能不會吧。

現在想想看，如果工人在蟻丘旁邊建造一條八線道高速公路，螞蟻會知道工人說話的聲音頻率嗎？螞蟻會知道八線道高速公路是什麼嗎？同樣的，能抵達地球的智慧生命，文明進展的程度超越地球數千年到數百萬年，我們無法給他們什麼。換句話說，我們很自大，相信外星人只爲了見我們就會穿越無垠的太空。

更有可能的是，我們沒有被放在眼裡。銀河系中的智慧生命可能已經結成聯盟，人類還太原始，所以被忽略。

第一次接觸

假設那個時刻終於來臨，我們和外星文明接觸了，這將會是人類歷史的轉捩點。接下來問題是：他們要什麼？他們的意識會是怎樣？

在科幻電影和科幻小說中，外星人通常會吃人類、征服人類、奴役人類，與人類作伴，或是剝奪地球上有用的資源。不過這些極不可能發生。

人類和外星人的第一次接觸，可能不會由飛碟降落在白宮草坪上開始。比較有可能是某個青少年用螢幕保護程式分析SETI計畫的資料時，宣布自己的個人電腦解開了來自波多黎各阿雷西波無線電望遠鏡的訊息，也有可能是在帽溪的SETI計畫找到有智慧生命的訊息。

因此，我們的第一次接觸將會是單方向的對話。我們將能仔細聆聽智慧生命的訊息，但是回覆的訊息需要幾千幾萬年才能抵達他們那裡。

我們從廣播上聽到的對話，可以讓我們相當了解這個外星文明。不過大部分的訊息可能會與八卦、娛樂、音樂有關，絕少有科學內容。

我問蕭士塔克下一個重要問題：如果有了第一次接觸，你會保密嗎？畢竟這樣才不會引起大眾恐慌、宗教狂熱、社會混亂，以及自發性的撤離。他說不會，這讓我有點驚訝。他們將會把所有的資料給世界各國的政府和人民。

下一個問題是：外星智慧生命長怎樣？他們在想什麼？

如果想要了解外星人的意識，先去分析另一個我們也很陌生的意識，可能頗具啓發，那就是動物的意識。我們和其他動物一起生活，但卻完全不了解牠們的意識。

了解動物的意識，可能有助於我們了解外星人的意識。

動物的意識

動物會思考嗎？如果會，牠們在想什麼？數千年來，許多偉大的人因爲這些問題而困惑不已。希臘時代的作家兼歷史學家普魯塔克（Plutarch）和普林尼（Pliny）曾寫下一個著名的問題，到今日依然沒有得到答案。在這許多年中，哲學家試著提出許多解決方案。

當一條狗沿著路找尋主人，牠遇到一個三叉路。狗最先走左邊的路，聞了聞，然後回來，因爲牠知道主人沒有走這條路。然後狗選了右邊，一樣聞聞，發現主人也沒有走這條路。這時，狗得意洋洋的走中間這條路，聞都不聞。

那時狗的心裡在想什麼？有些最偉大的哲學家研究過這些問題，但是無功而返。法國哲學家與散文家蒙田寫道：這條狗很明顯的找到結論，唯一可能的路就是中間這條路。這個結論指出狗有抽象思考的能力。

但是十三世紀的阿奎納（St. Thomas Aquinas）提出相反的見解：外表看起來在抽象思考，和內心真正在思考並不是同一件事。他宣稱，我們會被表面上的智能愚弄。

數百年後，洛克（John Locke）和貝克萊（George Berkeley）對於動物意識這個問題，展開著名的交鋒。洛克斷然宣稱：「野獸不會抽象思考。」對此，貝克萊回應：「如果野獸的抽象思考不是由動物獨特的性質所造就的，那麼我怕許多被當成人類的動物必會重回他們的類群。」

很久以前，哲學家就以同樣的模式分析這個問題：把人類的意識加諸於狗之上。這是錯誤的擬人法，也就是假設動物的思考和行為都像人類。但可能真正的解決方式是要從狗的觀點來看這個問題，不過我們對狗的觀點很陌生。

在第二章，我在為意識下定義的時候，把動物加到意識的集合中。動物用來建立世界模型的參數，可以和人類的不同。伊葛門博士說，心理學家把動物所知覺到的真實世界稱為「周遭世域」（umwelt）。他指出：「在蝨子所處的聾盲世界中，重要的訊息是溫度和丁酸的氣味。對於魔鬼黑魚（black ghost knifefish）而言，是牠發出的電場。對於用回聲定位的蝙蝠來說，是空氣壓縮造成的聲波。每種動物都活在自己的周遭世域中，動物可能推測整個客觀的真實世界就是如此。」

想想狗的腦子，應該持續處於氣味的漩渦中，狗利用氣味尋找食物與伴侶。狗利用這些氣味在心中建立一張地圖，標誌著周遭存在的物體。這張嗅覺地圖和人類的心智地圖完全不同，人類主要是由視覺建立的，所取得的資訊完全不同。（在第一章，潘菲德博士繪製一個人類腦皮質的地圖，呈現出扭曲的人類形象。我們現在可以想像狗腦的潘菲德圖像，其中最大的應該是鼻子而非手指。動物的潘菲德圖像與人類截然不同，而外星人的潘菲德圖像會更奇怪。）

很不幸的，即使動物有完全不同的世界觀，我們還是傾向認爲動物有類似人類的意識。例如當狗忠實地遵守主人的命令，我們下意識的認爲狗是人類的好朋友，因爲狗喜歡人類，也尊敬人類。但事實上由於狗是由灰狼（Canis lupus）演變而來，這種動物成群狩獵，而且有嚴格的進食順序，因此狗看你其實像是在看群體中最上位的狗，也就是狗群的頭頭。就某方面來看，你是領頭狗。（這可能是幼犬比老狗容易訓練的原因之一。我們比較容易在幼犬腦中刻印我們的存在，比較成熟的狗就知道人類不是狗群中的一份子。）

同樣的，當貓進入一個陌生的房間，會在地毯上撒尿，我們會認爲這隻貓是因爲生氣或緊張，我們會想要找出讓貓不悅的理由。但可能這隻貓只是想要用自己的尿液味道來標誌領域範圍，好阻擋其他的貓。所以這隻貓一點都沒有不高興，只是想要表明這棟房子屬於牠，其他的貓得離遠一點。

如果貓在你的腳邊摩擦，並且發出喵喵的叫聲，我們會認爲貓是因爲我們照顧牠而高興，所以表現出這種溫暖和愛慕的動作。但更有可能是，貓只是把自己的激素擦在你身上，貓這樣做是用來宣告他自己所有物（也就是你）的所有權，好趕走其他的貓。就貓的觀點來看，你就像是僕人，要受到訓練，好每日提供數次食物。把自己的味道擦在你身上，是要警告其他的貓遠離這個僕人。

就如十六世紀的哲學家蒙田所寫：「當我和貓玩的時候，怎麼知道牠玩我的程度比我玩牠的程度更高呢？」

還有，當貓獨自走開時，並不代表牠生氣或冷漠。貓是野貓的後代，這種動物獨自狩獵，這點和狗不同，牠們沒有排在最上位的雄性個體，沒有需要低聲下氣討好誰。我們看到電視上越來越多類似「動物的呢喃」節目，可能就是我們把人類的意識和意圖強加在動物身上造成的結果。

蝙蝠可能有非常不同的意識，那是由聲音所主導的。蝙蝠幾乎看不到，需要持續發出吱吱的聲音，並且聽取回音，以聲納定出昆蟲、障礙物和其他蝙蝠的位置。蝙蝠腦部的潘菲德圖像對人類來說應該會非常奇特，耳朵會占很大部分。同樣的，海豚也用聲納，意識也和人類大不相同。海豚的額葉皮質（frontal cortex）比較小，因此人們以往認爲海豚並不聰明，但是海豚的腦比較大，加以補足了。如果我們把海豚的新皮質打開，大約有六張雜誌頁面那麼大，人類的新皮質攤開來只有四頁。海豚有發達的頂葉和顳葉，用以分析水中的聲納訊號，牠成爲少數能認出鏡中自己的動物，也可能是這個新皮質較大的緣故。

此外，海豚與人類的祖先大約在九千五百萬年分開，兩者的腦部結構大不相同。海豚不需要鼻子，因此牠們的嗅覺在出生不久之後就消失了。不過大約在三千萬年前，牠們聽覺皮質擴大了，因爲海豚學會了用回聲定位來尋找食物。牠們的世界應該和蝙蝠很接近，充滿了回聲和震動。和人類相比，海豚的邊緣系統多了一個稱爲「旁邊緣」（paralimbic）的部位，可能有助於牠們建立緊密的社交關係。

此外，海豚聰明到能有語言。我曾經爲了拍攝科學頻道（Science Channel）的特別節目，在一個池子中和海豚一起游泳。我把聲納感測器放到池子中，接收海豚彼此對話時所發出的咯吱呼嚕聲。這些訊息記錄下來之後，會由電腦分析。有一個簡單的方法可辨識出這些混亂的尖聲、嘎吱聲音背後是否隱藏智能。例如在英語中，E這個字母最常用，我們其實可以整理一個字母表格，標明每個字母出現的頻率。不論哪一本書，只要是用英文寫的，經由電腦分析之後，英文字母出現的頻率也會大致相同。

同樣的，這個電腦程式也能用來分析海豚的語言。果然，其中有能顯示出具有智能的模式。不過如果我們分析其他哺乳動物的聲音，這種模式就崩壞了，而且在腦比較小的簡單哺乳動物中，模式完全崩潰，牠們發出的訊息幾乎是混亂的。

蜜蜂有智能？

爲了讓我們更了解怪異意識的可能樣子，可以想想地球上生物繁殖所採取的策略。生物繁殖有兩種基本策略，對於生物的演化和意識有深遠的影響。

哺乳動物採取第一種策略：產下少量的後代，然後小心的照顧每一個到長大。這是風險很大的策略，因爲每個世代只能產有限的後代。也就是說，這個策略認爲照料的過程能彌平意外災難，而需要長時間小心地珍惜與照顧每一個後代。

另一個策略比較古老，植物和大部分的動物採用這種策略，包括昆蟲、爬行動物以及地球上其他生命形式：產生大量的卵或是種子，讓它們自求多福。在沒有照料的情況下，大部分的後代不會活下來，只有少數強壯的個體能長大到產生下一代。這意味著親代對於子代投資的能量是零，生殖就靠平均法則（law of averages）讓種族繁衍。

這兩種策略讓生物在生活方式與智能發展上出現完全不同的方向。第一個策略中，每個個體都是受到珍惜的。在採用這種策略的生物中，愛、扶養、情感與依戀是額外的付出。只有雙親投資大量的寶貴能量在保護下一代時，這種生殖策略才能成功。第二種策略並不珍惜每個個體，強調整個種族或群體的續存，個體不算什麼。

進一步發展下去，這兩種策略對於智能的演化有深遠的影響。例如當兩隻螞蟻相遇時，會彼此用化學氣味和姿勢交換有限的訊息，雖然兩隻螞蟻分享的資訊很少，但是運用這些資訊，螞蟻能打造出蟻丘中複雜的通道和房間。同樣的，雖然蜜蜂彼此之間以舞蹈溝通，卻能一起製造出複雜的蜂巢，並且告知遙遠花圃的位置。因此牠們的智能不會在個體上出現，但是出現在牠們整體的交互作用上，也出現在基因上。

我們可以思考基於第二種策略所建立的外星文明，例如類似蜜蜂的智慧種族。在牠們的社會中，每天出外採蜜的工蜂是被當成消耗品的。工蜂不能生育，活著的目的只是爲蜂巢和蜂后服務，爲此犧牲自己也在所不惜。哺乳動物個體之間建立的連結對牠們而言沒有任何意義。

理論上，這種狀況會影響他們的太空發展計畫。由於人類珍惜每個太空人的性命，因此有許多資源用於讓太空人活著返回地球。太空旅行中大部分的成本都花在讓太空人能重返大氣層，回到自己的家。但是在智能蜜蜂所建造的文明中，每個工蜂價値沒有那麼高，因此他們的太空計畫花費會少得多。工蜂不需要回來，每次旅程都是單程的，這代表可以省下大筆金額。

現在想像，如果我們所接觸到的外星人類似工蜂。一般來說，如果我們在森林中遇到蜜蜂，若是我們沒有攻擊蜂巢，蜜蜂通常不會理會我們，彷彿我們不存在。同樣的，外星工蜂很可能對於接觸人類或分享他們的知識一點興趣都沒有。他們會完成自己本來的任務，忽略人類。此外，人類珍惜的價値對他們而言幾乎沒有意義。

在一九七〇年代，先鋒十號與先鋒十一號太空船上各放了一面圓盤雕飾，其中包括人類世界和社會的重要資訊。這些圓盤讚揚地球上的多樣性以及豐富的生命。當時的科學家認爲，外星文明會喜歡人類，對人類好奇，有興趣和人類接觸。不過如果有個外星工蜂發現這個銅盤，很有可能認爲它不具任何意義。

此外，每個外星工蜂不需要很有智能，他們只需要能聰明到能照顧蜂巢的利益就足夠了。所以，如果我們把訊息傳送到有智能蜜蜂的行星上，他們很可能完全沒有想要回信。

就算我們最後接觸到這個文明，也可能難以和他們溝通。例如，如果我們要和其他人溝通，會把概念轉化爲語言，具有主詞/動詞的句型，然後形成敘述的內容，通常是個人發生的事。人類大部分的句子結構是「我做了這件事」或「他們做了那件事」。事實上，人類大部分的文章和對話都是使用敘事結構，通常牽涉到個人的經歷或冒險活動，我們自身或自身扮演的角色通常在這個故事中。這種假定我們個人的經歷在傳送資訊時，占有主要地位。

不過，智能蜜蜂所建立的文明，可能對個人的敘述和故事毫無興趣。他們過著高度集體生活，他們的訊息可能和個人無涉。牽涉到事實，含有對蜂巢重要的資訊，才有助於提升他們的社會地位，關於個人小事和聊天閒話大概就不行。事實上，他們可能認爲我們的敘事性語言令人反感，因爲其中把個人的角色放在群體的需要之前。

工蜂對於時間的感覺也會和人類完全不同。由於工蜂是可以消耗掉的，他們的壽命可能不會很長，他們可能只會進行短期和明確的計畫。

人類的壽命比較長，也對於時間有不言而喻的感覺。我們能理性接受可以在一生中完成的計畫和工作，我們的下意識會訂出計畫步調、與其他人的關係，讓計畫能與我們有限的一生配合。換句話說，人類的一生會分成各個階段：單身、結婚、生子、退休。我們通常認爲自已會在一段有限的時間中活著，之後死亡，我們通常都是無意識就想到這些。

但是如果想看有種生物能活五千年，甚至永生不死，他們的優先順序、目標和野心，會完全和人類不同。他們進行的計畫可能需要人一輩子的時間才能完成。就如同之前提到的，星際旅行通常被斥爲科幻，是因爲搭乘普通火箭前往最近恆星大約需要七千年。這個時間長到讓人類無法成行，但是對於外星生命來說，時間可能無關緊要，例如他們可能進行休眠，減緩代謝速度，甚至沒有壽命的限制。

他們長什麼模樣？

最先翻譯出來的外星訊息可能讓我們多少能了解他們的文化與生活方式，例如這些外星人很有可能是從掠食者演化而來的，因此有掠食者的特徵。（通常地球上的掠食者比獵物聰明。老虎、獅子、貓和狗能狡猾的追蹤、埋伏和躲藏，這都需要智能。這些掠食者的眼睛都位於臉部正前方，集中注意力時能產生立體視覺。獵物的眼睛通常位於頭部兩側，以偵測掠食者，看到了只能逃命。因此我們常用「老狐狸」和「呆頭鵝」這樣的詞。）外星生命可能不再有遙遠祖先的掠食者本能，但是依然還有某些掠食者的意識，例如：領域性、擴張性、必要時使用暴力。

如果我們看看人類這個種族，會發現得到智能的過程需要有三個基本因素：

（一）拇指與其他手指相對，這讓我們能運用工具來利用與改造環境。
（二）如掠食者般兩眼能產生立體影像。
（三）語言讓我們累積的知識、文化和智慧能傳到後代。

當把這三個要素和其他動物相比，會發現只有非常少數的動物能符合這些準則。例如狗和貓沒有抓握的能力，也沒有語言。章魚有複雜的觸手，但是視力不佳，而且沒有複雜的語言。

這三個準則有一些變化。外星人可能沒有與其他手指相對的拇指，但是可能有爪子和觸手（唯一的限制是這些肢體能創造工具，以利用自然資源。）外星人可能不是兩個眼睛，而是如昆蟲般有許多眼睛。他們或許還有感測聲音和可見光頻率範圍外的紫外線感測器官。比較有可能的是，他們具有如掠食者般能產生立體視覺的眼睛，因為掠食者通常比獵物聰明。還有，他們可能不用聲音語言，而以其他震動的形式來溝通。唯一的限制是他們要能交換資訊，以產生代代相傳的文化。

只要遵守這三條準則，其他任何事都有可能發生。

接下來，外星人的意識會受到他們所處環境的影響。天文學家現在了解，宇宙中大部分適合生命居住的星球，可能不像是地球那樣，能沐浴在母星溫暖的陽光下，可能是個距離恆星非常遙遠的冰冷衛星，圍繞著類似木星那麼大的行星運轉。許多人相信，木星的衛星歐羅巴（Europa）在冰覆蓋的表面下有液態的海洋，這個海洋是因為潮汐力產生的熱而出現。這是因為歐羅巴在繞木星運轉時同時會翻滾，在不同的方向會受到木星巨大的重力擠壓，使得衛星內部有摩擦產生。這樣產生的熱造成了火山和熱泉，使得冰融化而形成海洋。科學家估計，歐羅巴的海洋位於冰層深處，總體積可能超過地球海洋許多倍。由於天上超過一半的恆星具有木星大小的行星（數量是地球大小的行星的百倍以上），因此最多的生命可能居住在木星般巨大氣體行星的冰冷衛星上。

所以，我們最早接觸到的外星文明，很有可能是來自水中。當然，他們也有可能會從海洋遷徙出來，遠離水，移居衛星表面的冰上。這有數個理由。首先，一直都住在冰下的物種，宇宙觀會受到相當大的限制。如果他們認爲宇宙就只是冰下面的海洋，那麼就不會發展出天文學和太空計畫。第二，水會讓電器短路，如果一直待在水下，就不會發展出無線電和電視。如果文明要進展，就得擅長使用電器，但是電器無法放在海洋中。因此，這些外星人很有可能得學習離開海洋，在陸地上生活，這和人類一樣。

如果這種生命形式演化出能從事太空旅行的文明，具有抵達地球的能力，那會發生什麼事呢？他們依然會如我們現在一樣是有機體，或是已經進入「後生物」（post-biological）時代呢？

後生物時代

我的同事、美國亞利桑那州立大學（鄰近鳳凰城）的戴維斯（Paul Davies）博士，花了很多時間思考這些問題。我訪問他時，他說我們必須把視野拉遠，思考比人類先進數千年甚至更多年的文明，看起來會是什麼樣。

太空旅行很危險，因此他相信他們可能會捨棄生物身體，就如同我們在上一章提到的「無體心智」。他寫道：「我的結論會讓人大吃一驚。我認爲很有可能（事實上是必然發生）生物智能只是暫時的現象，是宇宙中智能演化的短暫過程。如果我們眞的和外星智慧接觸，我相信外星智慧本質上是後生物的可能性極高。這個結論很明顯可以看出來，而且對於SETI有深遠且複雜的影響。」

事實上，如果外星文明比地球文明先進數千年，那麼他們可能在很久以前就已經打造出高效能的電腦身體：行星整個表面都被電腦覆蓋。戴維斯博士說：「不難想像，整個星球的表面都由一個整合的處理系統所覆蓋……布萊伯利（Ray Bradbury）把這種驚人的實體，稱之爲『俄羅斯套玩偶腦』（Matrioshka brains）。」

所以對他來說，外星意識可能已經失去了「自我」的概念，而是被吸收到心智的全球網際網路中，這個網路覆蓋整個星球。戴維斯博士補充說：「沒有自我概念的強大電腦網路有一個遠遠超越人類智能的優點，就是能不怕改變，重新設計『自己』，把整個系統融合在一起，然後成長。『自我感覺』對這個過程是嚴重的阻礙。」

所以爲了要增加效能和計算能力，他預見這樣先進文明的個體會放棄自己的身分而融入共同的意識。戴維斯博士知道，批評者會認爲這個想法令人反感，因爲表面上看來，這像是我們爲了整體或蜂巢利益，犧牲了個人特質和創造力。不過他警告說，這種變化並非絕對會發生，但是對於文明而言，是最有效率的道路。

他還有另一項推測，他承認會讓人非常沮喪。當我問他爲什麼這樣的文明沒有來拜訪我們，他給了一個奇特的答案。他說，這樣先進的文明已經發展出比現實世界更有趣和更富挑戰性的虛擬實境。我們目前的虛擬實境對那些超越人類數千年文明而言，就像是小孩子的玩具。

這意味著，那些文明中最聰明的心智可能決定在各種不同的虛擬世界中，過著想像中的生活。他承認這種想法讓人氣餒，但是絕對有可能。事實上，在我們改進虛擬實境的過程中，這可能是一項警訊。

他們要什麼？

在電影《駭客任務》，機器接掌地球並且把人類放到莢艙中，把人類當成爲機器補充能量的電池。這是機器要讓人類活著的原因。不過一個發電廠所產生的能量要超過數百萬個人類身體，因此尋找能量來源的外星人很快就會發現不需要把人類當成電池。（《駭客任務》中的機器君主忽略了這一點，不過希望外星人能看清。）

另一種可能性是外星人會吃人類。在影集《陰陽魔界》（*The Twilight Zone*）的某一集中探討了這個問題。在那一集，外星人降落在地球上，答應用他們先進的科技給人類帶來好處，甚至請志願者拜訪她們美麗的母星。這些外星人後來意外留下一本書，名字叫做《供應人類》。科學家絞盡腦汁，想要解開外星人要與人類分享的驚奇事物，結果他們發現這本書其實是食譜。（不過事實上，組成人類的DNA和蛋白質和外星人截然不同，他們的消化系統應該很難消化人類。）

另一種可能性是外星人想要掠奪地球上的資源和有價值的礦物。這個論點有些道理，但是如果這些外星人先進到能不費力的在星球之間旅行，那麼就會找到許多無人居住的行星，掠奪上面的資源，也不需要擔憂奮力抵抗的星球原住民。從他們的角度來看，在有其他星球可用的時候，想要在已經有生命的星球上殖民，完全是在浪費時間。

所以，如果外星人既不想奴役人類，也不想掠奪資源，那麼他們會造成什麼危險呢？想想森林中的鹿，牠們應該最怕誰呢？是拿著散彈槍的殘忍獵人，還是拿著藍圖、溫文爾雅的土地開發商呢？雖然獵人會讓鹿群受到驚嚇，但是只有一些鹿會受到獵人的威脅。對鹿而言，更可怕的是開發商，因爲鹿甚至不在他們眼界之中。開發商可能完全沒有想到這些鹿，專注於把森林改建成合乎人類使用的房地產。從這方面來看，眞實的入侵會是什麼樣子？

在好萊塢電影中有一個糟透的缺陷：這些外星人的科技只比人類先進大約百年而已，因此我們可以設計出祕密武器，或是找到他們防禦方式的弱點，然後加以反擊，就像是《地球對抗外星人》這部片子所描述的。不過SETI的主任蕭士塔克告訴我說，和先進文明的戰鬥，將會是小鹿班比對抗哥斯拉。

事實上，我們幾乎無法保護自己。外星人的武器和能量使用，可能比地球人先進數千年到數百萬年，因此在大多數的情況下，我們沒有保護自己的方法。不過我們或許可以學習野蠻人，他們當時與最強大的軍事帝國羅馬帝國對抗。羅馬人長於技術，能製造出碾平野蠻人村莊和道路的武器，對廣大帝國遙遠的軍事據點供應物資。野蠻人剛從游牧的方式興起，面對羅馬帝國軍隊毀滅性的力量，幾乎沒有取勝的機會。

不過歷史也記載，當帝國擴張，勢力變得稀薄，太多的戰爭和條約使得帝國陷入泥沼中。帝國也沒有足夠的經濟能力支持這些活動，特別是在人口減少的狀況下。此外，帝國一直都缺乏新兵，因此得招募年輕野蠻人當士兵，然後把他們拔擢到領導階層。這時帝國的優勢科技就開始流入野蠻人手中。隨著時間前進，野蠻人也開始能善用那些最先打敗自己的軍事科技。

最後，由於宮廷陰謀、作物欠收、內部戰爭和軍隊過度擴張，帝國的國力衰退，而這時野蠻人已經能對抗停滯不前的羅馬帝國軍隊。他們在四一〇年和四五五年洗劫羅馬，使得帝國最後在四七六年滅亡。

同樣的，地球人一開始可能對於入侵的外星人不會有任何威脅，但是慢慢的，地球人可以了解到外星軍隊的弱點、能量來源、指揮系統，以及所有的武器裝備。外星人為了要控制人類族群，必須招募地球人，並且提升他們的職位，這將會使得外星人的技術流向人類。

人類的破爛軍隊有可能展開反擊。東方的戰略方法，例如《孫子兵法》的經典教誨，有擊敗優勢對手的方法。首先你要讓他們進入你的領域。軍隊進入陌生的環境時，行伍會混亂，這時你可以攻擊他們最弱的地方。

另一種技術是利用敵人的力量來反擊敵人。在柔道中，主要的策略就讓敵人的動能為己所用。你讓敵人進攻，然後利用敵人自己的體重和力量，摔倒敵人或是趁其不備時翻倒對方。對方越大，摔得越重。同樣的道理，如果對抗武力凌駕我方的外星人軍隊，唯一的方式就是要讓他們侵入我方的領域，了解對方的武器與軍事祕密，然後用這些武器和祕密對抗他們。

所以，面對優勢武力的外星人軍隊，不能正面衝突。對方如果無法取勝，僵持不下的代價又太高，只要對方無法勝利，我們就算成功了。

不過我相信，最有可能的是外星人是仁慈的，而且幾乎會忽略人類。我們無法給他們什麼好處。如果他們來拜訪人類，主要會是出於好奇或只是來查訪。（由於人類在得到智能過程中，好奇心是重要特點，因此外星生命可能也具有好奇心，想要分析人類，但是這不一定需要與人類會晤。）

與外星太空人會面

我們可能不會與有血肉身體的外星人見面，這和電影裡面演的不同。因爲樣這既危險、又非必要。我們把火星漫遊者號（Mars Rover）送去探測火星，同樣的，外星人也很有可能把有機或機械製成的智能替身送來，後者比較容易承受星際旅行的壓力。同樣的，我們在白宮草地上所見到的「外星人」，長得不會和他們在母星上的主人一樣。相反的，外星人會用代理者來把自己的意識發送太空中。

他們也很有可能把探測機器人送到月球上，因爲月球的地質活動穩定，也沒有侵蝕作用。這些探測船能自我複製，能製造一座工廠，然後複製出上千個自己。（這種機器人稱爲「馮紐曼探測船」，名字來自數學家馮紐曼，他是數位電腦的奠基者。馮紐曼是第一個仔細思考自動複製機器人相關問題的數學家。）第二代的機器人會前往其他的恆星，在每個恆星系建立工廠，每個都會製造上千個第三代機器人，使得機器人總數達到百萬。這些機器人會再擴散出去，建立更多工廠，製造的機器人總數可達十億。因此從一台機器人開始，我們可以有一千、百萬、十億台機器人，到了第五代，機器人探測船的總數可達十兆。很快的，圓球般的龐大探索領域，擴張的速度接近光速，含有數不清的機器人，只要幾十萬年就可以殖民整個銀河系。

戴維斯博士非常認眞看待這種能自我複製的馮紐曼機器人探測船，眞的申請資金要研究月球的表面，找尋之前外星人來訪的證據。他希望能掃描整個月球，好找出無線電波或輻射的異常之處，這可以當成外星人來訪的證據，來訪的時間或許是數百萬年前。

他與華格納（Robert Wagner）博士一起撰寫了一篇論文，發表在科學期刊《星際航行學報》（*Acta Astronautica*），呼籲仔細檢查由「月球勘查軌道號」（Lunar Reconaissance Orbiter）拍攝的月球表面照片，其解析度高到能分辨出五十公分以上的物體。

他們寫到：「外星人科技在月球上留下的蛛絲馬跡，以人造物或是改變了月球地貌的方式呈現，可能性雖然微乎其微，但是月球的好處是離我們夠近。」月球上沒有侵蝕作用，外星人留下的科技也能長時間保存下來，活動痕跡應該也能看得見。同樣的，一九七○年代太空人在月球上留下的足跡，理論上可以保留數十億年。

但是其中有個問題是，馮紐曼機器人探測船可能非常小，利用分子機械和微電機械能打造出奈米大小等級的探測船。他說，探測船可能是有一個麵包盒那麼大，甚至更小。事實上，如果這樣的探測船降落在地球上某人家的後院，主人可能不會注意到。

利用以指數方式成長的馮紐曼探測船，是最有效在銀河系建立殖民地的方式。病毒感染身體也是用這種方式。開始時只有一些病毒進入細胞，然後劫持了細胞中的複製系統，把細胞轉變成製造更多病毒的工廠。兩個星期內，一個病毒就複製出數兆個病毒，然後我們便打噴嚏。

如果這個發展過程是正確的，便意味著月球是外星人最有可能到訪之處。電影《二○○一太空漫遊》也是以此爲基礎發展故事的，到現在，這依然是外星文明最有可能和人類接觸的方式。在電影中，探測船在數百萬年前就登陸月球，主要目的是觀察地球生命的演化。探測船涉入人類演化的過程，讓我們演化的速度加快，這些資訊傳送到位於木星的中繼站，然後再傳給這個古老外星文明的母星。

對這個先進的文明來說，他們可以同時掃描數十億個恆星系，因此我們可以了解，他們有很多行星系統可以選來殖民。銀河系實在太大了，他們可能收集資料，然後選擇擁有最多資源的行星或衛星。就他們的觀點來看，地球可能不怎麼有吸引力。

第十五章

結語：了解自己就是智慧的開端

未來的帝國，將會是心智的帝國。

——邱吉爾（Winston Churchill），英國前首相

如果我們缺乏智慧、又不謹慎的發展科技，我們的僕人終將會變成我們的處刑者。

——布雷德利（Omar Bradley），美國陸軍上將

在二○○○年，科學社群中爆發了一場激烈的爭論。昇陽電腦（Sun Computers）創辦人之一的喬伊（Bill Joy）寫一篇造成群情激憤的文章，內容是說我們面對來自先進科技的致命威脅。在《連線》（*Wired*）上的這篇文章有著聳動的標題：〈未來不需要人類〉。他在文章中寫道：「我們在二十一世紀最強大的科技：機器人、基因學工程和奈米科技，都正在對人類造成威脅，讓我們成爲瀕危物種。」這篇煽動的文章質疑，眾多獻身於尖端科學的科學家，在實驗室中辛勤工作，是否合乎道德。他挑戰這些科學家的研究重點，說這些科技帶來的利益，遠遠不如對人類所造成的威脅。他描述了一個可怕的反烏托邦，其中人類的科技加在一起，反而毀滅了文明。他警告，我們有三種重要的發明，最後會反噬人類：

「有一天，生物工程製造出來的病原體可能會從實驗室流出，對全世界造成大災難。由於生物體是無法召回的，它們可能會瘋狂繁殖，在地球上造成致命的傳染病，比中世紀的黑死病還要嚴重。生物科技甚至可能改變人類的演化，創造出彼此區分而且不對等的物種……這可能會威脅到『平等』這個民主政治的基石。」

有一天，奈米機器人可能會變得瘋狂，並且無止盡的大量複製，這樣的「灰蟲」（gray goo）可能覆蓋整個地球，悶死所有生物。因爲這些奈米機器人能「消化」一般的物質而產生新的物質，因此功能失常的奈米機器人可能變得瘋狂，並且消化地球上許多東西。

他寫道：「對人類在地球上的經歷而言，灰蟲的確是個讓人沮喪的結局，比水火之災還要嚴重，只要一個簡單的實驗室意外，『糟糕！』就能造成這種結果。」

有一天，機器人將會掌權並且取代人類。機器人會聰明到輕而易舉就可以把人類掃到一邊。人類將成爲演化上的一個註腳而已。他寫道：「機器人絕不會成爲我們的孩子……在這條發展道路上，人類很有可能會輸掉。」

喬伊宣稱，這三種科技造成的危險，比一九四〇年代的原子彈還要可怕。當時愛因斯坦曾經警告，核子科技的力量可能毀滅文明：「這很可怕，又很明顯，我們的科技已經超越人類掌握的能力。」不過只有強大的政府才有能力製造原子彈，因此會受到嚴格的控制。但是喬伊指出，上面三種科技是由私人公司發展出來的，如果有法規的話，法規也很寬鬆。

他承認，這些科技在短期內當然可以減輕一些人的痛苦。但是就長時間來看，這些利益遠遠不如這些科技可能帶來的科學末日，人類會因此滅亡。

喬伊甚至指控科學家在嘗試建立一個更好的社會，是既自私又天眞。他寫道：「傳統的烏托邦有一個好的社會和好的生活，是和其他人一起建立的生活。但是科技烏托邦中盡是『我不要生病、我不要死、我有更廣的視野、我更聰明』。如果你對蘇格拉底或是柏拉圖描述這樣的世界，反而會被嘲笑。」他在結論中說：「我認爲這並不誇大。完美的未來極端邪惡，我們正要跨過那條界線。這種邪惡蔓延的可能性，超過遺留給民族國家的大規模毀滅武器。」最後的結局是？他警告：「就像是種族滅絕。」

一如所料，這篇文章引起軒然大波。

這篇文章寫於十幾年前，對於高科技來說，相當於一輩子的時間。現在我們可用後見之明來看這些預測的可能性。回頭看這篇文章，並且全面的考量其中的警告，我們就很容易看出喬伊誇大了許多科技造成的威脅，不過他也刺激科學家去面對研究工作所造成的倫理、道德和社會影響，這是好事。

他的文章也讓人反省人類的本質。在揭露了腦的分子、基因與神經奧祕之後，就某方面來看，人類的「人類特性」會因此簡化，化約成一團原子和神經元嗎？如果我們完成了腦神經元圖譜，了解每一條神經途徑，這會讓人類本質的神祕與神奇消失無蹤嗎？

對喬伊的反應

從現在來看，機器人和奈米科技所造成的威脅要比喬伊當初所設想的還要不可能實現。而且我認爲，在有充分的警告之下，我們有多種反制措施，如果某些研究會導致無法控制機器人，我們便加以禁止。或是放入控制晶片，在機器人會造成危險的時候關閉機器人。我們還可以製作保險裝置，當危急狀況發生時，讓機器人無法行動。

比較迫切的威脅來自生物科技，如果生物科技打造出的病原體從實驗室中跑出來，的確會造成危機。科茲威爾和喬伊合寫過一篇文章，批評公開發表一九一八年西班牙流感的完整基因組序列，那是現代史上最致命的病原體，殺死的人比第一次世界大戰的死者還多。科學家研究死者的屍體和血液，重新組合出這個消逝已久病毒，並且把基因定序出來，所有的結果都在網路上公布。

已經有阻擋這種危險病毒釋出的安全措施，但是應該納入更多加強措施的相關步驟，然後增加更多層的保護。如果新病毒突然在偏遠之處爆發出來，科學家應該要加入快速反應團隊以增強研究能力，以便在野外找到病毒、定出序列，很快的準備疫苗，以免病毒擴散。

未來心智的衝擊

這個爭論也直接影響到心智的未來。目前神經科學還處於相當原始的階段。科學家只能解讀和錄影腦中簡單的念頭，記錄一些記憶，把腦部和機械手臂連接，讓全身癱瘓的病人控制周遭的機器，用磁場抑制腦中特定區域的活動，找出精神疾病患者腦中失常的部位。

在接下來幾十年，神經科學的力量可能會爆發出來。讓人屏息的科學新發現就要出現。有一天我們在日常生活中，可以用心智的力量控制周遭的物體、下載記憶、治癒精神疾病、增進智能、了解腦中的每個神經元、建立腦的備份、用心電感應溝通。未來的世界將會是心智的世界。

喬伊並沒有質疑這種科技對於緩解人類痛苦的潛力，讓他恐懼的是經過強化的人可能會讓人類一族分裂。在他的文章中，他描繪出一個悲慘的反烏托邦，其中只有少數菁英份子的智能和精神能力受到增強，其他大眾則活在愚昧和貧窮當中。他擔心人類會分裂成兩個種族，或可能不再是人類。

但是我們已經指出，幾乎所有科技在剛興起時都很昂貴，只有有錢人才用得起。但是大量製造之後，電腦的成本降低、更便宜的運輸方式，讓窮人最後一定用得起。照相機、收音機、電視機、個人電腦、筆記型電腦，以及手機，都是依照這種模式發展。

科學不會製造一個非富即貧的世界，相反的，科學是繁榮的動力。自從遠古以來，人類使用的所有工具中以科學的力量最強大、生產能力最高。我們現在難以言喻的富裕，都直接受惠於科學。科技只會消除社會的斷層，而非加深。我們可以想想祖父時代在一九〇〇年代前後的生活，當時美國人的預期壽命是四十九歲，許多嬰兒死亡，長距離的通訊方式是拉開窗口大喊。如果能負擔得了，長距離的交通方式是搭乘馬車，而馬車經常陷入泥地。郵件由馬匹運送，常常遺失。藥品主要由蛇油製成。當時截肢（但是沒有麻醉劑）只有消除疼痛的嗎啡是有效的醫療手段。整個經濟體只能支撐少數有錢人和中產階級。

科技改變了所有事情。我們不需要經由打獵來取得食物，只要到超級市場就可以了。我們不再需要背著沉重的食物，只要開車載就可以了。（事實上，科技所帶來的威脅中，眞正造成數百萬人死亡的不是凶殘的機器人或是胡亂殺人的瘋狂奈米機器人，而是人類放縱自己的生活方式，這種生活使得糖尿病、肥胖症、心臟病和癌症的罹患率接近傳染病。這是我們自作自受。）

我們也可以放眼全世界。最近幾十年，我們看到全世界有數億人脫離痛苦不堪的貧窮狀態，這是歷史上首見。如果我們眼界放得更寬，會發現有一部分人不再需要爲了生產食物而過著工作繁重的生活，而且成爲中產階級。

西方國家花了數百年進行工業化，中國和印度在這幾十年也加入，這都歸功於高科技的散布。有了無線科技和網際網路，這些國家發展速度超越其他各國，比較開發的國家正努力用網路連接各個城市。當西方國家正困於人口老化、城市基礎設施逐漸老舊時，開發中國家正在用炫目的尖端科技打造城市。

當我快要取得博士學位時，我在中國和印度的同行要等數個月、甚至一年，才能收到郵寄來的科學期刊。此外，他們幾乎無法和西方的科學家和工程師直接連繫，只有少數人有錢能到西方旅行。這種狀況嚴重阻礙科技的交流，讓資訊往來這些國家的速度慢如冰河流動。不過現在科學家瞬間就能讀到其他科學家放在網路上的論文，用電子通訊的方式和西方科學家合作，這讓資訊在世界各地流動的速度加快了。這項科技帶來的是進步與繁榮。

此外，現在還不清楚某些智能形式的增進，是否會造成人類種族分裂的大災難，即使許多人負擔不起也一樣。在絕大多數情況，解決複雜的數學方程式或是有完美的記憶，並不保證有高收入、受到同儕的尊重，或是更受異性的歡迎（這是能鼓勵大多數人的動機）。穴居人原理能壓勝智能增進的頭腦。

就如同葛詹尼加博士所說：「胡搞的想法讓很多人不安，如果我們智能增進了，會想要用來解決問題嗎？或只是想要更多可以寄耶誕卡片的朋友？」

我們在第六章討論，失業的工人可以因爲這項科技受惠，大幅減少學習新科技與技術的時間。這不但可能減少失業引起的問題，還能影響世界經濟，使得對應改變的速度更快，也更有效率。

智慧與民主爭議

評論喬伊文章的部分人認爲這不只是科學家與自然之間發生爭辯，事實上是三方的爭辯：科學家、自然與社會。

電腦科學家布朗（John Brown）和杜奎德（Paul Duguid）對這篇文章的反應是：「火藥、印刷術、鐵路、電報和網際網路等科技，對社會的變化有深遠的影響。但是從另一方面來看，政府的形式、法庭、正式與非正式組織、社會運動、專業網絡、地方社區、交易制度，也改變與中和了科技本來的力量，也改變了科技運用的方向。」

換句話說，兩種發展都是有可能的。沒有物理定律阻止這兩種方式成眞，重點是要從社會的的觀點來分析這些科技。到頭來都是取決於我們自己，要接納所有的好點子，建立新的未來觀。

對我而言，終極的智慧來自於活躍的民主爭辯。在接下來幾十年，公眾將會被要求投票決定許多重要的科學議題，科技界不能自己關著門空爭論。

哲學問題

最近有些評論者指出，科學在揭露心智的祕密上前進速度太快，使得人的特質減少、人的身分降低。當發現一些新東西、學到一個新技巧、享受一個輕鬆假期，都被化約成神經傳導物質活化了神經線路，那我們何必爲了這些事情高興呢？

換句話說，當天文學把人類化約成在不仁宇宙中漂浮的渺小塵埃時，神經科學則把人類化約成神經線路中的電訊號。不過，實際情況眞的是如此嗎？

本書一開始就討論科學中的兩大奧祕：心智和宇宙。不只是因爲這兩者有共通的歷史與故事，也因爲兩者的哲學相近，甚至命運也可能相同。科學的力量讓我們可能窺見黑洞的內部，降落在遙遠的行星時，也催生了兩個心智和宇宙的哲學觀：哥白尼原理（Copernican Principle）和人本原理（Anthropic Principle）。這兩個原理內容包羅萬象，囊括了科學的所有面向，但是彼此卻是對立的。

第一個龐大的哲學原理「哥白尼原理」，大約在四百多年前望遠鏡出現時誕生，內容是指人類並沒有享有什麼特殊地位。這個看似簡單的想法，推翻了數千年來受到珍視的神話和根深柢固的哲學。

自從《聖經》說亞當和夏娃因爲吃了「智慧之果」而被逐出伊甸園後，人類高高在上的地位就經歷了一連串丟臉的降級事件。首先，伽利略用望遠鏡觀察的結果指出，地球並非是宇宙的中心，太陽才是。而這個說法後來又被推翻了，因爲我們知道太陽只是在銀河系中轉動的一個小點，距離中心三萬光年之遠。然後在一九二〇年代，哈伯（Edwin Hubble）發現其實有許多個星系，一下子，宇宙的範圍就增廣了幾十億倍。現在哈伯太空望遠鏡已經發現，在可見宇宙中有一兆個星系。在這麼大的宇宙範圍中，銀河系像是針尖那麼小。

更新的宇宙學理論進一步降低人類在宇宙中的地位。宇宙爆漲理論指出，具有一兆個星系的可見宇宙，在爆漲宇宙中只有針孔那麼大。爆漲宇宙太大了，因此遠方的光沒有時間傳到地球。那麼遙遠的距離，我們無法用望遠鏡觀察，也因爲無法超越光速而永遠觀察不到。如果超弦理論（我的專長）是正確的，就意味著整個宇宙和其他宇宙共存於十一維的超空間中，因此三維空間並非最後的空間。眞正的物理現象範疇是含有諸多宇宙的多重宇宙（multiverse），其中滿是泡泡宇宙（bubble universes）漂浮著。

科幻小說家亞當斯（Douglas Adams）在《銀河便車指南》（*The Hitchhiker's Guide to the Galaxy*），發明了「全視野漩渦」（Total Perspective Vortex）來描述這種一直受挫的感覺，那是設計讓正常人發瘋的裝置。當你進入這個房間，所見的是整個宇宙的地圖，然後在地圖上有個小到幾乎看不到的一點，指著「你在這兒」。

所以就某方面來說，哥白尼原理指出人類不過是宇宙中的小渣滓，在星際間漫無目的漂浮著。但是就另一方面來說，最新的各種宇宙學資料卻支持另一個理論，得到完全相反的哲學：人本原理。

這個原理指出，宇宙就是適合生命。同樣的，這個簡單到不行的說法也有深遠的影響。就一方面來說，宇宙中有生命存在，是無可爭論的事實。但是很明顯，宇宙得調整到非常精細的程度，才可能讓生命出現。物理學家戴森曾說：「宇宙似乎知道人類會出現。」

例如，核力如果稍微大一點點，太陽就會在數十億年前就燃燒殆盡，這樣ＤＮＡ就來不及出現。如果核力稍微弱一點點，那麼太陽一開始就不會發熱，那麼我們現在就不會在這裡了。

同樣的。如果重力比較強一些，那麼宇宙在數十億年前就會發生「大崩墜」（Big Crunch），我們可能全都被熱死。如果重力稍微弱一些，宇宙膨脹的速度會太快，成爲大凍結，我們都會冷死。

這種微調甚至延伸到我們身體中的原子。物理學指出，人類的身體由恆星的塵埃組成，身體中的原子都是由恆星的熱煉製而成。我們名符其實是星星的孩子。

氫加熱所引發的核子反應，能製造構成人類身體的比較重元素，但是過程相當複雜，在其中任何一點都可能會出錯，構成人類身體所需的較重元素就無法產生，組成ＤＮＡ和生物的原子都不會存在。

換句話說，生命不但珍貴，而且是一項奇蹟。

由於其中有太多參數需要微調，因此有人宣稱這並非巧合。人本原理的「弱形式」指出，由於生命確實存在，迫使宇宙的物理參數必須以非常精確的方式訂定出來。而人本原理的「強形式」想得更遠，認爲有神或是其他的設計者創造一個「剛剛好」的宇宙，讓生命得以出現。

哲學與神經科學

哥白尼原理和人本原理之間的爭議，也在神經科學中造成回響。有些人宣稱，既然人類能化約成原子、分子和神經元，那麼人類在宇宙中的地位便沒有什麼獨特之處。

伊葛門博士寫道：「如果你腦中的電晶體和螺絲沒有保持正常，那麼你就不是你朋友所認識與喜愛的那個你了。如果你不相信這回事，可以到任何一家醫院的精神科看看那些病人。腦部就算是只有一個小部位受損，都可能失去非常特別的能力，例如說出動物的名稱、聽音樂、控制危險的行爲，還有區別顏色或是作出簡單的決定。」

腦如果沒有完整的「電晶體與螺絲」便無法運作。因此他的結論是：「人類的眞實由人類的生物構造所決定。」

就某方面來說，如果人類和機器人一樣能化約成生物的零件，那麼人類在宇宙中的地位就降低了。人類只是擁有「濕體」，其中有心智的軟體運作著，就這樣而已。人類的思想、欲望、希望和抱負，都可以化約成在前額葉皮質中某些區域流動的電脈衝。這是哥白尼原理應用到心智研究的說法。

但是人本原理也可以應用到心智研究，會得到截然不同的結論。人本原理的說法很簡單：宇宙的狀況讓意識得以出現，而隨機事件幾乎不可能產生心智。英國維多利亞時代偉大的生物學家赫胥黎說：「心智狀態是神經組織活動造成的結果，這眞的很了不起，就像是阿拉丁擦了神燈以後，精靈就冒出來那般莫名其妙。」

此外，雖然大部分的天文學認為，將來有一天我可以在另外一個行星上發現生命，但很可能是微生物，地球上微生物就主宰了海洋數十億年。我們不會看到巨大的城市和帝國，而是看到漂浮著微生物的海洋。

當我訪問哈佛大學已故的生物學家古爾德（Stephen Jay Gould），問他這個問題時，他作出如下的解釋：如果我們作出一個雙胞胎地球，就像是四十五億年前的地球那樣，那麼過了四十五億年之後，會和現在的地球一樣嗎？幾乎不可能。很有可能DNA和生物不會出現，有意識的智慧生物則更不可能興起。

古爾德說：「智人只是（生物族譜中的）一個小分支……不管怎樣，在（五億年前）寒武紀大爆發、多細胞生物出現以後，這個分支發展出生物史上最嶄新的特質。我們發明了意識以及相關的結果，例如《哈姆雷特》和廣島原爆。」

在地球的歷史中，智慧生命有好幾次瀕臨滅絕。除了讓恐龍和地球上幾乎所有生命消失的大滅絕事件，人類有好幾次差點滅絕。在基因上，人類彼此之間的相近程度都超過其他動物兩個普通個體間的相似度，雖然人類的外表看起來很多樣，但是人類的基因和內在的化學卻不是這麼回事。隨便找兩個人彼此之間的基因關係都很近，所以我們可以用數學計算生出人類全族的「基因夏娃」或是「基因亞當」是何時出現的。此外，我們也可以計算出歷史中有過多少人類。

這個數字很驚人嗎？基因學研究顯示，在十萬到七萬年前，人類的數量只有數百到數千，現在的人類是他們的後代。（有一個理論指出，大約七萬年前印尼的多峇火山猛烈噴發，使得氣溫大幅下降，人類幾乎死光，只剩下一些繼續在地球上繁衍。）人類從這麼小一群開始，不斷冒險開拓，最後占據整個地球。

地球的歷史不斷重複，智慧生命可能會走到死胡同，人類能生存下來是個奇蹟。我們可以提出結論說，雖然其他星球可能有生命存在，但是其中只有極小部分有意識生命存在。因此，我們要好好珍惜在地球上發現的意識。這是宇宙中最高等的複雜系統，可能也是最罕見的。

有時候我思考人類未來的命運，會得到另一個截然不同的可能性：自我毀滅。雖然火山爆發和地震可能招致人類毀滅，但是人類最該害怕之事，可能是人類自己造成的災禍，例如核子戰爭或生物工程病菌。如果真的如此，那麼在銀河系中這個地區的意識生命就這樣消失了。對此，我不僅爲人類感到悲哀，也爲宇宙感到悲哀。我們把人類有意識視爲理所當然，但是我們並不了解這是經歷多少曲折綿長的生物事件後才造就出來的。心理學家平克寫道：「我認爲，生命最重要的目的，就是領悟到有意識的每個時刻，都是珍貴且脆弱的禮物。」

意識的奇蹟

最近對於科學的批評是，了解某些事情之後會使得神祕與神奇蕩然無存；科學揭開了蒙住心智奧祕的面紗，也使得心智變得平凡且乏味。不過，當我越了解腦的複雜性，便越驚訝位於兩肩之上的頭腦是宇宙中已知最複雜的物體。如伊葛門所說：「腦是令人費解的傑作，我們有幸生於這個時代，有技術也有意願去關注腦。那是我們在宇宙中所發現最奇妙的事物，那也是我們自己的。」了解腦不會減少這份奇妙的感覺，而是增加。

兩千多年前，蘇格拉底說：「了解自己就是智慧的開端。」我們正在達成他願望的漫長道路之上。

謝辭

我非常榮幸能訪問下列傑出的科學家，並與他們交換心得，他們都是該研究領域的領導人物。我感謝他們慷慨撥出時間接受訪問，討論科學的未來。他們給我許多指引和靈感，包括我自身研究的領域也是受益良多。

我要感謝這些先驅者、開拓者，特別是同意在我的電視特別節目上露面的科學家，這些節目在英國廣播公司（BBC）、探索頻道（Discovery）、科學電視頻道（Science TV channels）播出，也感謝他們擔任我的全國性廣播節目《探索》（*Explorations*）和《奇幻科學》（*Science Fantastic*）的來賓。

杜赫堤（Peter Doherty, Nobel laureate, St. Jude Children's Research Hospital）、艾德曼（Gerald Edelman, Nobel laureate, Scripps Research Institute）、雷德曼（Leon Lederman, Nobel laureate, Illinois Institute of Technology）、葛爾曼（Murray Gell-Mann, Nobel laureate, Santa Fe Institute and Cal Tech）、肯德爾（The late Henry Kendall, Nobel laureate, MIT）、吉伯特（Walter Gilbert, Nobel laureate, Harvard University）、高斯（David Gross, Nobel laureate, Kavli Institute for Theoretical Physics）、羅特布拉特（Joseph Rotblat, Nobel laureate, St. Bartholomew's Hospital）、南部（Yoichiro Nambu, Nobel laureate, University of Chicago）、溫伯格（Steven Weinberg, Nobel laureate, University of Texas at Austin）、威爾切克（Frank Wilczek, Nobel laureate, MIT）、艾克塞爾（Amir Aczel, author of *Uranium Wars*）、艾德林（Buzz Aldrin, NASA astronaut, second man to walk on the moon）、安德森（Geoff Andersen, U.S.

Air Force Academy, author of *The Telescope*）、巴布雷（Jay Barbree, author of *Moon Shot*）、巴洛（John Barrow, physicist, Cambridge University, author of *Impossibility*）、巴杜席亞克（Marcia Bartusiak, author of *Einstein's Unfinished Symphony*）、貝爾（Jim Bell, Cornell University astronomer）、班奈（Jeffrey Bennet, author of *Beyond UFOs*）、伯曼（Bob Berman, astronomer, author of *The Secrets of the Night Sky*）、畢賽克（Leslie Biesecker, National Institutes of Health）、畢卓尼（Piers Bizony, author of *How to Build Your Own Starship*）。

布萊（Michael Blaese, National Institutes of Health）、博斯（Alex Boese, founder of Museum of Hoaxes）、伯斯特頓（Nick Bostrom, transhumanist, Oxford University）、波曼（Lt. Col. Robert Bowman, Institute for Space and Security Studies）、布雷齊爾（Cynthia Breazeal, artificial intelligence, MIT Media Lab）、布羅迪（Lawrence Brody, National Institutes of Health）、布魯克斯（Rodney Brooks, director of the MIT Artificial Intelligence Laboratory、布朗（Lester Brown, Earth Policy Institute）、布朗（Michael Brown, astronomer, Cal Tech）、坎頓（James Canton, author of *The Extreme Future*）、卡普蘭（Arthur Caplan, director of the Center for Bioethics at the University of Pennsylvania）、卡普拉（Fritjof Capra, author of *The Science of Leonardo*）、卡洛（Sean Carroll, cosmologist, Cal Tech）、蔡金（Andrew Chaikin, author of *A Man on the Moon*）、喬連（Leroy Chiao, NASA astronaut）、奇維安（Eric Chivian, International Physicians for the Prevention of Nuclear War）、喬布拉（Deepak Chopra, author of *Super Brain*）、邱契（George Church, director of Harvard's Center for Computational Genetics）、科克倫（Thomas Cochran, physicist, Natural Resources Defense Council）、柯基諾斯（Christopher Cokinos, astronomer, author of *Fallen Sky*）、柯林斯（Francis Collins, National Institutes of Health）、柯文（Vicki Colvin, nanotechnologist, University of Texas）、康明斯（Neal Comins, author of *Hazards of Space Travel*）、庫克（Steve Cook, NASA spokesperson）、卡格羅夫（Christine Cosgrove, author of *Normal at*

Any Cost）、卡森斯（Steve Cousins, CEO of Willow Garage Personal Robots Program）、科伊爾（Phillip Coyle, former assistant secretary of defense for the U.S. Defense Department）、克里維爾（Daniel Crevier, AI, CEO of Coreco）、克洛斯威爾（Ken Croswell, astronomer, author of *Magnificent Universe*）、卡默（Steven Cummer, computer science, Duke University）、卡寇斯基（Mark Cutkowsky, mechanical engineering, Stanford University）、戴維斯（Paul Davies, physicist, author of *Superforce*）、丹尼特（Daniel Dennet, philosopher, Tufts University）、德托羅斯（the late Michael Dertouzos, computer science, MIT）、戴蒙德（Jared Diamond, Pulitzer Prize winner, UCLA）、迪克里斯汀納（Marriot DiChristina, Scientific American）、狄爾渥斯（Peter Dilworth, MIT AI Lab）、唐納修（John Donoghue, creator of Braingate, Brown University）、德魯揚（Ann Druyan, widow of Carl Sagan, Cosmos Studios）、戴森（Freeman Dyson, Institute for Advanced Study, Princeton University）、伊葛門（David Eagleman, neuroscientist, Baylor College of Medicine）、艾利斯（John Ellis, CERN physicist）、艾爾利區（Paul Erlich, environmentalist, Stanford University）、費爾班克斯（Daniel Fairbanks, author of *Relics of Eden*）、費瑞斯（Timothy Ferris, University of California, author of *Coming of Age in the Milky Way Galaxy*）、費尼特若（Maria Finitzo, stem cell expert, Peabody Award winner）、希尼芬克斯坦（Robert Finkelstein, AI expert）、佛萊文（Christopher Flavin, World Watch Institute）、佛里曼（Louis Friedman, cofounder of the Planetary Society）、嘉蘭（Jack Gallant, neuroscientist, University of California at Berkeley）、嘉文（James Garwin, NASA chief scientist）、蓋茲（Evelyn Gates, author of *Einstein's Telescope*）、葛詹尼加（Michael Gazzaniga, neurologist, University of California at Santa Barbara）、蓋格（Jack Geiger, cofounder, Physicians for Social Responsibility）、葛倫特（David Gelertner, computer scientist, Yale University, University of California）、葛申菲爾德（Neal Gershenfeld, MIT Media Lab）、吉伯特（Daniel Gilbert, psychologist, Harvard University）、吉斯特（Paul Gilster, author of *Centauri Dreams*）、寇德勃格

（Rebecca Goldberg, Environmental Defense Fund）、葛史密斯（Don Goldsmith, astronomer, author of *Runaway Universe*）、古德斯坦（David Goodstein, assistant provost of Cal Tech）、高特（J. Richard Gott III, Princeton University, author of *Time Travel in Einstein's Universe*）、古爾德（Late Stephen Jay Gould, biologist, Harvard University）、葛芮韓（Ambassador Thomas Graham, spy satellites and intelligence gathering）、格蘭特（John Grant, author of *Corrupted Science*）、葛林（Eric Green, National Institutes of Health）、葛林（Ronald Green, author of Babies by Design）、格林恩（Brian Greene, Columbia University, author of *The Elegant Universe*）、古斯（Alan Guth, physicist, MIT, author of *The Inflationary Universe*）、韓森（William Hanson, author of *The Edge of Medicine*）、海夫利克（Leonard Hayflick, University of California at San Francisco Medical School）、希勒布蘭德（Donald Hillebrand, Argonne National Labs, future of the car）、馮希培（Frank N. von Hippel, physicist, Princeton University）、霍布森（Allan Hobson, psychiatrist, Harvard University）、霍夫曼（Jeffrey Hoffman, NASA astronaut, MIT）、霍夫斯塔特（Douglas Hofstadter, Pulitzer Prize winner, Indiana University, author of *Godel, Escher, Bach*）、霍根（John Horgan, Stevens Institute of Technology, author of *The End of Science*）、海納曼（Jamie Hyneman, host of MythBusters）、英庇（Chris Impey, astronomer, author of *The Living Cosmos*）、伊里埃（Robert Irie, AI Lab, MIT）、雅各維茲（P. J. Jacobowitz, PC magazine）、雅羅斯拉夫（Jay Jaroslav, MIT AI Lab）、強森（Donald Johanson, anthropologist, discoverer of Lucy）、詹森（George Johnson, New York Times science journalist）、瓊斯（Tom Jones, NASA astronaut）、凱特（Steve Kates, astronomer）、凱斯勒（Jack Kessler, stem cell expert, Peabody Award winner）、克西納（Robert Kirshner, astronomer, Harvard University）、庫埃尼（Kris Koenig, astronomer）、克勞斯（Lawrence Krauss, Arizona State University, author of *Physics of Star Trek*）、庫恩（Lawrence Kuhn, filmmaker and philosopher, author of *Closer to Truth*）、科茲威爾（Ray Kurzweil, inventor, author of *The Age of Spiritual Machines*）、蘭札（Robert

Lanza, biotechnology, Advanced Cell Technologies）、萊納斯（Roger Launius, author of *Robots in Space*）、李（Stan Lee, creator of Marvel Comics and Spider-Man）、雷姆尼克（Michael Lemonick, senior science editor of Time）、李納拉姆（Arthur Lerner-Lam, geologist, volcanist）、李維（Simon LeVay, author of *When Science Goes Wrong*）、盧易斯（John Lewis, astronomer, University of Arizona）、萊特曼（Alan Lightman, MIT, author of *Einstein's Dreams*）、林納涵（George Linehan, author of *Space One*）、勞埃德（Seth Lloyd, MIT, author of *Programming the Universe*）、羅文斯坦（Werner R. Loewenstein, former director of Cell Physics Laboratory, Columbia University）、利根（Joseph Lykken, physicist, Fermi National Laboratory）、馬耶斯（Pattie Maes, MIT Media Lab）、曼恩（Robert Mann, author of *Forensic Detective*）、梅森（Michael Paul Mason, author of *Head Cases: Stories of Brain Injury and Its Aftermath*）、麥克雷（Patrick McCray, author of Keep Watching the Skies）、麥基（Glenn McGee, author of *The Perfect Baby*）、麥路金（James McLurkin, MIT, AI Lab）、麥梅倫（Paul McMillan, director of Space Watch）、梅里亞（Fulvia Melia, astronomer, University of Arizona）、梅勒（William Meller, author of *Evolution Rx*）、梅爾策（Paul Meltzer, National Institutes of Health）、明斯基（Marvin Minsky, MIT, author of *The Society of Minds*）、莫拉維克（Hans Moravec, author of *Robot Late Phillip Morrison*, physicist, MIT）、穆勒（Richard Muller, astrophysicist, University of California at Berkeley）、納哈姆（David Nahamoo, IBM Human Language Technology）、尼爾（Christina Neal, volcanist）、尼可列利斯（Miguel Nicolelis, neuroscientist, Duke University）、西本（Shinji Nishimoto, neurologist, University of California at Berkeley）、諾瓦切克（Michael Novacek, American Museum of Natural History）、歐本海默（Michael Oppenheimer, environmentalist, Princeton University）、歐尼斯（Dean Ornish, cancer and heart disease specialist）、帕佩勒林（Charles Pellerin, NASA official）、波寇維茲（Sidney Perkowitz, author of *Hollywood Science*）、派克（John Pike, GlobalSecurity.org）、品卡特（Jena Pincott, author of *Do*

Gentlemen Really Prefer Blondes?）、平克（Steven Pinker, psychologist, Harvard University）、普吉歐（Thomas Poggio, MIT, artificial intelligence）鮑威爾（Correy Powell, editor of Discover magazine）、鮑威爾（John Powell, founder of JP Aerospace）、普雷斯頓（Richard Preston, author of *Hot Zone and Demon in the Freezer*）、普林嘉（Raman Prinja, astronomer, University College London）、逵曼（David Quammen, evolutionary biologist, author of *The Reluctant Mr. Darwin*）、朗斯蘭（Katherine Ramsland, forensic scientist）、藍道（Lisa Randall, Harvard University, author of *Warped Passages*）、芮斯（Sir Martin Rees, Royal Astronomer of Grest Britain, Cambridge University, author of *Before the Beginning*）、李夫金（Jeremy Rifkin, Foundation for Economic Trends）、李奎爾（David Riquier, MIT Media Lab）、李斯勒（Jane Rissler, Union of Concerned Scientists）、羅森堡（Steven Rosenberg, National Institutes of Health）、薩克斯（Oliver Sacks, neurologist, Columbia University）、薩佛（Paul Saffo, futurist, Institute of the Future）、薩根（Late Carl Sagan, Cornell University, author of *Cosmos*）、薩根（Nick Sagan, coauthor of *You Call This the Future?*）、薩拉蒙（Michael H. Salamon, MASA's Beyond Einstein Program）、薩維奇（Adam Savage, host of MythBusters）、施瓦茲（Peter Schwartz, futurist, founder of Global Business Network）、薛莫（Michael Shermer, founder of Skeptic Society and Skeptic magazine）、希爾莉（Donna Shirley, NASA Mars program）、蕭士塔克（Seth Shostak, SETI Institute）、蘇賓（Neil Shubin, author of *Your Inner Fish*）、舒爾契（Paul Shurch, SETI League）、辛格（Peter Singer, author of *Wired for War*）、辛格（Simon Singh, author of *The Big Bang*）、斯默爾（Gary Small, author of *iBrain*）、斯普德斯（Paul Spudis, author of *Odyssey Moon Limited*）、斯奎爾（Stephen Squyres, astronomer, Cornell University）、斯坦哈特（Paul Steinhardt, Princeton University, author of *Endless Universe*）、史登（Jack Stern, stem cell surgeon）。

史塔克（Gregory Stock, UCLA, author of *Redesigning Humans*）、史東（Richard Stone, author of

NEOs and Tunguska）、蘇利文（Brian Sullivan, Hayden Planetarium）、薩斯金（Leonard Susskind, physicist, Stanford University）、譚米特（Daniel Tammet, author of *Born on a Blue Day*）、泰勒（Geoffrey Taylor, physicist, University of Melbourne）、泰勒（Late Ted Taylor, designer of U.S. nuclear warheads）、泰格馬克（Max Tegmark, cosmologist, MIT）、托弗勒（Alvin Toffler, author of *The Third Wave*）、塔克（Patrick Tucker, World Future Society）、特尼（Chris Turney, University of Wollongong, author of *Ice, Mud and Blood*）、泰森（Neil de Grasse Tyson, director of Hayden Planetarium）、維拉蒙（Sesh Velamoor, Foundation for the Future）、華萊斯（Robert Wallace, author of *Spycraft*）、華威克（Kevin Warwick, human cyborgs, University of Reading, UK）、華生（Fred Watson, astronomer, author of *Stargazer*）、魏瑟（Late Mark Weiser, Xerox PARC）、魏斯曼（Alan Weisman, author of *The World Without Us*）、威海莫（Daniel Wertheimer, SETI at Home, University of California at Berkeley）、魏斯勒（Mike Wessler, MIT AI Lab）、溫斯（Roger Wiens, astronomer, Los Alamos National Laboratory）、威金斯（Author Wiggins, author of *The Joy of Physics*）、鮑利斯（Anthony Wynshaw-Boris, National Institutes of Health）、齊默（Carl Zimmer, biologist, author of *Evolution*）、齊默曼（Robert Zimmerman, author of *Leaving Earth*）、祖賓（Robert Zubrin, founder of Mars Society）。

我也要謝謝我的經紀人克里契夫斯基（Stuart Krichevsky）。他擔任我的經紀人多年，對我的寫作有許多良益建議。他的明智判斷總是讓我收穫甚多。我也要感謝我的編輯卡斯坦麥爾（Edward Kastenmeier）和唐納柴可（Melissa Danaczko），他們引領本書的方向，並且在編輯上提供寶貴建議。我要感謝紐約西奈山醫院的神經科住院醫師加來（Michelle Kaku），和她的討論令人振奮且成果豐碩。我也要感謝紐約市立學院和紐約市立大學研究生中心（Graduate Center）的同仁。

附錄
量子，有意識嗎？

雖然腦部掃描和其他高科技有奇蹟般的進展，但是有些人宣稱，我們將永遠無法了解意識的祕密，因爲意識不是這些二流科技能解決的問題。事實上，他們認爲意識比原子、分子和神經元都還要基礎，是由眞實的自然所決定的。對他們來說，意識是基本的實體，物質世界是由意識產生的。他們爲了要證實這個觀點，便以科學中最艱難的悖論當作例子，來挑戰「眞實」的定義，這個例子便是「薛丁格的貓」。即使到了現在，這個問題都還沒有一個眾所認同的答案，諾貝爾獎得主們各有不同的立場。難以預料的就是眞實和思想的本質。

「薛丁格的貓」這個矛盾的例子，深入量子力學的核心。經由量子力學這個領域的研究工作，我們創造出雷射、磁振造影掃描、廣播、電視、現代電器、全球定位系統和電信系統，世界的經濟就倚靠這些發明。許多量子理論的預測都已經驗證過了，精確度達一兆分之一。

我整個研究生涯都在從事量子理論的工作，我知道量子理論有致命的弱點。知道我一生工作所圍繞的理論，其基礎建立在一個悖論之上，眞是讓人不安。

這個爭論是由奧地利物理學家、量子理論的奠基者之一薛丁格（Erwin Schrodinger）引發，當時他爲了要解釋電子奇特的行爲：同時具有波和粒子的特性。電子這樣一個點狀的顆粒，如何能有兩種不同的行爲呢？有時候電子的行爲像是粒子，能在雲霧室中造成明確的軌跡。但有時候，電子的行爲像是波，能穿越兩個小洞而造成類似波的干涉條紋，就像是池塘的水波那般。

一九二五年，薛丁格提出著名的方程式，這個「薛丁格方程式」是最重要的方程式之一，當時立刻造成轟動，他也在一九三三年獲頒諾貝爾獎。薛丁格方程式確實描述了電子波的一般行爲，應用到氫原子時，也解釋氫原子奇特的性質。神奇的是，薛丁格方程式能應用到所有原子，能解釋週期表上幾乎所有元素的特性。看起來，就像是所有的化學（也包括生物學）只不過是波動方程式的解而已。有些物理學家甚至宣稱，整個宇宙包括所有的恆星、行星，甚至人類都只是這個方程式的一個解。

不過物理學家接著提出一個難解的問題，至今無解：如果電子可以用波動方程式描述，那麼波是什麼？

一九二七年，海森堡提出一個新的定理，把物理社群從中劈成兩半。海森堡著名的測不準原理指出，你不可能精確知道一個原子的位置和動量。測不準，不是因爲你的儀器不夠精確。這個不確定是物理的本質，就算是上帝或是其他諸神，也不知道一個原子的精確位置和動量。

薛丁格波動方程式眞正描述的是找到原子的機率。數千年來，科學家努力工作，想要排除機會與機率對研究工作的影響，現在海森堡打開後門，讓機會和機率溜進來。

新的哲學可以總結如下：電子是個粒子，但是找到它的機率由波決定，這個波遵守薛丁格方程式，而產生了測不準原理。

物理社群分裂成兩個陣營。其中一方的物理學家有波耳、海森堡，以及其他熱烈接受新公式的原子物理學家。他們幾乎每天都有新的突破，讓我們更了解物質的性質。諾貝爾獎有如奧斯卡金像獎那般頒發給量子物理學家。量子力學變成了食譜，你不需要是大咖物理學家，也能作出震驚世人的貢獻。

另一個陣營中有年長的諾貝爾獎得主，例如愛因斯坦、薛丁格和德布洛依（Louis de Broglie），他們提出了哲學上的反對理由。薛丁格的研究工作引發所有的爭論過程，他曾抱怨說，如果他早知道自己的方程式會把機率納入物理學中，那麼他一開始就不應該寫下這個方程式。

物理學家展開長達八十年的爭論，一直延續到今日。愛因斯坦宣稱：「上帝不會擲骰子。」據說，另一方的波耳回答：「別告訴上帝祂該怎麼做事情。」

一九三五年，薛丁格爲了一口氣駁倒所有的量子物理學家，他提出一個著名的貓兒問題：把一隻貓放到封起來的盒子中，盒子裡面有一個裝著毒氣的小玻璃罐子，還有一小塊鈾。鈾原子並不穩定，會發射出粒子，蓋革計數器偵測到粒子之後，會啓動一把錘子，把玻璃罐打破，放出的毒氣會毒死貓。

你會如何描述這隻貓？量子物理學家會說，鈾原子可以用波來描述，會衰變，或是不會衰變。然後你得把兩個波加起來。如果鈾原子衰變了，貓就會死，所以這可以用一個波來描述；如果鈾原子沒衰變，貓活下來了，這也可以用一個波描述。所以，如果要描述貓是死是活，你得把活貓的波和死貓的波加起來。

這意味著貓不是死的，也不是活的。貓徘徊在生死之間的奈何橋上，是描述死貓的波與描述活貓的波的合。

這就是整個問題的重點，而物理學家爲此討論了將近一個世紀。所以，你要如何解決這個悖論呢？至少有三種方式（這三種衍生出數百個變化）。

第一個是由波耳和海森堡提出的原始哥本哈根詮釋（Copenhagen interpretation），教科書也採用這種說法。（我教授量子物理的時候也從這裡開始。）內容是說，如果你要決定貓的狀態，你得打開盒子測量，貓的波（死貓波和活貓波的合）這時會「崩塌」成一個波，所以現在你知道貓是活的（或是死的）。也就是說，觀察這個行爲決定了貓的存在與狀態。就是這個測量的過程，使得兩個波神奇的融合成一個波。

愛因斯坦痛恨這個說法。科學家一直都和「唯我論」（solipsism）和「主觀唯心論」（subjective idealism）對抗。這種論點宣稱，客觀物體在沒有某人觀察的時候，並不存在，只有心智是眞的，物質世界是存在於心智中的概念。貝克萊等唯我主義者的人會說，森林中有一棵樹倒下了，如果沒有人看到，那可能樹沒有倒。愛因斯坦認爲這是胡說八道，他提倡的是另一個相反的理論，稱爲「客觀眞實論」（objective reality），這是指宇宙本身便獨立而且完整的存在，不需要任何人的觀察。大部分人也都這麼想。

客觀眞實論可以追溯到牛頓。在這個論點中，原子和次原子粒子如同小小的鋼球，在時間和空間中占據明確的點，這些球的位置不會有模糊之處或機率介入。這些小球的運動可以用運動定律來決定。對於行星、恆星和星系的運動，這種描述方式非常成功。在相對論中，也可以描述黑洞和膨脹的宇宙。但是有一個地方這個觀點不能適用，那就是原子內部的構造。

牛頓和愛因斯坦這樣的古典物理學家認爲，客觀眞實論最後會把唯我論逐出物理之外。專欄作家李普曼（Walter Lippmann）總結這個說法，寫道：「現代科學的創新，來自於完全排除信仰……並不相信讓恆星和原子移動的力量會隨著人心好惡而改變。」

但是量子力學讓唯我論改頭換面，重回物理學界。在新的唯我論中，樹木在受到觀察之前，可以以任何可能的狀態存在（例如幼苗、燒焦的樹、木屑、牙籤、朽木）。但是當你觀察那棵樹時，波就突然崩潰，讓樹看起來像棵樹。最早的唯我論者會說樹倒了或是沒倒，而新的量子唯我論者則會把樹的所有可能狀態都提出來。

對愛因斯坦來說，這種論點實在太過份了。他曾問家中的賓客：「因爲老鼠看著月亮，所以月亮便存在嗎？」對量子物理學家來說，就某方面而言，答案是「對」。

愛因斯坦和他的同伴曾經質問波耳：「量子的微小世界（貓同時是死的也是活的），要如何和我們所見的常識世界並存？」答案是在我們的世界和原子世界之間，有一道「牆」隔開著。在牆的一邊，一般的常識作主，但是到了牆的另一邊，則是量子理論作主。如果你願意，可以在牆的兩邊移動，結果都是相同的。

不論這個詮釋有多麼奇怪，物理學家都已經教授八十年了。最近有些人懷疑哥本哈根詮釋。現在有了奈米科技，我們可以自由的操縱原子。在掃描式穿隧電子顯微鏡的螢幕中，原子看起來像是模糊的網球。在ＢＢＣ第四頻道中，我有機會飛往ＩＢＭ在美國加州聖荷西的阿馬丹實驗室（Almaden Lab），實際利用一個小探針推動個別的原子。現在是可以玩弄原子的，以往的人認爲原子太小，一定看不到。

我們在之前討論過，矽電腦時代已經慢慢接近尾聲，有些人認爲分子電晶體會取代矽電晶體。果真如此，那麼量子力學中的悖論將會出現在未來每個電腦的核心，世界經濟最後也得倚靠這些悖論。

宇宙意識和多重宇宙

「薛丁格的貓」悖論，還有兩個不同的解釋，讓我們進入科學中最奇特的領域：神的領域和多重宇宙。

一九六七年，諾貝爾獎得主魏格納（Eugene Wigner）重新整理了「薛丁格的貓」悖論。魏格納的研究工作對於量子力學的基礎以及原子彈的製造至關重要。他說，只有具有意識的人進行的觀測，才能讓波動函數崩塌，但是誰敢說這樣的人存在？你無法區分觀測者和被觀測者，因此這個觀測的人可能同時是死的和活的。換句話說，一定得有另一個新的波動函數包含了貓和觀測者。爲了要確定這個觀測者是活的，你需要第二個觀測者觀測第一個觀測者，這第二個觀測者稱爲「魏格納之友」（Wigner's friend），他得觀測第一個觀測者，好讓所有的波崩塌。但是我們要如何才能知道第二個觀測者也是活著的？第二個觀測者勢必要包含在一個更大的波動函數中，這樣才能確定他也是活著的。然後，這個狀況會無限的擴大，而你需要有無限多個「朋友」才能讓之前的波動函數崩塌，好讓之前所有的觀測者都活著。因此，你必須有某種形式的「宇宙意識」（cosmic consciousness）或是神。

魏格納的結論是：「如果沒有加入意識，就不可能前後一致的闡述（量子理論）定律。」他在生命的晚期，甚至開始對印度教的吠陀哲學產生興趣。

在這個方法中，神或是某種永恆的意識看著所有的人，讓所有的波動函數崩潰，這樣我們才能說我們是活著的。這種詮釋和哥本哈根詮釋所造成的結論在物理上是相同的，因此無法反駁。不過這個理論意味著，意識是宇宙中的基本實體，比原子還要基本。物質世界可能會興起與沒落，但是意識則是賦予定義的元素。就某方面來說，這意味著意識創造了眞實。我們能看到周遭的原子，是因爲我們有能力看到原子、觸碰原子。

從這個觀點來看，我們得指出，有些人認爲由於意識決定了存在，因此我們的意識可以控制存在，可能是經由冥想的方式。他們認爲，我們可以根據自己的願望創造眞實。這種想法聽起來雖然很有魅力，但是卻和量子力學衝突。在量子物理中，意識進行觀測，因此決定眞實的狀態，但是意識無法在事前就選擇眞實要處於哪種狀態。量子力學只讓你發現某一種狀態的機會，但是你無法靠自己的願望扭曲眞實。例如賭博，可以用數學計算拿到同花大順的機會，但是這並不意味著你可以控制撲克牌而拿到同花大順。你無法挑選宇宙，就像我們無法控制那隻貓是死是活。

多重宇宙

第三種詮釋稱爲多重世界詮釋，是在一九五七年由艾弗雷特（Hugh Everett）提出，也稱爲艾弗雷特詮釋。這是最奇特的理論，內容是說，宇宙會持續分裂成爲一個包含多重宇宙的宇宙。在某一個宇宙中，我們會看到死貓；在另一宇宙中，我們會看到活貓。這個論點可以總結如下：波動函數不會崩塌，而是分裂。艾弗雷特多重世界理論和哥本哈根詮釋的區別只在於前者拋棄了最後的假設：波動函數的崩塌。就某方面來說，這是量子理論最簡單的表述方式，但也是最讓人不安的。

第三種說法會造成非常深遠的結果，因爲這表示所有可能的宇宙都存在著，即使其中有些奇特而似乎不可能存在。（不過，越奇特的宇宙，存在的機會越低。）

從這種理論看，在我們這個宇宙死去的人，在其他的宇宙中可能活著。這些死去的人，堅持自己所在的宇宙才是眞的宇宙，而我們的宇宙（這個宇宙中的他們已經死了）是假的。不過，如果這些死人的「鬼魂」依然在其他的地方活著，那我們爲何見不到他們呢？我們爲何接觸不到那些平行世界呢？（在這個理論中很詭異的地方是，在某個宇宙中貓王可能還活著。）

還有呢？有些宇宙可能沒有生命、死氣沉沉，但是有些宇宙可能和我們的非常類似。例如，一個宇宙射線的撞擊，是很小的量子事件，但是如果這個宇宙射線射入了希特勒的母親，讓胎兒希特勒流產而死呢？一個宇宙射線的撞擊這樣小的量子事件，就可以把宇宙分成兩半。在一個宇宙中不會發生第二次世界大戰，六千萬人不會喪生。在另一個宇宙中，我們就看到了第二次世界大戰。一個微小的量子事件，就可以讓兩個宇宙發展的方式完全不同。

科幻小說家迪克（Philip K. Dick）在小說《高堡奇人》（*The Man in the High Castle*），他被暗殺身亡。這個關鍵事件使得美國沒有爲第二次世界大戰預作準備，納粹與日本勝利，美國被分成兩半。

不過，那顆子彈是否能擊發，要看火藥燃燒時爆出的小火花，而火花是由複雜的分子反應造成的，這些分子反應與電子的運動有關。因此，火藥中的量子漲落可能決定了槍是否擊發，最後決定了同盟國還是納粹在第二次世界大戰中贏得勝利。

因此，並沒有隔開量子世界和巨觀世界的那面「牆」，量子理論的怪異特徵會滲透到我們「一般常識」的世界。那些波動方程式永遠不會崩塌，只會持續分裂，造成各自平行的眞實。產生其他宇宙的過程永遠不會停止，微觀世界中的悖論（例如同時是死的也是活的，同時分處兩地，消失然後在其他地方出現），現在也進入了我們眼見的世界。

但是如果波動函數持續分裂，在這個過程中不斷產生新的宇宙，我們爲何不能到那些宇宙中呢？

諾貝爾獎得主溫伯格（Steven Weinberg）以你在客廳聽收音機來比喻。客廳中同時充滿數百個無線電波，但是你的收音機只能調整到一個頻率。換句話說，你聽的那個廣播和其他的廣播「去同調」（decohered）了。（同調是指所有的波都完全一致的震盪，就像雷射那樣。去同調時，這些波的位相都不同，因此震盪不再一致。）其他的頻率都存在，只是由於他們震盪的頻率和我們的不同，因此你的收音機接收不到。這些波和我們分開了，也就是他們和我們不同調了。

同樣的，隨著時間前進，死貓和活貓的波動函數也會去同調。這種狀況有巨大的含意。在你的客廳中，你和恐龍、海盜、外星人和怪物的波同時存在。你很幸運，沒有發覺自己和這些量子空間中的奇特居民共享同一個空間，因為你的原子的震盪和它們的不再一致了。這些平行宇宙並非存在於遙遠的國度，而就在你的客廳中。

進入其中一個平行世界的過程，稱為「量子跳躍」（quantum jumping）或是「滑動」，是科幻小說最喜歡用的情節。我們要經由量子跳躍進入平行世界。甚至還有用這個拍成電視影集《時空英豪》（*Sliders*），其中的人可以在不同的平行世界之間來回。影集一開始是有一個少年在讀書，這本書其實是我寫的《穿梭超時空》，不過我不對影集中的物理內容負責。

事實上，在不同宇宙之間跳躍並沒有那麼容易。我經常給博士研究生出的問題是，要他們計算穿過磚牆到另一面的機率，結果有當頭棒喝之效。你等待的時間要比宇宙的一生還要長，才可能有機會穿過（或是滑過）磚牆。

面對鏡子

當我看著鏡子中的自己，看到的並非真實的我。首先，因為光要花時間從我的臉離開，撞擊到鏡子，再反射到我的眼睛中，這要花時間，所以我看到的是十億分之一秒前的我。第二，我看到的影像其實是無數波動方程式的平均值，這個平均值當然很像我，但非完全一樣。在我的周圍，有許多我發射到四面八方的許多影像，我也持續被許多不同的宇宙包圍，一直分支出不同的世界，但是我會在不同的宇宙之間滑動的機會微小到讓牛頓力學看起來是正確的。

看到這裡，有些人會問：科學家爲什麼不乾脆做個實驗來看看哪個詮釋是正確的？如果我們用電子來作實驗，三個詮釋得到的結果是相同的。因此，對於量子力學來說，這三種解釋都基於同一個量子理論所提出，而且也都是確實、可行的，差異在於我們如何解釋這個結果。

數百年後，物理學家和哲學家可能依然對這個問題爭論不休，得不到結果，因爲這三種詮釋都得到相同的物理結果。但是這個哲學爭論的某一個方向，可能牽涉到腦：那是「自由意志」的問題。這個問題會影響到人類社會的道德基礎。

自由意志

整個人類社會都建立於自由意志的概念上，自由意識影響了我們對於報酬、懲罰和個人責任的看法。但是自由意志眞的存在嗎？或者這只是一個讓社會團結但是卻違反科學原理的聰明手段？而這項爭論，也進入量子力學的核心。

我們可以很保險的說，越來越多的神經科學家漸漸認爲，自由意志並不存在，至少一般人認爲的那種自由意志不存在。如果某些奇特的行爲和腦中特殊的損傷有關，那麼這個人在科學上就不必爲犯下的相關罪行負責。這些人可能很容易造成危險，因此也不能放任他們在大街上自由走動，得關在某種收容機構。但是神經科學家說，如果你要處罰腦部中風或是有腫瘤的人，那就搞錯方向了。這些人需要的是醫學和心理學協助，腦部損傷或許可以治療（例如切除腫瘤），那這個人就可以對社會有所貢獻。

我訪問過英國劍橋大學的心理學家巴龍科恩（Simon Baron-Cohen）博士，他告訴我，許多（但非全部）病態殺手腦部不正常。他們腦部掃描的結果顯示，他們在看到其他人受苦時不會起同情心。事實上，他們看到他人受苦時會覺得愉悅。這些人在看其他人經歷痛苦的影片時，杏仁體和依核（快樂中樞）會活躍起來。

有些人會從這個狀況得到結論，認為這些人並不應真的對犯下的惡行負責，但得隔離於社會之外。這些人腦子出問題，因此需要的是幫助，而非懲罰。在某種意義上，他們在犯罪的時候並不是出於自由意志而行動。

利貝特（Benjamin Libet）在一九八五年進行一項實驗，讓人更為懷疑自由意志的存在。這個實驗大致是這樣：你請受試者看著時鐘，要他們精確的記下決定移動手指的時間。科學家利用ＥＥＧ（腦電圖），可以精確記錄腦做這個決定的時間。不過這兩者拿來一比，卻不相符。ＥＥＧ掃描的結果指出，腦在受試者知道決定之前的三百毫秒，就已經作出決定。

這意味著自由意志是假的。腦在沒有你意識的涉入之前，就已經作出決定了，之後腦才想要（如平常慣用那樣）遮掩這件事，因此宣稱這個決定是有意識的。史威尼博士結論道：「利貝特的發現意味著，腦知道在這個人要做決定之前，就知道決定的內容了……我們不只要重新審視把行為分成自願和非自願的概念，也要重新審視自由意志這個概念。」

這些研究和言論似乎指出，自由意志這個社會的基石是想像、是人類左腦產生的幻覺。那麼，我們是自己命運的主宰者嗎？或是一直被腦欺瞞的馬前卒？

這個棘手的問題有幾個解決的方式。自由意志和另一種稱為「決定論」（determinism）的哲學思想相衝突。後者認為，未來所有的事件都由物理定律決定了。根據牛頓自己的說法，宇宙就像時鐘，從有時間開始就遵守運動定律，滴答作響，因此所有的事件都是可以預測的。

問題是：人類是時鐘的一部分嗎？人類所有的行為都是已經決定好了嗎？這些問題對哲學與神學有深遠的影響。例如，大部分宗教都認為有某種類型的決定論或宿命論。由於神是全能全知、無所不在的，祂能預知未來，因此未來是已經決定好了。祂甚至在你出生之前，就知道你會上天堂還是下地獄。

宗教改革時，就是這個問題讓天主教分裂。根據當時的天主教教義，你可以藉由特權改變自己最終的命運，通常是捐大筆錢給教會。換句話說，你荷包的深淺可以改變決定論。馬丁路德於一五一七年，在一間教堂的牆壁上釘上自己的九十五條論綱，指出教會因爲特權而腐敗了，引發宗教改革。這是讓教會分裂的主要原因。這個分裂造成數百萬人傷亡，並讓整個歐洲文明停滯不前。

不過在一九二五年之後，不確定性經由量子力學引入物理。一夕之間，每件事都變得不確定了，你只能計算出機率而已。就這方面來說，自由意志可能眞的存在，這是量子力學的呈現方式。因此有些人宣稱，量子理論重新建立了自由意志的概念。而決定論者則反擊，指出量子效應非常微弱（存在於原子階層），對於那麼大的人類而言微不足道。

目前的狀況相當混亂。「自由意志是否存在？」這個問題可能像是「生命是什麼？」後面這個問題由於DNA結構的發現而變得過時，我們現在知道這個問題有許多層次與複雜性。自由意志可能也是如此，有許多種類型的自由意志。

如果這樣，自由意志的眞正定義將會模糊不清。例如，有一種定義自由意志的方式是看行爲是否能預測。如果自由意志存在，那麼行爲就無法事先確定下來。例如你看一部電影，整個劇情已經完全確定下來了，沒有任何形式的自由意志。因此電影是可以預測的。但是我們的世界並不如同電影，這有兩個原因。首先是有量子理論，這之前已經提過了，電影代表一條時間線。第二個理由是渾沌理論。雖然古典物理指出，所有原子的運動都已經決定，而且可以預期，但是實際上卻無法預測原子的運動，因爲原子太多了。一個原子最微弱的擾動，可以如同波浪般層層傳開，最後造成大擾動。

看看天氣吧。理論上，如果你知道大氣中每個原子的行爲，而且有夠大的電腦，你就可以預測從現在開始一個世紀內的天氣變化。但實際上這不可能。在幾個小時之後，天氣變得非常混亂而且複雜，讓所有電腦都無能爲力。

這種狀況造成了所謂的「蝴蝶效應」（butterfly effect），意思是說，即使是蝴蝶翅膀揮動在大氣中造成的小小微風，有可能逐步擴大，成爲暴風雨。換句話說，蝴蝶拍動翅膀有可能造成暴風雨，這使得精確的預測天氣辦不到。

讓我們回到古爾德對我描述的想像實驗。他要我想像地球四十五億年前地球剛誕生時，現在想像你可以創造出一個同樣的地球，讓地球自己演進，那麼在四十五億年之後，人類會出現嗎？

我們可以輕易想像，由於量子效應或是天氣與海洋的混沌本質，在這個新的地球上，和人類一樣的生物不可能演化出來。因此到頭來，由於不確定性和渾沌效應，使得完美的決定論不可能實現。

量子腦

這項爭論也影響腦的反向工程。如果你成功的用電晶體反向製造出一個腦，這項成就意味著這個腦的未來已經決定、可以預期，問它任何問題都會給完全相同的答案。電腦就是這樣，問相同的問題，每次得到的答案都一樣。

所以這似乎會造成一個問題。就某方面來說，量子力學和渾沌理論宣稱宇宙是無法預測的，因此自由意志的確存在。另一方面，反向工程製作出來的腦是由電晶體構成的，就定義來說是可以預測的。由於反向工程製作出來的腦在理論上和活生生的腦一樣，那麼人腦應該屬於決定論的範疇，因此不具有自由意志。很明顯的，這和最先的論點衝突。

有少數科學家宣稱，由於量子理論，所以你不可能以反向工程打造出真的腦，甚至製作出真的會思考的機器。他們的論點是，腦並不只是一堆電晶體的集合，而是量子機器，因此反向工程製作腦的計畫注定失敗。英國牛津大學的物理學家彭若斯（Roger Penrose）在這個陣營之中，他是愛因斯坦相對論的權威。他宣稱，人類腦中的意識可能和量子程序有關。彭若斯一開始說，數學家哥德爾（Kurt Godel）已經證明算數是不完備的，這個意思是說，算數中真實的陳述，是無法利用算數中的公設來證明的。突然間，數學變得不完備了，物理也是。彭若斯指出，腦基本上是一個量子機器，而且由於哥德爾不完備定理，機器無法解出來某些問題，但是人類可以運用直覺了解這些難題。

反向工程製作出來的腦，不論有多複雜，依然是電晶體和線路的集合體，因此狀況很類似。這已經隸屬於決定論範疇的系統，你可以明確的預測它未來的行爲，因爲我們已經很熟悉運動定律了。不過量子系統本質上就是不可預測的，你只可以利用測不準原理計算某一件事情發生的機率。

如果反向工程製作出來的腦無法重現人類的行爲，那麼科學家就必須承認有預料之外的力量在作用（例如腦中的量子效應）。彭若斯博士認爲，在神經元中的量子程序發生在稱爲微管（microtubule）的細微構造上。

目前這個問題並沒有共識。彭若斯首次提出他的想法時，科學家大多抱持懷疑的態度。不過科學向來不是流行排行榜，而是經由可以測試、能重現、可證爲僞的理論所推動的。

對我而言，我相信電晶體無法眞實重現神經元所有的行爲，因爲神經元能進行類比和數位計算。我們知道神經元中一團混亂，會滲漏、無法活動、老化、死亡，而且對於環境敏感。就我來說，這意味著一群電晶體只能大致模仿神經元的行爲。例如我們之前討論腦的物理學時，看到如果神經元的軸突變窄，那麼就會滲漏而裡面無法進行正常的化學反應。有些滲漏和無法活動是因爲量子效應造成的。你可以想像當神經元更細、更擠，傳輸速度更快時，量子效應會更明顯。這意味著，就算是正常的神經元，也會有滲漏和不穩定的問題，這是由古典力學和量子力學所造成的。

因此結論是，反向工程製作出的腦能很像人類的腦，但不會一模一樣。但我和彭若斯不一樣，我認爲有可能以電晶體製造出一個決定論範疇中的腦，表面上看起來有意識，不過沒有自由意志。這個腦能通過圖靈測試，不過由於細微的量子效應，這個機器人和人類將有所不同。

總之，我認爲自由意志確實存在，但是並非頑固個人主義者所宣稱的，自由到自己能主宰自己命運。上千個無意識的因子影響腦部事先作出的一些決定，而我們卻認爲那是「自己」作出來的。不過這並不表示我們是影片中的演員，能隨時讓行爲倒帶。其實這部電影劇本還沒寫哩！因此，量子效應和渾沌理論細緻的結合，把嚴格的決定論摧毀了。到頭來，我們仍然是自己命運的主人。

註釋

前言

1 要定義「複雜」，可以由所包含的資訊總量來決定。最接近腦的對手可能是人類DNA中所包含的資訊。人類DNA中有三十億個鹼基，每個位置的鹼基可以是A、T、C、G四種中的一種。因此人類DNA中可以包含的資訊量是四的三十億次方。不過由於腦有一千億個神經元，有的活動，有的沒活動，因此所儲存的資料量高出許多。人腦中可能的起始狀態是二的一千億次方。此外，人類的DNA是靜態的，腦的狀態則幾毫秒就改變一次。一個簡單的念頭可能就包含一百次連續的神經活動，因此是二的一千億次方，然後再一百次方。人腦持續的活動，不分晝夜一直計算。在N次計算中所含有的念頭的總數是二的一千億次方的N次方，是貨眞價實的天文數字。我們在腦中儲存的資訊量遠大於DNA儲存的資訊量。事實上，在太陽系、甚至在我們所處的銀河系，人腦是能儲存最大量資訊的地方。

第二章

2 階層「2」的意識可以這樣計算：把與同種個體互動的各種回饋迴路列出來。粗略的想，階層「2」意識大致可以用群體中動物的數量，乘上所有用以彼此溝通的不同情緒與姿勢。要提醒，在這個階段只是初步的猜測而已。

例如山貓，既是社會性動物也是獨行狩獵者，牠一隻就算是一群，不過只有在狩獵的時候才是這樣。當生殖季節來臨，山貓會出現複雜的求偶行爲，這時要算有階層2的意識。

此外，當山貓有了小貓時，得照顧小貓、餵食小貓，這時社會互動的對象便增加了。就算是獨行的狩獵者，與同種成員互動的數量也不會只有一兩個，所以造成回饋迴路的數量也會變大。

另外，如果狼群中個體減少了，階層「2」的數值看起來也會減少。爲了要對應這種狀況，我們必須要有新的觀念：整個種族有一個共通的階層「2」數值，不同的個體則有個別的階層「2」數值。某個物種的階層「2」數值就算是在比較小的群體中，也不會改變，那是整個物種共通的，但是個別的階層「2」數值會（隨著個體的心智活動與意識狀態）改變。

要計算人類的階層「2」意識數值時，必須考量到鄧巴數（Dunbar number），這個數字大約爲一百五十，那是人類在社會群體中會維持連繫的人數。對人類這個物種而言，階層「2」意識的數值是人類用以彼此溝通的不同情緒與姿勢，再乘上一百五十。不過個人的階層「2」意識數值可能不同，取決於朋友圈和互動的方式。數值會有很大的變化。

我們也要指出，有些階層「1」的動物（例如昆蟲和爬行動物）也可能具有社會行爲。螞蟻彼此相遇的時候會利用化學氣味交換資訊，蜜蜂則是用舞蹈指出花床的位置，爬行動物甚至有原始的邊緣系統，不過總的來說，牠們沒有情緒。

第五章

3 這會讓我們想到另一個問題：傳信鴿、候鳥和鯨魚具有長期記憶，才能讓牠們能遷徙數萬公里，尋找食物與生育地。對此的科學，我們所知甚少，不過據信牠們的長期記憶記得路上重要的路標，而不是以往的事件。換句話說，牠們不會用以往事件的記憶來模擬未來。牠們的長期記憶內容只是一連串的路標而已。很明顯，只有人類使用長期記憶來幫助模擬未來。

NEXT 255

2050科幻大成真 超能力、心智控制、人造記憶、遺忘藥丸、奈米機器人，即將改變我們的世界

The Future of the Mind:
The Scientific Quest to Understand, Enhance, and Empower the Mind

作者	加來道雄Michio Kaku
譯者	鄧子衿
主編	陳怡慈
責任編輯	張啟淵
執行企畫	林進韋
封面排版	陳恩安
董事長	趙政岷
出版者	時報文化出版企業股份有限公司 108019 臺北市和平西路三段240號一～七樓 發行專線｜02-2306-6842 讀者服務專線｜0800-231-705｜02-2304-7103 讀者服務傳真｜02-2304-6858 郵撥｜1934-4724 時報文化出版公司 信箱｜10899台北華江橋郵局第99信箱
時報悅讀網	www.readingtimes.com.tw
電子郵件信箱	ctliving@readingtimes.com.tw
人文科學線臉書	www.facebook.com/jinbunkagaku
法律顧問	理律法律事務所｜陳長文律師、李念祖律師
印刷	勁達印刷有限公司
初版一刷	2015年6月5日
二版一刷	2018年12月21日
二版二刷	2021年4月8日
定價	新臺幣380元

時報文化出版公司成立於一九七五年，並於一九九九年股票上櫃公開發行，於二〇〇八年脫離中時集團非屬旺中，以「尊重智慧與創意的文化事業」為信念。

ISBN 978-957-13-7652-3
Printed in Taiwan

2050科幻大成真：超能力、心智控制、人造記憶、遺忘藥丸、奈米機器人,即將改變我們的世界 / 加來道雄(Michio Kaku)著；鄧子衿譯. -- 二版. -- 臺北市：時報文化, 2018.12｜ 面； 公分. -- (Next；255)｜譯自：The future of the mind : the scientific quest to understand, enhance, and empower the mind｜ISBN 978-957-13-7652-3 (平裝)｜1.腦部 2.生理心理學 3.認知心理學｜394.911｜107021936